Go
Web 编程

Go
Web Programming

〔新加坡〕郑兆雄（Sau Sheong Chang） 著

黄健宏 译

人民邮电出版社

北 京

图书在版编目（CIP）数据

Go Web编程 /（新加坡）郑兆雄著；黄健宏译. --
北京：人民邮电出版社，2017.12
书名原文：Go Web Programming
ISBN 978-7-115-32247-0

Ⅰ. ①G… Ⅱ. ①郑… ②黄… Ⅲ. ①程序语言－程序
设计 Ⅳ. ①TP312

中国版本图书馆CIP数据核字(2017)第264241号

◆ 著　　　　[新加坡] 郑兆雄（Sau Sheong Chang）
　　译　　　　黄健宏
　　责任编辑　杨海玲
　　责任印制　焦志炜
◆ 人民邮电出版社出版发行　　北京市丰台区成寿寺路 11 号
　　邮编　100164　电子邮件　315@ptpress.com.cn
　　网址　http://www.ptpress.com.cn
　　北京七彩京通数码快印有限公司印刷
◆ 开本：800×1000　1/16
　　印张：19.5　　　　　　　2017 年 12 月第 1 版
　　字数：425 千字　　　　　2025 年 1 月北京第 25 次印刷
　　著作权合同登记号　图字：01-2016-6529 号

定价：79.00 元
读者服务热线：**(010)81055410** 印装质量热线：**(010)81055316**
反盗版热线：**(010)81055315**
广告经营许可证：京东市监广登字20170147号

内容提要

　　本书全面介绍使用 Go 语言开发 Web 应用所需的全部基本概念，并详细讲解如何运用现代设计原则使用 Go 语言构建 Web 应用。本书通过大量的实例介绍核心概念（如处理请求和发送响应、模板引擎和数据持久化），并深入讨论更多高级主题（如并发、Web 应用程序测试以及部署到标准系统服务器和 PaaS 提供商）。

　　本书以一个网络论坛为例，讲解如何使用请求处理器、多路复用器、模板引擎、存储系统等核心组件构建一个 Go Web 应用，然后在这一应用的基础上，构建出相应的 Web 服务。值得一提的是，本书在介绍 Go Web 开发方法时，基本上只用到 Go 语言自带的标准库，而不会用到任何特定的 Web 框架，读者学到的知识将不会局限于特定的框架，即使将来需要用到现成的框架或者自行构建框架，仍然会从本书中获益。本书除了讲解具体的 Web 开发方法，还介绍如何对 Go Web 应用进行测试，如何使用 Go 的并发特性提高 Web 应用的性能，以及如何在 Heroku、Google App Engine、Digital Ocean 等云平台上部署 Go Web 应用；此外，书中还传授一些 Go Web 开发方面的经验和提示。这些重要的实践知识将帮助读者快速成为真正具有生产力的 Go Web 开发者。

　　阅读本书需要读者具备基本的 Go 语言编程技能并掌握 Go 语言的语法。本书适合所有想用 Go 语言进行 Web 开发的读者阅读，无论是 Web 开发的初学者还是入行已久的开发者都会在阅读本书的过程中有所收获。

译者记事

随着近年来 Web 开发的盛行，很多相关书籍也随之如雨后春笋般出现，然而在这些书籍当中，绝大多数书籍都只关注表面的实现代码，而对代码背后的技术原理却少有提及。读者在看这类书籍时，虽然可以学到某个框架或者某个库的 API，并根据书中给出的代码搭建出一个个演示程序（demo），但是对隐藏在这些代码之下的原理却一无所知。这种停留在表面的理解一旦离开了书本的指导，就会让人感到寸步难行，不知所措。

本书的独特之处在于，它抛开了现有的所有 Go Web 框架，仅仅通过 Go 语言内置的标准库来展示如何去构建一个 Web 应用或 Web 服务。这样做的好处是，无论将来读者是使用这些标准库来构建 Web 应用，还是使用现成的框架去构建 Web 应用，又或者使用自己建造的框架去构建 Web 应用，本书介绍的知识都是非常有用的：如果使用的是现成的框架，那么这些框架的内部实现通常就是由本书介绍的 Go 标准库构建的；如果选择自建框架，那么将有很大概率会用到本书介绍的 Go 标准库。因此，不论在何种情况下，本书对于构建 Go Web 应用都是非常有帮助的。

本书的另一个优点是，它在介绍 Web 应用开发技术的同时，也介绍了隐藏在这些技术背后的基础知识。比如，在介绍 Web 处理器（handler）的创建方法之前，本书就先深入浅出地介绍了 HTTP 协议，然后才说明具体的请求处理方法以及响应返回方法；又比如说，在介绍会话（session）技术时，本书就先说明了 HTTP 协议的无状态性质，然后才说明如何使用会话去解决这一问题；类似的例子在书里面还有很多，不一而足。对刚开始接触 Web 开发的读者来说，本书这种"知其然，也知其所以然"的教授方式能够让读者打好 Web 开发的基础，从而达到事半功倍的效果；此外，对那些已经有一定 Web 开发经验的读者来说，本书将在介绍 Go Web 开发方法的同时，帮助读者回顾和巩固 Web 开发的相关基础知识，并借此成为更好的 Web 开发者。

综上所述，我认为这本书对所有关心 Web 开发的人来说，都是非常值得一读的——无论读者使用的是 Go 语言还是其他语言、X 框架还是 Y 框架，无论读者是 Web 开发的初学者还是入行已久的开发者，应该都会在阅读本书的过程中有所收获。

关于本书的翻译

这本《Go Web 编程》是我的第二部译作，在翻译第一部译作《Redis 实战》的时候，因为受经验、知识以及时间等条件限制，我只能把时间尽量花在保证译文的准确性上，但是对于译文本身的可读性却未能有太多的关注。这次在翻译这本《Go Web 编程》的过程中，我给自己订立了更高的目标，那就是，在保证译文正确性的前提下，通过合理的用词遣句，让译文更符合中文表达方式，并且更具表现力。

以本书的前言原文为例，其中就有一句"My own journey in developing applications for the web started around the same time, in the mid-1990s"，这句话的原意是说作者的 Web 开发生涯跟万维网的发展轨迹正好重合，因此把它单纯地译为"本人的 Web 应用开发生涯也是从 20 世纪 90 年代中期开始……"是完全没有问题的，但是通过在句子前面添加"无独有偶"一词来与"around the same time"的翻译"也是"相互呼应，就会一下子给译文带来画龙点睛的效果："无独有偶，本人的 Web 应用开发生涯也是从 20 世纪 90 年代中期开始……"

继续以前言为例，在这篇文章的原文当中，出现了不少常见的英文短语和词汇，这些短语和词汇通常都有一个正确、常见并且平庸的翻译，但是本书却抛弃了这些翻译，转而选择了更准确也更有表现力的译法。比如说，"Writing web applications has changed dramatically over the years"中的"changed dramatically"没有直译为"发生了戏剧性的变化"，而是翻译为"发生了翻天覆地的变化"；"Almost as soon as the first web applications were written, web application frameworks appeared"中的"were written"和"appeared"没有直译为"被编写出来之后"以及"出现"，而是分别翻译为"闪亮登场"和"应运而生"，前者突出了 Web 应用的出现对于互联网的巨大改变，而后者则突出了 Web 应用和 Web 框架之间相辅相成的关系。类似的例子还有很多很多，并且它们不仅出现在了前言里，还出现在了本书的正文当中。

当然，提高译文的可读性并不是一件一蹴而就的事。为了让译文更有"中文味"，本书的大多数译文都已三易其稿，有时候仅仅为了挑选出一个更恰当的词语或成语，就不得不对着词典推敲半天。这本书的翻译从 2016 年 8 月开始，到 2017 年 8 月交稿，整整跨越了一年时间，其中翻译原文和润色译文两项工作花费的时间可谓各占一半。如果读者能够从译文的字里行间感受到这种润物细无声的优化，那将是对本人翻译工作最好的肯定。

另外，因为这是一本使用 Go 语言标准库进行 Web 开发的书，所以对 Go Web 开发相关标准库的理解程度将是能否准确地翻译本书技术内容的关键。为了进一步熟悉本书用到的标准库，本人通读了书中用到的各个标准库的文档，阅读了其中部分标准库的源码，并且因为有时候"好记性比不上烂笔头"，所以本人还翻译了其中一部分标准库文档，力求在尽可能掌握标准库细节的情况下，再进行翻译，尽量做到知其然也知其所以然，而不是单纯地根据纸面上的文字和代码进行翻译。

最后，在翻译本书的过程中，本人也发现了原著中大大小小数十个 bug，并在译文中一一进行了修正。综上所述，读者看到的这个译本从某个角度来说将比原著更准确也更易读。这也是我一直以来在实践翻译工作时的信念——译作不应该是原著的"劣化版",而是应该以"青出于蓝而胜于蓝"的方式超越原著。当然,要做到这一点并不是一件容易的事,但每一个合格的译者都应该以此为目标,不断奋斗。

致谢

感谢人民邮电出版社以及杨海玲编辑对我的信任,将这样一本有趣而且重要的书交给我翻译,我衷心希望这本译作能够取得好成绩,从而不辜负他们对我的信任与期待。

感谢网络上一直关心这个译本出版进度的读者朋友们,他们的支持和鼓励让我不敢有所怠慢,争取竭尽自己所能,贡献出一个能够为大家所喜爱的译本。

最后也是最重要的,我要感谢本书翻译过程中一如既往地全力支持我的家人和朋友,多亏了他们的帮助,本书的翻译工作才得以顺利完成。

黄健宏
2017 年秋

译者简介

　　黄健宏（huangz），一位 1990 年出生的计算机技术图书作译者，《Redis 设计与实现》一书的作者，《Redis 实战》一书的译者。

　　除了已出版的两本作品，他还创作和翻译了《Go 标准库中文文档》《Redis 命令参考》《SICP 解题集》等一系列开源文档。

　　要了解关于黄健宏的更多信息，请访问他的个人主页。

前言

自互联网从 20 世纪 90 年代中期诞生以来，Web 应用就以这样或那样的方式存在了。虽然 Web 应用在最初只能传输静态网页，但它很快就升级和演变成了一个令人眼花缭乱、能够传输各种数据以及实现各种功能的动态系统。无独有偶，本人也是从 20 世纪 90 年代中期开始接触 Web 应用开发的，在迄今为止的职业生涯当中，我把大部分时间都花费在了大规模 Web 应用的设计、开发以及团队管理上面，并且在这期间还使用过多种不同的编程语言和框架，其中包括 Java、Ruby、Node.js、PHP、Perl、Elixir 甚至是 Smalltalk。

几年前，我因为一次偶然的机会接触到了 Go 语言，并迅速被它的简单和清爽直率所吸引，而当我意识到只使用 Go 的标准库就可以快速地构建完整、高效并且可扩展的 Web 应用和服务时，我对 Go 的喜爱又更进了一步。使用 Go 语言编写的代码不仅易懂、直截了当，而且还能够快速、简单地编译成一个独立的可部署二进制文件。更关键的是，我不必投入大量服务器就可以让自己的 Web 应用变得可扩展且具备生产能力。很自然地，所有的这些优点都使 Go 成为了我在 Web 应用开发方面最新的心头好语言。

从当初传输静态内容到现在通过 HTTP 传输动态数据，从当初使用服务器传输 HTML 内容，到现在使用客户端单页应用去处理通过 HTTP 传输的 JSON 数据，Web 应用的开发方式已经发生了翻天覆地的变化。几乎就在 Web 应用闪亮登场的同时，Web 框架也应运而生，并使程序员可以更为容易地去开发 Web 应用。这二十多年以来，绝大多数编程语言都会有至少一个 Web 应用框架，其中很多语言甚至会有一大堆框架可用，而当今出现的绝大多数应用都是 Web 应用。

尽管 Web 应用框架的风靡使开发 Web 应用变得更加容易了，但这些框架在带来方便的同时也隐藏了大量的细节——Web 应用开发者对于万维网的运作方式知之甚少甚至一窍不通，这样的情况正在变得越来越常见。幸运的是，通过 Go 语言，我发现了一种正确地教授 Web 应用开发基础知识的绝佳工具，它能够让 Web 应用开发重新回到简单直接的状态：程序需要考虑的就是如何处理 HTTP 协议，以及如何通过 HTTP 协议传输内容和数据，并且满足这两个要求只需要用到 Go 语言本身提供的工具——不需要用到外部库，也不需要用到外部的依赖。

在拿定主意之后，我就向 Manning 出版社提交了一个撰写 Go 语言编程书籍的构思，这个构思关注的是如何在只使用标准库的情况下，向读者传授从零开始构建 Web 应用的方法，而 Manning 出版社也很快就同意了我的构思并开启了这个项目。尽管本书的撰写工作持续了一段时间才得以完成，但是在写作的过程中，抢先预览版带来的反馈总是不断地鼓舞着我。最后，我希望读者能够像我享受创作本书的过程一样，享受阅读本书的过程，并且在这个过程中能够有所收获。

致谢

本书最初的想法是在只使用标准库的情况下教授基本的 Go Web 编程知识。说实在的，刚开始的时候我并不确定这个想法是否能够行得通，但那些花费自己血汗钱来购买本书抢先预览版的读者给了我鼓励和动力来实现这个想法，因此在这里我要向我的读者们致以诚挚的感谢！

写书是一项团队协作活动，尽管本书的封面上只记载了我一个人的名字，但实际上大量幕后人员也为这本书付出了自己的心血，他们分别是：

- Marina Michaels，来自地球另一侧的一位勤劳且高效的编辑，她总是不知疲倦地配合我的工作，并且为了我们之间巨大的时差而不断地调整自己的日程表；
- Manning 出版社的相关工作人员：文字编辑 Liz Welch 和校对 Elizabeth Martin，他们的火眼金睛让错误无处可藏，负责营销和推广本书的 Candace Gillhoolley 和 Ana Romac，以及将我的原稿变为本书的 Kevin Sullivan 和 Janet Vail；
- Jimmy Frasché 对我的原稿进行了一次完整的技术校对，而我的审稿人 Alex Jacinto、Alexander Schwartz、Benoit Benedetti、Brian Cooksey、Doug Sparling、Ferdinando Santacroce、Gualtiero Testa、Harry Shaun Lippy、James Tyo、Jeff Lim、Lee Brandt、Mike Bright、Quintin Smith、Rebecca Jones、Ryan Pulling、Sam Zaydel 和 Wes Shaddix 则在撰写原稿的 4 个阶段中为我提供了大量有价值的反馈；
- 这本书的抢先预览版一经释出，我在新加坡 Go 社区的朋友们就迫不及待地把它向全世界广而告之了，特别值得一提的是 Kai Hendry，他为本书制作了一个详细的评论视频。

另外，我还要感谢 Go 的创造者 Robert Griesemer、Rob Pike 和 Ken Thompson，以及 net/http、html/template 等 Web 标准库的开发者，特别是 Brad Fitzpatrick，没有他们的辛勤付出，这本书就不可能出现。

最后，也是最必不可少的，我要感谢我的家人，包括我亲爱的妻子 Wooi Ying，以及在身高方面后来居上的我的儿子 Kai Wen。我希望自己能够通过创作这本书给他带来启发，我也希望他会自豪地阅读这本书，并从中有所收获。

关于本书

　　本书将完整地介绍使用 Go 语言开发 Web 应用所需的全部基本概念，并且在这个过程中只使用 Go 语言自带的标准库。尽管本书的部分章节会对其他库以及其他主题进行讨论，比如如何测试 Web 应用以及如何部署 Web 应用，但本书的主要目的还是教读者如何在只使用 Go 标准库的情况下进行 Web 开发。

　　本书要求读者具备基本的 Go 编程技能并掌握 Go 语言的语法。如果读者不具备这些知识，可以阅读由 William Kennedy、Brian Ketelsen 和 Erik St. Martin 创作的 *Go in Action*[①]一书，该书也是由 Manning 出版社出版的。由 Addison-Wesley 出版社出版、Alan Donovan 和 Brian Kernighan 创作的 *The Go Programming Language*[②]也是一本值得一读的好书。除了以上提到的两本书之外，网上也有非常多免费的 Go 教程可供浏览，比如，Go 官方网站的《Go 入门教程》(*A Tour of Go*) 就是一个很棒的例子。

内容编排

　　本书由 10 章和一个附录组成。

　　第 1 章会介绍使用 Go 开发 Web 应用的方法，并阐述这种做法的优点所在。除此之外，本章还会对 HTTP 协议等构成 Web 应用的关键概念做深入浅出的介绍。

　　第 2 章会以一步一个脚印的方式，带领读者去构建一个简单的网上论坛，以此来向读者展示如何使用 Go 构建一个典型的 Web 应用。

　　第 3 章会更加详细地展示使用 net/http 包接收 HTTP 请求的方法。读者将学会如何编写 Go Web 服务器监听 HTTP 请求，以及如何使用处理器和处理器函数处理这些请求。

　　第 4 章会继续介绍处理 HTTP 请求的相关细节，重点讲述 Go 是如何处理请求并返回响应的。

---

① *Go in Action* 的中文版已由人民邮电出版社出版，中文版书名为《Go 语言实战》。——译者注

② *The Go Programming Language* 的中文版已由机械工业出版社出版，中文版书名为《Go 程序设计语言》。
　　——译者注

除此之外，读者还将学会如何从 HTML 表单中获取数据以及如何使用 cookie。

第 5 章将会介绍由 `text/template` 库和 `html/template` 库组成的 Go 模板引擎。读者将会看到 Go 提供的各种模板机制，并学会如何使用 Go 的布局（layout）。

第 6 章将会对 Go 的存储策略进行讨论。读者将学会如何通过结构将数据存储到内存里面，如何通过 CSV 格式以及 gob 二进制格式将数据存储到文件系统里面，以及如何通过 SQL 和 SQL 映射器去访问关系数据库。

第 7 章将展示使用 Go 语言构建 Web 服务的方法。读者不仅会学到如何使用 Go 语言构建一个简单的 Web 服务，还会学到如何使用 Go 语言创建并分析 XML 数据和 JSON 数据。

第 8 章将向读者传授在不同层级中测试 Go Web 应用的不同方法，其中包括单元测试、基准测试以及 HTTP 测试；除此之外，这一章还会简单介绍几个第三方测试库。

第 9 章会介绍在 Web 应用中使用 Go 语言的并发特性的方法。读者将会了解到 Go 语言的各个并发特性，并学会如何使用这些特性提高一个图像生成 Web 应用的性能。

第 10 章是本书的最后一章，它将展示 Go Web 应用的部署方法。读者将会学到如何把应用部署到独立的服务器上，如何把应用部署到 Heroku、Google App Engine 之类的云平台上，以及如何把应用部署到 Docker 容器里面。

最后，本书的附录会展示在不同平台上安装和设置 Go 环境的方法。

代码的约定以及下载

本书通过代码清单以及正文内嵌的方式展示了大量源代码。为了跟一般的正文区别开来，书中的源代码都会使用等宽字体。为了凸显某些代码在不同章节之间的区别，又或者为了强调正文中讨论的某些代码，本书有时候也会以加粗的方式显示代码。

```
curl -i 127.0.0.1:8080/write
HTTP/1.1 200 OK
Date: Tue, 13 Jan 2015 16:16:13 GMT
Content-Length: 95
Content-Type: text/html; charset=utf-8

<html>
<head><title>Go Web Programming</title></head>
<body><h1>Hello World</h1></body>
</html>
```

作者简介

 郑兆雄（Sau Sheong Chang），现任新加坡能源有限公司数字技术总裁，在此之前他曾经担任过 PayPal 的消费者工程经理。郑兆雄是 Ruby 社区和 Go 社区一位活跃的贡献者，除了创作书籍之外，他还为开源项目提交代码，并在各种技术研讨会和技术会议上发言。

关于封面插图

本书的封面插图系 Paolo Mercuri（1804—1884）所作，标题为"穿着中世纪服装的男人"，该插图来源于 Camille Bonnard 搜集并编辑的 *Costumes Historiques*（服装史）多卷本，该书于 19 世纪 50 或 60 年代在巴黎出版，它搜集了大量 12 世纪、13 世纪、14 世纪和 15 世纪的历史服装。随着异国风情和历史文明在 19 世纪风靡，人们开始着迷于这类服装收藏本，并借此去探索自己所在的世界以及已经远去的旧世界。

在这一历史画册中，Mercuri 丰富多彩的画作让我们生动地回想起了数百年前，世界各地不同城市和地区之间的文化差异。无论是在街道还是乡间，仅仅通过人们的着装就可以八九不离十地辨识他们的社会地位、从事的行业和职业。在经历了数个世纪的变迁以后，人们的着装方式已经发生了很大的变化，当初丰富多彩的地区多样性也已逐渐消失。时至今日，仅仅通过着装已经很难区分不同大洲的居民了，更别说想要知道他们所在的国家和城市、知悉他们的社会地位和职业了。乐观地讲，也许我们已经放弃了追求文化上的多样性，转为拥抱更丰富多彩也更快节奏的技术生活了。

在计算机书籍正在变得越来越相似、越来越同质化的今天，Manning 出版社希望通过 Mercuri 的作品，将数个世纪以前丰富多彩的地区生活融入图书封面，以此来赞美计算机行业不断创新和敢为人先的精神。

资源与支持

本书由异步社区出品，社区（https://www.epubit.com/）为您提供相关资源和后续服务。

配套资源

本书提供源代码免费下载，要获得这些源代码，请在异步社区本书页面中单击"配套资源"，跳转到下载界面，按提示进行操作即可。注意：为保证购书读者的权益，该操作会给出相关提示，要求输入提取码进行验证。

提交勘误

作者和编辑尽最大努力来确保书中内容的准确性，但难免会存在疏漏。欢迎您将发现的问题反馈给我们，帮助我们提升图书的质量。

当您发现错误时，请登录异步社区，按书名搜索，进入本书页面，单击"提交勘误"，输入勘误信息，单击"提交"按钮即可。本书的作者和编辑会对您提交的勘误进行审核，确认并接受后，您将获赠异步社区的 100 积分。积分可用于在异步社区兑换优惠券、样书或奖品。

扫码关注本书

扫描下方二维码，您将会在异步社区微信服务号中看到本书信息及相关的服务提示。

与我们联系

我们的联系邮箱是 contact@epubit.com.cn。

如果您对本书有任何疑问或建议，请您发邮件给我们，并请在邮件标题中注明本书书名，以便我们更高效地做出反馈。

如果您有兴趣出版图书、录制教学视频，或者参与图书技术审校等工作，可以发邮件给本书的责任编辑（yanghailing@ptpress.com.cn）。

如果您来自学校、培训机构或企业，想批量购买本书或异步社区出版的其他图书，也可以发邮件给我们。

如果您在网上发现有针对异步社区出品图书的各种形式的盗版行为，包括对图书全部或部分内容的非授权传播，请您将怀疑有侵权行为的链接通过邮件发给我们。您的这一举动是对作者权益的保护，也是我们持续为您提供有价值的内容的动力之源。

关于异步社区和异步图书

"异步社区"是人民邮电出版社旗下 IT 专业图书社区，致力于出版精品 IT 技术图书和相关学习产品，为作译者提供优质出版服务。异步社区创办于 2015 年 8 月，提供大量精品 IT 技术图书和电子书，以及高品质技术文章和视频课程。更多详情请访问异步社区官网 https://www.epubit.com。

"异步图书"是由异步社区编辑团队策划出版的精品 IT 专业图书的品牌，依托于人民邮电出版社的计算机图书出版积累和专业编辑团队，相关图书在封面上印有异步图书的 LOGO。异步图书的出版领域包括软件开发、大数据、AI、测试、前端、网络技术等。

异步社区

微信服务号

目录

第一部分

Go 与 Web 应用

Web 应用是当今使用最为广泛的一类软件应用，连接至互联网的人们基本上每天都在使用 Web 应用。因为很多看上去像是原生应用的移动应用都在内部包含了使用 Web 技术构建的组件，所以使用移动设备的人们实际上也是在使用 Web 应用。

因为编写 Web 应用必须对 HTTP 有所了解，所以接下来的两章将对 HTTP 进行介绍。除此之外，我们还会了解到使用 Go 语言编写 Web 应用的优点，并且实际使用 Go 语言来构建一个简单的网上论坛，然后鸟瞰 Web 应用的各个组成部分。

第1章　Go 与 Web 应用

本章主要内容
- Web 应用的定义
- 使用 Go 语言编写 Web 应用的优点
- Web 应用编程的基本知识
- 使用 Go 语言编写一个极为简单的 Web 应用

Web 应用在我们的生活中无处不在。看看我们日常使用的各个应用程序，它们要么是 Web 应用，要么是移动 App 这类 Web 应用的变种。无论哪一种编程语言，只要它能够开发出与人类交互的软件，它就必然会支持 Web 应用开发。对一门崭新的编程语言来说，它的开发者首先要做的一件事，就是构建与互联网（internet）和万维网（World Wide Web）交互的库（library）和框架，而那些更为成熟的编程语言还会有各种五花八门的 Web 开发工具。

Go 是一门刚开始崭露头角的语言，它是为了让人们能够简单且高效地编写后端系统（back end system）而创建的。这门语言拥有众多先进的特性，并且密切关注程序员的生产力以及各种与速度相关的事项。和其他语言一样，Go 语言也提供了对 Web 编程的支持。自从问世以来，Go 语言在编写 Web 应用以及"×即服务系统"（*-as-a-service system）方面就受到了热烈追捧。

本章接下来将列举一些使用 Go 编写 Web 应用的优点，并介绍一些关于 Web 应用的基本知识。

1.1　使用 Go 语言构建 Web 应用

"为什么要使用 Go 语言编写 Web 应用呢？"作为本书的读者，我想你肯定很想知道这个问题的答案。本书是一本教人们如何使用 Go 语言进行 Web 编程的图书，而作为本书的作者，我的任务就是向你解释为什么人们会使用 Go 语言进行 Web 编程。本书将在接下来的内容中陆续介绍 Go 语言在 Web 开发方面的优点，我衷心地希望你也能够对这些优点有感同身受的想法。

Go 是一门相对比较年轻的编程语言，它拥有繁荣并且仍在不断成长的社区，并且它也非常适合用来编写那些需要快速运行的服务器端程序。因为 Go 语言提供了很多过程式编程语言的特性，所以拥有过程式编程语言使用经验的程序员对 Go 应该都不会感到陌生，但与此同时，Go 语言也提供了函数式编程方面的特性。除了内置对并发编程的支持之外，Go 语言还拥有现代化的包管理系统、垃圾收集特性以及一系列包罗万象、威力强大的标准库。

虽然 Go 自带的标准库已经非常丰富和宏大了，但 Go 仍然拥有许多质量上乘的开源库，它们可以对标准库不足的地方进行补充。本书在大部分情况下都会尽可能地使用标准库，但是偶尔也会使用一些第三方开源库，以此来展示开源社区提供的一些另辟蹊径并且富有创意的方法。

使用 Go 语言进行 Web 开发正变得日益流行，很多公司都已经开始使用 Go 了，其中包括 Dropbox、SendGrid 这样的基础设施公司，Square 和 Hailo 这样的技术驱动的公司，甚至是 BBC、纽约时报这样的传统公司。

在开发大规模 Web 应用方面，Go 语言提供了一种不同于现有语言和平台但又切实可行的方案。大规模可扩展的 Web 应用通常需要具备以下特质：

- 可扩展；
- 模块化；
- 可维护；
- 高性能。

接下来的几小节将分别对这些特质进行讨论。

1.1.1   Go 与可扩展 Web 应用

大规模的 Web 应用应该是可扩展的（scalable），这意味着应用的管理者应该能够简单、快速地提升应用的性能以便处理更多请求。如果一个应用是可扩展的，那么它就是线性的，这意味着应用的管理者可以通过添加更多硬件来获得更强的请求处理能力。

有两种方式可以对性能进行扩展：

- 一种是垂直扩展（vertical scaling），即提升单台设备的 CPU 数量或者性能；
- 另一种则是水平扩展（horizontal scaling），即通过增加计算机的数量来提升性能。

因为 Go 语言拥有非常优异的并发编程支持，所以它在垂直扩展方面拥有不俗的表现：一个 Go Web 应用只需要使用一个操作系统线程（OS thread），就可以通过调度来高效地运行数十万个 goroutine。

跟其他 Web 应用一样，Go 也可以通过在多个 Go Web 应用之上架设代理来进行高效的水平扩展。因为 Go Web 应用都会被编译为不包含任何动态依赖关系的静态二进制文件，所以我们可以把这些文件分发到没有安装 Go 语言的系统里，从而以一种简单且一致的方式部署 Go Web 应用。

1.1.2   Go 与模块化 Web 应用

大规模 Web 应用应该由可替换的组件构成，这种做法能够使开发者更容易添加、移除或者修改特性，从而更好地满足程序不断变化的需求。除此之外，这种做法的另一个好处是使开发者可以通过复用模块化的组件来降低软件开发所需的费用。

尽管 Go 是一门静态类型语言，但用户可以通过它的接口机制对行为进行描述，以此来实现动态类型匹配（dynamic typing）。Go 语言的函数可以接受接口作为参数，这意味着用户只要实现了接口所需的方法，就可以在继续使用现有代码的同时向系统中引入新的代码。与此同时，因为 Go 语言的所有类型都实现了空接口，所以用户只需要创建出一个接受空接口作为参数的函数，就可以把任何类型的值用作该函数的实际参数。此外，Go 语言还实现了一些在函数式编程中非常常见的特性，其中包括函数类型、使用函数作为值以及闭包，这些特性允许用户使用已有的函数来构建新的函数，从而帮助用户构建出更为模块化的代码。

Go 语言也经常会被用于创建微服务（microservice）。在微服务架构中，大型应用通常由多个规模较小的独立服务组合而成，这些独立服务通常可以相互替换，并根据它们各自的功能进行组织。比如，日志记录服务会被归类为系统级服务，而开具账单、风险分析这样的服务则会被归类为应用级服务。创建多个规模较小的 Go 服务并将它们组合为单个 Web 应用，这种做法使得我们可以在有需要的时候对应用中的服务进行替换，而整个 Web 应用也会因此变得更加模块化。

1.1.3　Go 与可维护的 Web 应用

和其他庞大而复杂的应用一样，拥有一个易于维护的代码库（codebase）对大规模的 Web 应用来说也是非常重要的。这是因为大规模的应用通常都会不断地成长和演化，所以开发者需要经常性地回顾并修改代码，而修改难懂、笨拙的代码需要花费大量的时间，并且隐含着可能会造成某些功能无法正常运作的风险。因此，确保源代码能够以适当的方式组织起来并且具有良好的可维护性对开发者来说就显得至关重要了。

Go 语言的设计鼓励良好的软件工程实践，它拥有简洁且极具可读性的语法以及灵活且清晰的包管理系统。除此之外，Go 语言还有一整套优秀的工具，它们不仅可以增强程序员的开发体验，还能够帮助他们写出更具可读性的代码，比如以标准化方式对 Go 代码进行格式化的源代码格式化程序 gofmt 就是其中一个例子。

因为 Go 语言希望文档可以和代码一同演进，所以它的文档工具 godoc 会对 Go 源代码及其注释进行语法分析，然后以 HTML、纯文本或者其他多种格式创建出相应的文档。godoc 的使用方法非常简单，开发者只需要把文档写到源代码里面，godoc 就会把这些文档以及与之相关联的代码提取出来，生成相应的文档文件。

除此之外，Go 还内置了对测试的支持：gotest 工具会自动寻找与源代码处于同一个包（package）之内的测试代码，并运行其中的功能测试和性能测试。Go 语言也提供了 Web 应用测试工具，这些工具可以模拟出一个 Web 服务器，并对该服务器生成的响应（response）进行记录。

1.1.4　Go 与高性能 Web 应用

高性能不仅意味着能够在短时间内处理大量请求，还意味着服务器能够快速地对客户端进行响应，并让终端用户（end user）能够快速地执行操作。

　　Go 语言的一个设计目标就是提供接近于 C 语言的性能，尽管这个目标目前尚未达成，但 Go 语言现在的性能已经非常具有竞争力：Go 程序会被编译为本地码（native code），这一般意味着 Go 程序可以运行得比解释型语言的程序要快，并且就像前面说过的那样，Go 语言的 goroutine 对并发编程提供了非常好的支持，这使得 Go 应用可以同时处理多个请求。

　　希望以上介绍能够引起你对使用 Go 语言及其平台进行 Web 开发的兴趣。但是在学习如何使用 Go 进行 Web 开发之前，我们需要先来了解一下什么是 Web 应用，以及它们的工作原理是什么，这会给我们学习之后几章的内容带来非常大的帮助。

1.2　Web 应用的工作原理

　　如果你在一个技术会议上向在场的程序员们提出"什么是 Web 应用"这一问题，那么通常会得到五花八门的回答，有些人甚至可能还会因为你问了个如此基础的问题而感到惊讶和不解。通过不同的人对这个问题的不同回答，我们可以了解到人们对 Web 应用并没有一个十分明确的定义。比如说，Web 服务算不算 Web 应用？因为 Web 服务通常会被其他软件调用，而 Web 应用则是为人类提供服务，所以很多人都认为 Web 服务与 Web 应用是两种不同的事物。但如果一个程序能够像 RSS feed 那样，产生出来的数据既可以被其他软件使用，又可以被人类理解，那么这个程序到底是一个 Web 服务还是一个 Web 应用呢？

　　同样地，如果一个应用只会返回 HTML 页面，但却并不对页面进行任何处理，那么它是一个 Web 应用吗？运行在 Web 浏览器之上的 Adobe Flash 程序是一个 Web 应用吗？对于一个纯 HTML5 编写的应用，如果它运行在一个长期驻留于计算机的浏览器中，那么它算是一个 Web 应用吗？如果一个应用在向服务器发送请求时没有使用 HTTP 协议，那么它算是一个 Web 应用吗？大多数程序员都能够从高层次的角度去理解 Web 应用是什么，但是一旦我们深入一些，尝试去探究 Web 应用的实现层次，事情就会变得含糊不清起来。

　　从纯粹且狭隘的角度来看，Web 应用应该是这样的计算机程序：它会对客户端发送的 HTTP 请求做出响应，并通过 HTTP 响应将 HTML 回传至客户端。但这样一来，Web 应用不就跟 Web 服务器一样了吗？的确如此，如果按照上面给出的定义来看，Web 服务器和 Web 应用将没有区别：一个 Web 服务器就是一个 Web 应用（如图 1-1 所示）。

图 1-1　Web 应用最基本的请求与响应结构

　　将 Web 服务器看作是 Web 应用的一个问题在于，像 httpd 和 Apache 这样的 Web 服务器都会监视特定的目录，并在接收到请求时返回位于该目录中的文件（比如 Apache 就会对 docroot 目录进行监视）。与此相反，Web 应用并不会简单地返回文件：它会对请求进行处理，并执行应用程序中预先设定好的操作（如图 1-2 所示）。

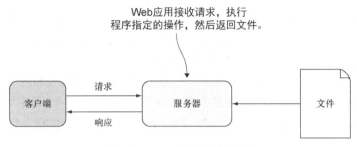

图 1-2　Web 应用的工作原理

从以上观点来看，我们也许可以把 Web 服务器看作是一种特殊的 Web 应用，这种应用只会返回被请求的文件。普遍来讲，很多用户都会把使用浏览器作为客户端的应用看作是 Web 应用。这其中包括 Adobe Flash 应用、单页 Web 应用，甚至是那些不使用 HTTP 协议进行通信但却驻留在桌面或系统上的应用。

为了在书中讨论 Web 编程的相关技术，我们必须给这些技术一个明确的定义。首先，让我们来给出应用的定义。

应用（application）是一个与用户进行互动并帮助用户执行指定活动的软件程序。比如记账系统、人力资源系统、桌面出版软件等。而 Web 应用则是部署在 Web 之上，并通过 Web 来使用的应用。

换句话说，一个程序只需要满足以下两个条件，我们就可以把它看作是一个 Web 应用：

- 这个程序必须向发送命令请求的客户端返回 HTML，而客户端则会向用户展示渲染后的 HTML；
- 这个程序在向客户端传送数据时必须使用 HTTP 协议。

在这个定义的基础上，如果一个程序不是向用户渲染并展示 HTML，而是向其他程序返回某种非 HTML 格式的数据，那么这个程序就是一个为其他程序提供服务的 Web 服务。本书将在第 7 章对 Web 服务进行更详细的说明。

与大部分程序员对 Web 应用的定义相比，上面给出的定义可能显得稍微狭隘了一些，但因为这个定义消除了所有的模糊与不清晰，并使 Web 应用变得更加易于理解，所以它对于本书讨论的问题是非常有帮助的。随着读者对本书阅读的不断深入，这一定义将变得更为清晰，但是在此之前，让我们先来回顾一下 HTTP 协议的发展历程。

1.3　HTTP 简介

HTTP 是万维网的应用层通信协议，Web 页面中的所有数据都是通过这个看似简单的文本协议进行传输的。HTTP 非常朴素,但却异常地强大——这个协议自 20 世纪 90 年代定义以来,至今只进行了 3 次迭代修改,其中 HTTP 1.1 是目前使用最为广泛的一个版本,而最新的一个版本则是 HTTP 2.0,又称 HTTP/2。

HTTP 的最初版本 HTTP 0.9 是由 Tim Berners-Lee 为了让万维网能够得以被采纳而创建的:它允许客户端与服务器进行连接,并向服务器发送以空行(CRLF)结尾的 ASCII 字符串请求,而服务器则会返回不带任何元数据的 HTML 作为响应。

HTTP 0.9 之后的每个新版本实现都包含了大量的新特性,1996 年发布的 HTTP 1.0 就是由大量特性合并而成的,之后的 HTTP 1.1 版本于 1999 年发布,而 HTTP 2.0 版本则于 2015 年发布。因为目前使用最为广泛的还是 HTTP 1.1 版本,所以本书主要还是对 HTTP 1.1 进行讨论,但也会在适当的地方介绍一些 HTTP 2.0 的相关信息。

首先,让我们通过一个简单的定义来说明什么是 HTTP。

> HTTP 是一种无状态、由文本构成的请求-响应(request-response)协议,这种协议使用的是客户端-服务器(client-server)计算模型。

请求-响应是两台计算机进行通信的基本方式,其中一台计算机会向另一台计算机发送请求,而接收到请求的计算机则会对请求进行响应。在客户端-服务器计算模型中,发送请求的一方(客户端)负责向返回响应的一方(服务器)发起会话,而服务器则负责为客户端提供服务。在 HTTP 协议中,客户端也被称作用户代理(user-agent),而服务器则通常会被称为 Web 服务器。在大多数情况下,HTTP 客户端都是一个 Web 浏览器。

HTTP 是一种无状态协议,它唯一知道的就是客户端会向服务器发送请求,而服务器则会向客户端返回响应,并且后续发生的请求对之前发生过的请求一无所知。相对的,像 FTP、Telnet 这类面向连接的协议则会在客户端和服务器之间创建一个持续存在的通信通道(其中 Telnet 在进行通信时使用的也是请求-响应方式以及客户端-服务器计算模型)。顺带提一下,HTTP 1.1 也可以通过持久化连接来提升性能。

跟很多互联网协议一样,HTTP 也是以纯文本方式而不是二进制方式发送和接收协议数据的。这样做是为了让开发者可以在无需使用专门的协议分析工具的情况下,弄清楚通信中正在发生的事情,从而更容易进行故障排查。

因为 HTTP 最初在设计时只用于传送 HTML,所以 HTTP 0.9 只提供了 GET 这一个方法(method),但新版本对 HTTP 的扩展使它逐渐变成了一种通用的协议,用户也得以将其应用于 Web 应用等分布式系统中,本章接下来就会对 Web 应用进行介绍。

1.4 Web 应用的诞生

在万维网出现不久之后,人们开始意识到一点:尽管使用 Web 服务器处理静态 HTML 文件这个主意非常棒,但如果 HTML 里面能够包含动态生成的内容,那么事情将会变得更加有趣。

其中，通用网关接口（Common Gateway Interface，CGI）就是在早期尝试动态生成 HTML 内容的技术之一。

1993 年，美国国家超级计算应用中心（National Center for Supercomputing Applications，NCSA）编写了一个在 Web 服务器上调用可执行命令行程序的规范（specification），他们把这个规范命名为 CGI，并将它包含在了 NCSA 开发的广受欢迎的 HTTPd 服务器里面。不过 NCSA 制定的这个规范最终并没有成为正式的互联网标准，只有 CGI 这个名字被后来的规范沿用了下来。

CGI 是一个简单的接口，它允许 Web 服务器与一个独立运行于 Web 服务器进程之外的进程进行对接。通过 CGI 与服务器进行对接的程序通常被称为 CGI 程序，这种程序可以使用任何编程语言编写——这也是我们把这种接口称之为"通用"接口的原因，不过早期的 CGI 程序大多数都是使用 Perl 语言编写的。向 CGI 程序传递输入参数是通过设置环境变量来完成的，CGI 程序在运行之后将向标准输出（stand output）返回结果，而服务器则会将这些结果传送至客户端。

与 CGI 同期出现的还有服务器端包含（server-side includes，SSI）技术，这种技术允许开发者在 HTML 文件里面包含一些指令（directive）：当客户端请求一个 HTML 文件的时候，服务器在返回这个文件之前，会先执行文件中包含的指令，并将文件中出现指令的位置替换成这些指令的执行结果。SSI 最常见的用法是在 HTML 文件中包含其他被频繁使用的文件，又或者将整个网站都会出现的页面首部（header）以及尾部（footer）的代码段嵌入 HTML 文件中。

作为例子，以下代码演示了如何通过 SSI 指令将 `navbar.shtml` 文件中的内容包含到 HTML 文件中：

```html
<html>
  <head><title>Example SSI</title></head>
  <body>
    <!--#include file="navbar.shtml" -->
  </body>
</html>
```

SSI 技术的最终演化结果就是在 HTML 里面包含更为复杂的代码，并使用更为强大的解释器（interpreter）。这一模式衍生出了 PHP、ASP、JSP 和 ColdFusion 等一系列非常成功的引擎，开发者通过使用这些引擎能够开发出各式各样复杂的 Web 应用。除此之外，这一模式也是 Mustache、ERB、Velocity 等一系列 Web 模板引擎的基础。

如前所述，Web 应用是为了通过 HTTP 向用户发送定制的动态内容而诞生的，为了弄明白 Web 应用的运作原理，我们必须知道 HTTP 的工作过程，并理解 HTTP 请求和响应的运作机制。

1.5 HTTP 请求

HTTP 是一种请求-响应协议，协议涉及的所有事情都以一个请求开始。HTTP 请求跟其他所有 HTTP 报文（message）一样，都由一系列文本行组成，这些文本行会按照以下顺序进行排列：

（1）请求行（request-line）；

（2）零个或任意多个请求首部（header）；

（3）一个空行；

（4）可选的报文主体（body）。

一个典型的 HTTP 请求看上去是这个样子的：

```
GET /Protocols/rfc2616/rfc2616.html HTTP/1.1
Host: www.w3.org
User-Agent: Mozilla/5.0
(empty line)
```

这个请求中的第一个文本行就是请求行：

```
GET /Protocols/rfc2616/rfc2616.html HTTP/1.1
```

请求行中的第一个单词为请求方法（request method），之后跟着的是统一资源标识符（Uniform Resource Identifier，URI）以及所用的 HTTP 版本。位于请求行之后的两个文本行为请求的首部。注意，这个报文的最后一行为空行，即使报文的主体部分为空，这个空行也必须存在，至于报文是否包含主体则需要根据请求使用的方法而定。

1.5.1　请求方法

请求方法是请求行中的第一个单词，它指明了客户端想要对资源执行的操作。HTTP 0.9 只有 GET 一个方法，HTTP 1.0 添加了 POST 方法和 HEAD 方法，而 HTTP 1.1 则添加了 PUT、DELETE、OPTIONS、TRACE 和 CONNECT 这 5 个方法，并允许开发者自行添加更多方法——很多人立即就把这个功能付诸实践了。

关于请求方法的一个有趣之处在于，HTTP 1.1 要求必须实现的只有 GET 方法和 HEAD 方法，而其他方法的实现则是可选的，甚至连 POST 方法也是可选的。

各个 HTTP 方法的作用说明如下。

- GET——命令服务器返回指定的资源。
- HEAD——与 GET 方法的作用类似，唯一的不同在于这个方法不要求服务器返回报文的主体。这个方法通常用于在不获取报文主体的情况下，取得响应的首部。
- POST——命令服务器将报文主体中的数据传递给 URI 指定的资源，至于服务器具体会对这些数据执行什么动作则取决于服务器本身。
- PUT——命令服务器将报文主体中的数据设置为 URI 指定的资源。如果 URI 指定的位置上已经有数据存在，那么使用报文主体中的数据去代替已有的数据。如果资源尚未存在，那么在 URI 指定的位置上新创建一个资源。
- DELETE——命令服务器删除 URI 指定的资源。

- ■ TRACE——命令服务器返回请求本身。通过这个方法，客户端可以知道介于它和服务器之间的其他服务器是如何处理请求的。
- ■ OPTIONS——命令服务器返回它支持的 HTTP 方法列表。
- ■ CONNECT——命令服务器与客户端建立一个网络连接。这个方法通常用于设置 SSL 隧道以开启 HTTPS 功能。
- ■ PATCH——命令服务器使用报文主体中的数据对 URI 指定的资源进行修改。

1.5.2　安全的请求方法

如果一个 HTTP 方法只要求服务器提供信息而不会对服务器的状态做任何修改，那么这个方法就是安全的（safe）。GET、HEAD、OPTIONS 和 TRACE 都不会对服务器的状态进行修改，所以它们都是安全的方法。与此相反，POST、PUT 和 DELETE 都能够对服务器的状态进行修改（比如说，在处理 POST 请求时，服务器存储的数据就可能会发生变化），因此这些方法都不是安全的方法。

1.5.3　幂等的请求方法

如果一个 HTTP 方法在使用相同的数据进行第二次调用的时候，不会对服务器的状态造成任何改变，那么这个方法就是幂等的（idempotent）。根据安全的方法的定义，因为所有安全的方法都不会修改服务器状态，所以它们天生就是幂等的。

PUT 和 DELETE 虽然不安全，但却是幂等的，这是因为它们在进行第二次调用时都不会改变服务器的状态：因为服务器在执行第一个 PUT 请求之后，URI 指定的资源已经被更新或者创建出来了，所以针对同一个资源的第二次 PUT 请求只会执行服务器已经执行过的动作；与此类似，虽然服务器对于同一个资源的第二次 DELETE 请求可能会返回一个错误，但这个请求并不会改变服务器的状态。

相反，因为重复的 POST 请求是否会改变服务器状态是由服务器自身决定的，所以 POST 方法既不安全也非幂等。幂等性是一个非常重要的概念，本书第 7 章在介绍 Web 服务时将再次提及这个概念。

1.5.4　浏览器对请求方法的支持

GET 方法是最基本的 HTTP 方法，它负责从服务器上获取内容，所有浏览器都支持这个方法。POST 方法从 HTML 2.0 开始可以通过添加 HTML 表单来实现：HTML 的 form 标签有一个名为 method 的属性，用户可以通过将这个属性的值设置为 get 或者 post 来指定要使用哪种方法。

HTML 不支持除 GET 和 POST 之外的其他 HTTP 方法：在 HTML5 规范的早期草案中，HTML

表单的 method 属性曾经添加过对 PUT 方法和 DELETE 方法的支持，但这些支持在之后又被删除了。

话虽如此，但流行的浏览器通常都不会只支持 HTML 一种数据格式——用户可以使用 XMLHttpRequest（XHR）来获得对 PUT 方法和 DELTE 方法的支持。XHR 是一系列浏览器 API，这些 API 通常由 JavaScript 包裹（实际上 XHR 就是一个名为 XMLHttpRequest 的浏览器对象）。XHR 允许程序员向服务器发送 HTTP 请求，并且跟 "XMLHttpRequest" 这个名字所暗示的不一样，这项技术并不仅仅局限于 XML 格式——包括 JSON 以及纯文本在内的任何格式的请求和响应都可以通过 XHR 发送。

1.5.5　请求首部

HTTP 请求方法定义了发送请求的客户端想要执行的动作，而 HTTP 请求的首部则记录了与请求本身以及客户端有关的信息。请求的首部由任意多个用冒号分隔的纯文本键值对组成，最后以回车（CR）和换行（LF）结尾。

作为 HTTP 1.1 RFC 的一部分，RFC 7231 对主要的一些 HTTP 请求字段（request field）进行了标准化。过去，非标准的 HTTP 请求通常以 X-作为前缀，但标准并没有沿用这一惯例。

大多数 HTTP 请求首部都是可选的，宿主（Host）首部字段是 HTTP 1.1 唯一强制要求的首部。根据请求使用的方法不同，如果请求的报文中包含有可选的主体，那么请求的首部还需要带有内容长度（Content-Length）字段或者传输编码（Transfer-Encoding）字段。表 1-1 展示了一些常见的请求首部。

表 1-1　常见的 HTTP 请求首部

首部字段	作用描述
Accept	客户端在 HTTP 响应中能够接收的内容类型。比如说，客户端可以通过 Accept: text/html 这个首部，告知服务器自己希望在响应的主体中收到 HTML 类型的内容
Accept-Charset	客户端要求服务器使用的字符集编码。比如说，客户端可以通过 Accept-Charset: utf-8 这个首部，告知服务器自己希望响应的主体使用 UTF-8 字符集
Authorization	这个首部用于向服务器发送基本的身份验证证书
Cookie	客户端应该在这个首部中把服务器之前设置的所有 cookie 回传给服务器。比如说，如果服务器之前在浏览器上设置了 3 个 cookie，那么 Cookie 首部字段将在一个字符串里面包含这 3 个 cookie，并使用分号对这些 cookie 进行分隔。以下是一个 Cookie 首部示例：Cookie: my_first_cookie=hello; my_second_cookie=world
Content-Length	请求主体的字节长度
Content-Type	当请求包含主体的时候，这个首部用于记录主体内容的类型。在发送 POST 或 PUT 请求时，内容的类型默认为 x-www-form-urlencoded，但是在上传文件时，内容的类型应该设置为 multipart/form-data（上传文件这一操作可以通过将 input 标签的类型设置为 file 来实现）

续表

首部字段	作用描述
Host	服务器的名字以及端口号。如果这个首部没有记录服务器的端口号，就表示服务器使用的是 80 端口
Referrer	发起请求的页面所在的地址
User-Agent	对发起请求的客户端进行描述

1.6 HTTP 响应

HTTP 响应报文是对 HTTP 请求报文的回复。跟 HTTP 请求一样，HTTP 响应也是由一系列文本行组成的，其中包括：

- 一个状态行；
- 零个或任意数量的响应首部；
- 一个空行；
- 一个可选的报文主体。

也许你已经发现了，HTTP 响应的组织方式跟 HTTP 请求的组织方式是完全相同的。以下是一个典型的 HTTP 响应的样子（为了节省篇幅，我们省略了报文主体中的部分内容）：

```
200 OK
Date: Sat, 22 Nov 2014 12:58:58 GMT
Server: Apache/2
  Last-Modified: Thu, 28 Aug 2014 21:01:33 GMT
Content-Length: 33115
Content-Type: text/html; charset=iso-8859-1

<!DOCTYPE html PUBLIC "-//W3C//DTD XHTML 1.0 Strict//EN" "http://www.w3.org/
    TR/xhtml1/DTD/xhtml1-strict.dtd"> <html xmlns='http://www.w3.org/1999/
    xhtml'> <head><title>Hypertext Transfer Protocol -- HTTP/1.1</title></
    head><body>...</body></html>
```

HTTP 响应的第一行为状态行，这个文本行包含了状态码（status code）和相应的原因短语（reason phrase），原因短语对状态码进行了简单的描述。除此之外，这个例子中的 HTTP 响应还包含了一个 HTML 格式的报文主体。

1.6.1 响应状态码

正如之前所说，HTTP 响应中的状态码表明了响应的类型。HTTP 响应状态码共有 5 种类型，它们分别以不同的数字作为前缀，如表 1-2 所示。

表 1-2　HTTP 响应状态码

状态码类型	作用描述
1XX	情报状态码。服务器通过这些状态码来告知客户端，自己已经接收到了客户端发送的请求，并且已经对请求进行了处理
2XX	成功状态码。这些状态码说明服务器已经接收到了客户端发送的请求，并且已经成功地对请求进行了处理。这类状态码的标准响应为 "200 OK"
3XX	重定向状态码。这些状态码表示服务器已经接收到了客户端发送的请求，并且已经成功处理了请求，但为了完成请求指定的动作，客户端还需要再做一些其他工作。这类状态码大多用于实现 URL 重定向
4XX	客户端错误状态码。这类状态码说明客户端发送的请求出现了某些问题。在这一类型的状态码中，最常见的就是 "404 Not Found" 了，这个状态码表示服务器无法从请求指定的 URL 中找到客户端想要的资源
5XX	服务器错误状态码。当服务器因为某些原因而无法正确地处理请求时，服务器就会使用这类状态码来通知客户端。在这一类状态码中，最常见的就是 "500 Internal Server Error" 状态码了

1.6.2　响应首部

响应首部跟请求首部一样，都是由冒号分隔的纯文本键值对组成，并且同样以回车（CR）和换行（LF）结尾。正如请求首部能够告诉服务器更多与请求相关或者与客户端诉求相关的信息一样，响应首部也能够向客户端传达更多与响应相关或者与服务器（对客户端的）诉求相关的信息。表 1-3 展示了一些常见的响应首部。

表 1-3　常见的响应首部

首部字段	作用描述
Allow	告知客户端，服务器支持哪些请求方法
Content-Length	响应主体的字节长度
Content-Type	如果响应包含可选的主体，那么这个首部记录的就是主体内容的类型
Date	以格林尼治标准时间（GMT）格式记录的当前时间
Location	这个首部仅在重定向时使用，它会告知客户端接下来应该向哪个 URL 发送请求
Server	返回响应的服务器的域名
Set-Cookie	在客户端里面设置一个 cookie。一个响应里面可以包含多个 Set-Cookie 首部
WWW-Authenticate	服务器通过这个首部来告知客户端，在 Authorization 请求首部中应该提供哪种类型的身份验证信息。服务器常常会把这个首部与 "401 Unauthorized" 状态行一同发送。除此之外，这个首部还会向服务器许可的认证授权模式（schema）提供验证信息（challenge information）（比如 RFC 2617 描述的基本和摘要访问认证模式）

1.7 URI

Tim Berners-Lee 在创建万维网的同时，也引入了使用位置字符串表示互联网资源的概念。他在 1994 年发表的 RFC 1630 中对统一资源标识符（Uniform Resource Identifier，URI）进行了定义。在这篇 RFC 中，他描述了一种使用字符串表示资源名字的方法，以及一种使用字符串表示资源所在位置的方法，其中前一种方法被称为统一资源名称（Uniform Resource Name，URN），而后一种方法则被称为统一资源定位符（Uniform Resource Location，URL）。URI 是一个涵盖性术语，它包含了 URN 和 URL，并且这两者也拥有相似的语法和格式。因为本书只会对 URL 进行讨论，所以本书中提及的 URI 指代的都是 URL。

URI 的一般格式为：

<方案名称>:<分层部分>[? <查询参数>] [# <片段>]

URI 中的方案名称（schemc name）记录了 URI 正在使用的方案，它定义了 URI 其余部分的结构。因为 URI 是一种非常常用的资源标识方式，所以它拥有大量的方案可供使用，不过本书在大多数情况下只会使用 HTTP 方案。

URI 的分层部分（hierarchical part）包含了资源的识别信息，这些信息会以分层的方式进行组织。如果分层部分以双斜线（//）开头，那么说明它包含了可选的用户信息，这些信息将以@符号结尾，后跟分层路径。不带用户信息的分层部分就是一个单纯的路径，每个路径都由一连串的分段（segment）组成，各个分段之间使用单斜线（/）分隔。

在 URI 的各个部分当中，只有"方案名称"和"分层部分"是必需的。以问号（?）为前缀的查询参数（query）是可选的，这些参数用于包含无法使用分层方式表示的其他信息。多个查询参数会被组织成一连串的键值对，各个键值对之间使用&符号分隔。

URI 的另一个可选部分为片段（fragment），片段使用井号（#）作为前缀，它可以对 URI 定义的资源中的次级资源（secondary resource）进行标识。当 URI 包含查询参数时，URI 的片段将被放到查询参数之后。因为 URI 的片段是由客户端负责处理的，所以 Web 浏览器在将 URI 发送给服务器之前，一般都会先把 URI 中的片段移除掉。如果程序员想要取得 URI 片段，那么可以通过 JavaScript 或者某个 HTTP 客户端库，将 URI 片段包含在一个 GET 请求里面。

让我们来看一个使用 HTTP 方案的 URI 示例：http://sausheong:password@www.example.com/docs/file?name=sausheong&location=singapore#summary。

这个 URI 使用的是 http 方案，跟在方案名之后的是一个冒号。位于@符号之前的分段 sausheong:password 记录的是用户名和密码，而跟在用户信息之后的 www.example.com/docs/file 就是分层部分的其余部分。位于分层部分最高层的是服务器的域名 www.example.com，之后跟着的两个层分别为 doc 和 file，每个分层之间都使用单斜线分隔。跟在分层部分之后的是以问号（?）为前缀的查询参数，这个部分包含了 name=sausheong 和 location=singapore 这两个键值对，键值对之间使用一个 & 符号连接。最后，这个 URI 的末尾还带有一个以井号（#）为前缀的片段。

因为每个 URL 都是一个单独的字符串，所以 URL 里面是不能够包含空格的。此外，因为问号（？）和井号（#）等符号在 URL 中具有特殊的含义，所以这些符号是不能够用于其他用途的。为了避开这些限制，我们需要使用 URL 编码来对这些特殊符号进行转换（URL 编码又称百分号编码）。

RFC 3986 定义了 URL 中的保留字符以及非保留字符，所有保留字符都需要进行 URL 编码：URL 编码会把保留字符转换成该字符在 ASCII 编码中对应的字节值（byte value），接着把这个字节值表示为一个两位长的十六进制数字，最后再在这个十六进制数字的前面加上一个百分号（%）。

比如说，空格在 ASCII 编码中的字节值为 32，也就是十六进制中的 20。因此，经过 URL 编码处理的空格就成了 %20，URL 中的所有空格都会被替换成这个值。比如在接下来展示的这个 URL 里面，用户名 sau 和 sheong 之间的空格就被替换成了 %20：http://www.example.com/docs/file?name=sau%20sheong&location=singapore。

1.8　HTTP/2 简介

HTTP/2 是 HTTP 协议的最新版本，这一版本对性能非常关注。HTTP/2 协议由 SPDY/2 协议改进而来，后者最初是 Google 公司为了传输 Web 内容而开发的一种开放的网络协议。

与使用纯文本方式表示的 HTTP 1.x 不同，HTTP/2 是一种二进制协议：二进制表示不仅能够让 HTTP/2 的语法分析变得更为高效，还能够让协议变得更为紧凑和健壮；但与此同时，对那些习惯了使用 HTTP 1.x 的开发者来说，他们将无法再通过 telnet 等应用程序直接发送 HTTP/2 报文来进行调试。

跟 HTTP 1.x 在一个网络连接里面每次只能发送单个请求的做法不同，HTTP/2 是完全多路复用的（fully multiplexed），这意味着多个请求和响应可以在同一时间内使用同一个连接。除此之外，HTTP/2 还会对首部进行压缩以减少需要传送的数据量，并允许服务器将响应推送（push）至客户端，这些措施都能够有效地提升性能。

因为 HTTP 的应用范围是如此的广泛，对语法的任何贸然修改都有可能会对已有的 Web 造成破坏，所以尽管 HTTP/2 对协议的通信性能进行了优化，但它并没有对 HTTP 协议本身的语法进行修改：在 HTTP/2 中，HTTP 方法和状态码等功能的语法还是跟 HTTP 1.1 时一样。

在 Go 1.6 版本中，用户在使用 HTTPS 时将自动使用 HTTP/2，而 Go 1.6 之前的版本则在 `golang.org/x/net/http2` 包里面实现了 HTTP/2 协议。本书的第 3 章将会介绍如何使用 HTTP/2。

1.9　Web 应用的各个组成部分

通过前面的介绍，我们知道了 Web 应用就是一个执行以下任务的程序：

（1）通过 HTTP 协议，以 HTTP 请求报文的形式获取客户端输入；

（2）对 HTTP 请求报文进行处理，并执行必要的操作；

（3）生成 HTML，并以 HTTP 响应报文的形式将其返回给客户端。

为了完成这些任务，Web 应用被分成了处理器（handler）和模板引擎（template engine）这两个部分。

1.9.1　处理器

Web 应用中的处理器除了要接收和处理客户端发来的请求，还需要调用模板引擎，然后由模板引擎生成 HTML 并把数据填充至将要回传给客户端的响应报文当中。

用 MVC 模式来讲，处理器既是控制器（controller），也是模型（model）。在理想的 MVC 模式实现中，控制器应该是"苗条的"，它应该只包含路由（routing）代码以及 HTTP 报文的解包和打包逻辑；而模型则应该是"丰满的"，它应该包含应用的逻辑以及数据。

"模型-视图-控制器"模式

模型-视图-控制器（Model-View-Controller，MVC）模式是编写 Web 应用时常用的模式，这个模式是如此的流行，以至于人们有时候会错误地把这一模式当成了 Web 应用开发本身。

实际上，MVC 模式最初是在 20 世纪 70 年代末的施乐帕罗奥多研究中心（Xerox PARC）被引入到 Smalltalk 语言里面的，这一模式将程序分成了模型、视图和控制器 3 个部分，其中模型用于表示底层的数据，而视图则以可视化的方式向用户展示模型，至于控制器则会根据用户的输入对模型进行修改。每当模型发生变化时，视图都会自动进行更新，从而展现出模型的最新状态。

尽管 MVC 模式起源于桌面开发，但它在编写 Web 应用方面也流行了起来——包括 Ruby on Rails、CodeIgniter、Play 和 Spring MVC 在内的很多 Web 应用框架都把 MVC 用作它们的基本模式。在这些框架里面，模型一般都会通过结构（struct）或对象（object）映射（map）到数据库，而视图则会被渲染为 HTML，至于控制器则负责对请求进行路由，并管理对模型的访问。

使用 MVC 框架进行 Web 应用开发的新手程序员常常会误以为 MVC 模式是开发 Web 应用的唯一方法，但 Web 应用本质上只是一个通过 HTTP 协议与用户互动的程序，只要能够实现这种互动，程序本身可以使用任何一种模式开发，甚至不使用模式也是可以的。

为了防止模型变得过于臃肿，并且出于代码复用的需要，开发者有时候会使用服务对象（service object）或者函数（function）对模型进行操作。尽管服务对象严格来说并不是 MVC 模式的一部分，但是通过把相同的逻辑放置到服务对象里面，并将同一个服务对象应用到不同的模型之上，可以有效地避免在多个模型里面复制相同代码的窘境。

正如之前所说，Web 应用并不是一定要用 MVC 模式进行开发——通过将控制器和模型进行合并，然后由处理器直接执行所有操作并向客户端返回响应的做法不仅是可行的，而且也是十分合理的。

1.9.2　模板引擎

通过 HTTP 响应报文回传给客户端的 HTML 是由模板（template）转换而成的，模板里面可能会包含 HTML，但也可能不会，而模板引擎（template engine）则通过模板和数据来生成最终的 HTML。正如之前所说，模板引擎是经由早期的 SSI 技术演变而来的。

模板可以分为静态模板和动态模板两种，这两种模板都有各自的设计哲学。

- 静态模板是一些夹杂着占位符的 HTML，静态模板引擎通过将静态模板中的占位符替换成相应的数据来生成最终的 HTML，这种做法和 SSI 技术的概念非常相似。因为静态模板通常不包含任何逻辑代码，又或者只包含少量逻辑代码，所以这种模板也称为无逻辑模板。CTemplate 和 Mustache 都属于静态模板引擎。
- 动态模板除了包含 HTML 和占位符之外，还包含一些编程语言结构，如条件语句、迭代语句和变量。JavaServer Pages（JSP）、Active Server Pages（ASP）和 Embedded Ruby（ERB）都属于动态模板引擎。PHP 刚诞生的时候看上去也像是一种动态模板，它是之后才逐渐演变成一门编程语言的。

到目前为止，本章已经介绍了很多 Web 应用背后的基础知识以及原理。初看上去，这些内容可能会显得过于琐碎了，但随着读者对本书内容的不断深入，理解这些基础知识的重要性就会慢慢地显现出来。在了解了 Web 应用开发所需的基本知识之后，现在是时候进入下一个阶段——开始实际地进行 Go 编程了。在接下来的一节，我们将开始学习如何使用 Go 开发 Web 应用。

1.10　Hello Go

在这一节，我们将开始学习如何实际地使用 Go 语言构建 Web 应用。如果你还没有安装 Go，那么请先阅读本书的附录，根据附录中的指示安装 Go 并设置相关的环境变量。本节在构建 Web 应用时将会用到 Go 的 net/http 包，因为本书将会在接下来的几章中对这个包进行详细的介绍，所以即使目前对这个包知之甚少，也不必过于担心。目前来说，你只需要在计算机上键入本节展示的代码，编译它，然后观察这些代码是如何运行的就可以了。习惯了使用大小写无关编程语言的读者请注意，因为 Go 语言是区分大小写的，所以在键入本书展示的代码时请务必注意代码的大小写。

请在你的工作空间的 src 目录中创建一个 first_webapp 子目录，并在这个子目录里面创建一个 server.go 文件，然后将代码清单 1-1 中展示的源代码键入到文件里面。

代码清单 1-1　使用 Go 构建的 Hello World Web 应用

```
package main
```

```
import (
    "fmt"
    "net/http"
)

func handler(writer http.ResponseWriter, request *http.Request) {
    fmt.Fprintf(writer, "Hello World, %s!", request.URL.Path[1:])
}

func main() {
    http.HandleFunc("/", handler)
    http.ListenAndServe(":8080", nil)
}
```

在一切就绪之后，请打开你的终端，执行以下命令：

```
$ go install first_webapp
```

你可以在任意目录中执行这个命令。在正确地设置了 GOPATH 环境变量的情况下，这个命令将在你的 $GOPATH/bin 目录中创建一个名为 first_webapp 的二进制可执行文件，接着就可以在终端里面运行这个文件了。如果你按照附录的指示，将 $GOPATH/bin 目录也添加到了 PATH 环境变量当中，那么你也可以在任意目录中执行 first_webapp 文件。被执行的 first_webapp 文件将在系统的 8080 端口上启动你的 Web 应用。一切就这么简单！

现在，打开网页浏览器，访问 http://localhost:8080/。如果一切正常，那么你将会看到图 1-3 所示的内容。

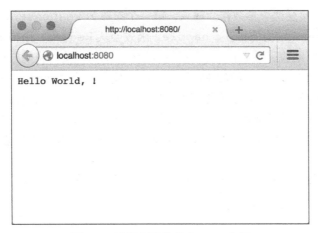

图 1-3 我们创建的首个 Web 应用

让我们来仔细地分析一下这个 Web 应用的代码。第一行代码声明了这个程序所属的包，跟在 package 关键字之后的 main 就是包的名字。Go 语言要求可执行程序必须位于 main 包当中，Web 应用也不例外。如果你曾经使用过 Ruby、Python 或者 Java 等其他编程语言来开发 Web 应用，那么你可能已经发现了 Go 和这些语言之间的区别：其他语言通常需要将 Web 应用部署到应用服务器上面，并由应用服务器为 Web 应用提供运行环境，但是对 Go 来说，Web 应用的运行环境是由 net/http 包直接提供的，这个包和应用的源代码会一起被编译成一个可以快速部署的独立 Web 应用。

位于 package 语句之后的 import 语句用于导入所需的包：

```
import (
    "fmt"
    "net/http"
)
```

被导入的包分别为 fmt 包和 http 包，前者使得程序可以使用 Fprintf 等函数对 I/O 进行格式化，而后者则使得程序可以与 HTTP 进行交互。顺带一提，Go 的 import 语句不仅可以导入标准库里面的包，还可以从第三方库里面导入包。

出现在导入语句之后的是一个函数定义：

```
func handler(writer http.ResponseWriter, request *http.Request) {
    fmt.Fprintf(writer, "Hello World, %s!", request.URL.Path[1:])
}
```

这 3 行代码定义了一个名为 handler 的函数。处理器（handler）这个名字通常用来表示在指定事件被触发之后，负责对事件进行处理的回调函数，这也正是我们如此命名这个函数的原因（不过从技术上来说，至少在 Go 语言里面，这个函数并不是一个处理器，而是一个处理器函数，处理器和处理器函数之间的区别将在第 3 章中介绍）。

这个处理器函数接受两个参数作为输入，第一个参数为 ResponseWriter 接口，第二个参数则为指向 Request 结构的指针。handler 函数会从 Request 结构中提取相关的信息，然后创建一个 HTTP 响应，最后再通过 ResponseWriter 接口将响应返回给客户端。至于 handler 函数内部的 Fprintf 函数在被调用时则会使用一个 ResponseWriter 接口、一个带有单个格式化指示符（%s）的格式化字符串以及从 Request 结构里面提取到的路径信息作为参数。因为我们之前访问的地址为 http://localhost:8080/，所以应用并没有打印出任何路径信息，但如果我们访问地址 http://localhost:8080/sausheong/was/here，那么浏览器应该会展示出图 1-4 所示的信息。

Go 语言规定，每个需要被编译为二进制可执行文件的程序都必须包含一个 main 函数，用作程序执行时的起点：

```
func main() {
    http.HandleFunc("/", handler)
    http.ListenAndServe(":8080", nil)
}
```

这个 main 函数的作用非常直观，它首先把之前定义的 handler 函数设置成根（root）URL（/）被访问时的处理器，然后启动服务器并让它监听系统的 8080 端口（按下 Ctrl+C 可以停止这个服务器）。至此，这个使用 Go 语言编写的 Hello World Web 应用就算顺利完成了。

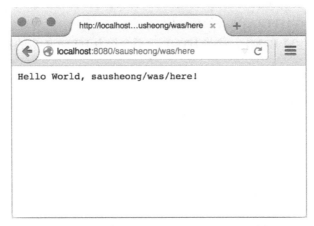

图 1-4　带有路径信息的 Hello World 示例

　　本章以介绍 Web 应用的基础知识开始，并最终走马观花地编写了一个简单却没什么用处的 Go Web 应用作为结束。在接下来的一章中，我们将会看到更多代码，并学习如何使用 Go 语言以及它的标准库去编写更真实的 Web 应用（不过这些应用距离真正生产级别的应用还有一定距离）。尽管第 2 章出现的大量代码可能会让读者有一种囫囵吞枣的感觉，但我们将会从中学习到一个典型的 Go Web 应用是如何组织的。

1.11　小结

- 使用 Go 开发的 Web 应用不仅具有可扩展、模块化和可维护等特性，而且使用 Go 还能够更容易地开发出性能更高的应用，因此 Go 是一门非常适合进行 Web 开发的编程语言。

- 因为 Web 应用是一种通过 HTTP 协议向客户端返回 HTML 的程序，所以理解 HTTP 协议对学习 Web 应用开发来说是相当重要的。

- HTTP 是一种简单、无状态、纯文本的客户端-服务器协议，它用于在客户端和服务器之间进行数据交换。

- HTTP 的请求和响应都以相同的格式进行组织——它们首先以一个请求行或者响应行作为开始，接着后跟一个或多个首部，最后还有一个可选的主体。

- 每个 HTTP 请求都有一个请求行，请求行里面包含一个 HTTP 方法，HTTP 方法标示了请求想要让服务器执行的动作。GET 方法和 POST 方法是最常用的两个 HTTP 方法。

- 每个 HTTP 响应都有一个响应行，响应行会告知客户端请求的执行状态。

- 任何 Web 应用都包含处理器和模板引擎，这两个主要部分分别与 HTTP 协议的请求和响应相对应。
- 处理器负责接收 HTTP 请求并处理它们。
- 模板引擎负责生成 HTML，这些 HTML 之后会作为 HTTP 响应的其中一部分被回传至客户端。

第 2 章　ChitChat 论坛

本章主要内容
- 使用 Go 进行 Web 编程的方法
- 设计一个典型的 Go Web 应用
- 编写一个完整的 Go Web 应用
- 了解 Go Web 应用的各个组成部分

上一章在末尾展示了一个非常简单的 Go Web 应用，但是因为该应用只是一个 Hello World 程序，所以它实际上并没有什么用处。在本章中，我们将会构建一个简单的网上论坛 Web 应用，这个应用同样非常基础，但是却有用得多：它允许用户登录到论坛里面，然后在论坛上发布新帖子，又或者回复其他用户发表的帖子。

虽然本章介绍的内容无法让你一下子就学会如何编写一个非常成熟的 Web 应用，但这些内容将教会你如何组织和开发一个 Web 应用。在阅读完这一章之后，你将进一步地了解到使用 Go 进行 Web 应用开发的相关方法。

如果你觉得本章介绍的内容难度较大，又或者你觉得本章展示的大量代码看起来让人觉得胆战心惊，那也不必过于担心：本章之后的几章将对本章介绍的内容做进一步的解释，在阅读完本章并继续阅读后续章节时，你将会对本章介绍的内容有更加深入的了解。

2.1　ChitChat 简介

网上论坛无处不在，它们是互联网上最受欢迎的应用之一，与旧式的电子公告栏（BBS）、新闻组（Usenet）和电子邮件一脉相承。雅虎公司和 Google 公司的群组（Groups）都非常流行，雅虎报告称，他们总共拥有 1000 万个群组以及 1.15 亿个群组成员，其中每个群组都拥有一个自己的论坛；而全球最具人气的网上论坛之一——Gaia 在线——则拥有 2300 万注册用户以及接近 230 亿张帖子，并且这些帖子的数量还在以每天上百万张的速度持续增长。尽管现在出现了诸如 Facebook 这样的社交网站，但论坛仍然是人们在网上进行交流时最为常用的手段之一。作为例子，

图 2-1 展示了 GoogleGroups 的样子。

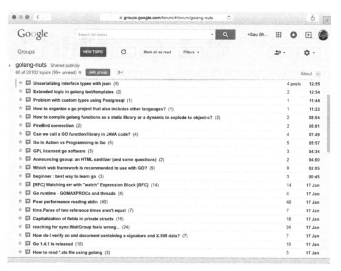

图 2-1　一个网上论坛示例：GoogleGroups 里面的 Go 编程语言论坛

从本质上来说，网上论坛就相当于一个任何人都可以通过发帖来进行对话的公告板，公告板上面可以包含已注册用户以及未注册的匿名用户。论坛上的对话称为帖子（thread），一个帖子通常包含了作者想要讨论的一个主题，而其他用户则可以通过回复这个帖子来参与对话。比较复杂的论坛一般都会按层级进行划分，在这些论坛里面，可能会有多个讨论特定类型主题的子论坛存在。大多数论坛都会由一个或多个拥有特殊权限的用户进行管理，这些拥有特殊权限的用户被称为版主（moderator）。

在本章中，我们将会开发一个名为 ChitChat 的简易网上论坛。为了让这个例子保持简单，我们只会为 ChitChat 实现网上论坛的关键特性：在这个论坛里面，用户可以注册账号，并在登录之后发表新帖子又或者回复已有的帖子；未注册用户可以查看帖子，但是无法发表帖子或是回复帖子。现在，让我们首先来思考一下如何设计 ChitChat 这个应用。

关于本章展示的代码

跟本书的其他章节不一样，因为篇幅的关系，本章并不会展示 ChitChat 论坛的所有实现代码，但你可以在作者的 GitHub 页面找到这些代码。如果你打算在阅读本章的同时实际了解一下这个应用，那么这些完整的代码应该会对你有所帮助。

2.2　应用设计

正如第 1 章所说，Web 应用的一般工作流程是客户端向服务器发送请求，然后服务器对客户端进行响应（如图 2-2 所示），ChitChat 应用的设计也遵循这一流程。

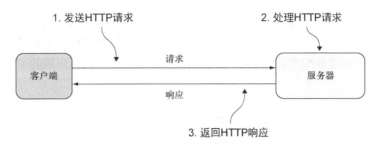

图 2-2　Web 应用的一般工作流程，客户端向服务器发送请求，然后等待接收响应

ChitChat 的应用逻辑会被编码到服务器里面。服务器会向客户端提供 HTML 页面，并通过页面的超链接向客户端表明请求的格式以及被请求的数据，而客户端则会在发送请求时向服务器提供相应的数据，如图 2-3 所示。

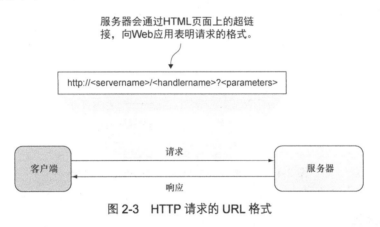

图 2-3　HTTP 请求的 URL 格式

请求的格式通常是由应用自行决定的，比如，ChitChat 的请求使用的是以下格式：http://<服务器名><处理器名>?<参数>。

服务器名（server name）是 ChitChat 服务器的名字，而处理器名（handler name）则是被调用的处理器的名字。处理器的名字是按层级进行划分的：位于名字最开头是被调用模块的名字，而之后跟着的则是被调用子模块的名字，以此类推，位于处理器名字最末尾的则是子模块中负责处理请求的处理器。比如，对/thread/read 这个处理器名字来说，thread 是被调用的模块，而 read 则是这个模块中负责读取帖子内容的处理器。

该应用的参数（parameter）会以 URL 查询的形式传递给处理器，而处理器则会根据这些参数对请求进行处理。比如说，假设客户端要向处理器传递帖子的唯一 ID，那么它可以将 URL 的参数部分设置成 id=123，其中 123 就是帖子的唯一 ID。

如果 chitchat 就是 ChitChat 服务器的名字，那么根据上面介绍的 URL 格式规则，客户端发送给 ChitChat 服务器的 URL 可能会是这样的：http://chitchat/thread/read?id=123。

当请求到达服务器时，多路复用器（multiplexer）会对请求进行检查，并将请求重定向至正确的处理器进行处理。处理器在接收到多路复用器转发的请求之后，会从请求中取出相应的信息，并根据这些信息对请求进行处理。在请求处理完毕之后，处理器会将所得的数据传递给模板引擎，而模板引擎则会根据这些数据生成将要返回给客户端的 HTML，整个过程如图 2-4 所示。

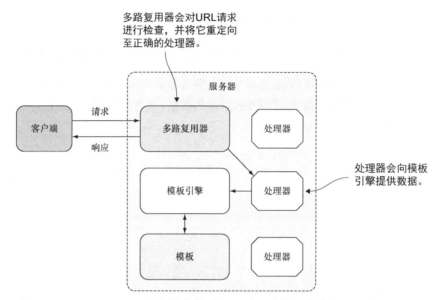

图 2-4　服务器在典型 Web 应用中的工作流程

2.3　数据模型

绝大多数应用都需要以某种方式与数据打交道。对 ChitChat 来说，它的数据将被存储到关系式数据库 PostgreSQL 里面，并通过 SQL 与之交互。

ChitChat 的数据模型非常简单，只包含 4 种数据结构，它们分别是：

- User——表示论坛的用户信息；
- Session——表示论坛用户当前的登录会话；
- Thread——表示论坛里面的帖子，每一个帖子都记录了多个论坛用户之间的对话；
- Post——表示用户在帖子里面添加的回复。

以上这 4 种数据结构都会被映射到关系数据库里面，图 2-5 展示了这 4 种数据结构是如何与数据库交互的。

ChitChat 论坛允许用户在登录之后发布新帖子或者回复已有的帖子，未登录的用户可以阅读帖子，但是不能发布新帖子或者回复帖子。为了对应用进行简化，ChitChat 论坛没有设置版主这一职位，因此用户在发布新帖子或者添加新回复的时候不需要经过审核。

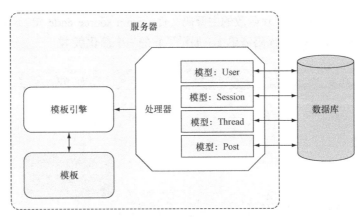

图 2-5　Web 应用访问数据存储系统的流程

　　在了解了 ChitChat 的设计方案之后，现在可以开始考虑具体的实现代码了。在开始学习 ChitChat 的实现代码之前，请注意，如果你在阅读本章展示的代码时遇到困难，又或者你是刚开始学习 Go 语言，那么为了更好地理解本章介绍的内容，你可以考虑先花些时间阅读一本 Go 语言的编程入门书，比如，由 William Kennedy、Brian Ketelsen 和 Erik St. Martin 撰写的《Go 语言实战》就是一个很不错的选择。

　　除此之外，在阅读本章时也请尽量保持耐心：本章只是从宏观的角度展示 Go Web 应用的样子，并没有对 Web 应用的细节作过多的解释，而是将这些细节留到之后的章节再进一步说明。在有需要的情况下，本章也会在介绍某种技术的同时，说明在哪一章可以找到这一技术的更多相关信息。

2.4　请求的接收与处理

　　请求的接收和处理是所有 Web 应用的核心。正如之前所说，Web 应用的工作流程如下。

　　（1）客户端将请求发送到服务器的一个 URL 上。

　　（2）服务器的多路复用器将接收到的请求重定向到正确的处理器，然后由该处理器对请求进行处理。

　　（3）处理器处理请求并执行必要的动作。

　　（4）处理器调用模板引擎，生成相应的 HTML 并将其返回给客户端。

　　让我们先从最基本的根 URL（/）来考虑 Web 应用是如何处理请求的：当我们在浏览器上输入地址 `http://localhost` 的时候，浏览器访问的就是应用的根 URL。在接下来的几个小节里面，我们将会看到 ChitChat 是如何处理发送至根 URL 的请求的，以及它又是如何通过动态地生成 HTML 来对请求进行响应的。

2.4.1　多路复用器

　　因为编译后的二进制 Go 应用总是以 `main` 函数作为执行的起点，所以我们在对 Go 应用进行介绍的时候也总是从包含 main 函数的主源码文件（main source code file）开始。ChitChat 应用的主源码文件为 main.go，代码清单 2-1 展示了它的一个简化版本。

代码清单 2-1　main.go 文件中的 main 函数，函数中的代码经过了简化

```go
package main

import (
  "net/http"
)

func main() {

  mux := http.NewServeMux()
  files := http.FileServer(http.Dir("/public"))
  mux.Handle("/static/", http.StripPrefix("/static/", files))

    mux.HandleFunc("/", index)

  server := &http.Server{
    Addr: "0.0.0.0:8080",
    Handler: mux,
  }
  server.ListenAndServe()
}
```

main.go 中首先创建了一个多路复用器，然后通过一些代码将接收到的请求重定向到处理器。net/http 标准库提供了一个默认的多路复用器，这个多路复用器可以通过调用 NewServeMux 函数来创建：

```go
mux := http.NewServeMux()
```

为了将发送至根 URL 的请求重定向到处理器，程序使用了 HandleFunc 函数：

```go
mux.HandleFunc("/", index)
```

HandleFunc 函数接受一个 URL 和一个处理器的名字作为参数，并将针对给定 URL 的请求转发至指定的处理器进行处理，因此对上述调用来说，当有针对根 URL 的请求到达时，该请求就会被重定向到名为 index 的处理器函数。此外，因为所有处理器都接受一个 ResponseWriter 和一个指向 Request 结构的指针作为参数，并且所有请求参数都可以通过访问 Request 结构得到，所以程序并不需要向处理器显式地传入任何请求参数。

需要注意的是，前面的介绍模糊了处理器以及处理器函数之间的区别：我们刚开始谈论的是处理器，而现在谈论的却是处理器函数。这是有意而为之的——尽管处理器和处理器函数提供的最终结果是一样的，但它们实际上并不相同。本书的第 3 章将对处理器和处理器函数之间的区别做进一步的说明，但是现在让我们暂时先忘掉这件事，继续研究 ChitChat 应用的代码实现。

2.4.2　服务静态文件

除负责将请求重定向到相应的处理器之外，多路复用器还需要为静态文件提供服务。为了做到这一点，程序使用 FileServer 函数创建了一个能够为指定目录中的静态文件服务的处理器，并将这个处理器传递给了多路复用器的 Handle 函数。除此之外，程序还使用 StripPrefix函数去移除请求 URL 中的指定前缀：

```
files := http.FileServer(http.Dir("/public"))
mux.Handle("/static/", http.StripPrefix("/static/", files))
```

当服务器接收到一个以/static/开头的 URL 请求时，以上两行代码会移除 URL 中的/static/字符串，然后在 public 目录中查找被请求的文件。比如说，当服务器接收到一个针对文件 http://localhost/static/css/bootstrap.min.css 的请求时，它将会在 public 目录中查找以下文件：

```
<application root>/css/bootstrap.min.css
```

当服务器成功地找到这个文件之后，会把它返回给客户端。

2.4.3　创建处理器函数

正如之前的小节所说，ChitChat 应用会通过 HandleFunc 函数把请求重定向到处理器函数。正如代码清单 2-2 所示，处理器函数实际上就是一个接受 ResponseWriter 和 Request 指针作为参数的 Go 函数。

代码清单 2-2　main.go 文件中的 index 处理器函数

```
func index(w http.ResponseWriter, r *http.Request) {
  files := []string{"templates/layout.html",
                    "templates/navbar.html",
                    "templates/index.html",}
  templates := template.Must(template.ParseFiles(files...))
  if threads, err := data.Threads(); err == nil {
    templates.ExecuteTemplate(w, "layout", threads)
  }
}
```

index 函数负责生成 HTML 并将其写入 ResponseWriter 中。因为这个处理器函数会用到 html/template 标准库中的 Template 结构，所以包含这个函数的文件需要在文件的开头导入 html/template 库。之后的小节将对生成 HTML 的方法做进一步的介绍。

除了前面提到过的负责处理根 URL 请求的 index 处理器函数，main.go 文件实际上还包含很多其他的处理器函数，如代码清单 2-3 所示。

代码清单 2-3　ChitChat 应用的 **main.go** 源文件

```go
package main

import (
  "net/http"
)

func main() {

  mux := http.NewServeMux()
  files := http.FileServer(http.Dir(config.Static))
  mux.Handle("/static/", http.StripPrefix("/static/", files))

  mux.HandleFunc("/", index)
  mux.HandleFunc("/err", err)

  mux.HandleFunc("/login", login)
  mux.HandleFunc("/logout", logout)
  mux.HandleFunc("/signup", signup)
  mux.HandleFunc("/signup_account", signupAccount)
  mux.HandleFunc("/authenticate", authenticate)

  mux.HandleFunc("/thread/new", newThread)
  mux.HandleFunc("/thread/create", createThread)
  mux.HandleFunc("/thread/post", postThread)
  mux.HandleFunc("/thread/read", readThread)

  server := &http.Server{
    Addr:           "0.0.0.0:8080",
    Handler:        mux,
  }
  server.ListenAndServe()
}
```

main 函数中使用的这些处理器函数并没有在 main.go 文件中定义，它们的定义在其他文件里面，具体请参考 ChitChat 项目的完整源码。

为了在一个文件里面引用另一个文件中定义的函数，诸如 PHP、Ruby 和 Python 这样的语言要求用户编写代码去包含（include）被引用函数所在的文件，而另一些语言则要求用户在编译程序时使用特殊的链接（link）命令。

但是对 Go 语言来说，用户只需要把位于相同目录下的所有文件都设置成同一个包，那么这些文件就会与包中的其他文件分享彼此的定义。又或者，用户也可以把文件放到其他独立的包里面，然后通过导入（import）这些包来使用它们。比如，ChitChat 论坛就把连接数据库的代码放到了独立的包里面，我们很快就会看到这一点。

2.4.4　使用 cookie 进行访问控制

跟其他很多 Web 应用一样，ChitChat 既拥有任何人都可以访问的公开页面，也拥有用户在登录账号之后才能看见的私人页面。

当一个用户成功登录以后，服务器必须在后续的请求中标示出这是一个已登录的用户。为了做到这一点，服务器会在响应的首部中写入一个 cookie，而客户端在接收这个 cookie 之后则会把它存储到浏览器里面。代码清单 2-4 展示了 authenticate 处理器函数的实现代码，这个函数定义在 route_auth.go 文件中，它的作用就是对用户的身份进行验证，并在验证成功之后向客户端返回一个 cookie。

代码清单 2-4　route_auth.go 文件中的 authenticate 处理器函数

```go
func authenticate(w http.ResponseWriter, r *http.Request) {
  r.ParseForm()
  user, _ := data.UserByEmail(r.PostFormValue("email"))
  if user.Password == data.Encrypt(r.PostFormValue("password")) {
    session := user.CreateSession()
    cookie := http.Cookie{
      Name: "_cookie",
      Value: session.Uuid,
      HttpOnly: true,
    }
    http.SetCookie(w, &cookie)
    http.Redirect(w, r, "/", 302)
  } else {
    http.Redirect(w, r, "/login", 302)
  }
}
```

注意，代码清单 2-4 中的 authenticate 函数使用了两个我们尚未介绍过的函数，一个是 data.Encrypt，而另一个则是 data.UserbyEmail。因为本节关注的是 ChitChat 论坛的访问控制机制而不是数据处理方法，所以本节将不会对这两个函数的实现细节进行解释，但这两个函数的名字已经很好地说明了它们各自的作用：data.UserByEmail 函数通过给定的电子邮件地址获取与之对应的 User 结构，而 data.Encrypt 函数则用于加密给定的字符串。本章稍后将会对 data 包作更详细的介绍，但是在此之前，让我们回到对访问控制机制的讨论上来。

在验证用户身份的时候，程序必须先确保用户是真实存在的，并且提交给处理器的密码在加密之后跟存储在数据库里面的已加密用户密码完全一致。在核实了用户的身份之后，程序会使用 User 结构的 CreateSession 方法创建一个 Session 结构，该结构的定义如下：

```go
type Session struct {
  Id        int
  Uuid      string
  Email     string
  UserId    int
  CreatedAt time.Time
}
```

Session 结构中的 Email 字段用于存储用户的电子邮件地址，而 UserId 字段则用于记录用户表中存储用户信息的行的 ID。Uuid 字段存储的是一个随机生成的唯一 ID，这个 ID 是实现会话机制的核心，服务器会通过 cookie 把这个 ID 存储到浏览器里面，并把 Session 结构中记录的各项信息存储到数据库中。

在创建了 Session 结构之后，程序又创建了 Cookie 结构：

```
cookie := http.Cookie{
  Name:     "_cookie",
  Value:    session.Uuid,
  HttpOnly: true,
}
```

cookie 的名字是随意设置的，而 cookie 的值则是将要被存储到浏览器里面的唯一 ID。因为程序没有给 cookie 设置过期时间，所以这个 cookie 就成了一个会话 cookie，它将在浏览器关闭时自动被移除。此外，程序将 HttpOnly 字段的值设置成了 true，这意味着这个 cookie 只能通过 HTTP 或者 HTTPS 访问，但是却无法通过 JavaScript 等非 HTTP API 进行访问。

在设置好 cookie 之后，程序使用以下这行代码，将它添加到了响应的首部里面：

```
http.SetCookie(writer, &cookie)
```

在将 cookie 存储到浏览器里面之后，程序接下来要做的就是在处理器函数里面检查当前访问的用户是否已经登录。为此，我们需要创建一个名为 session 的工具（utility）函数，并在各个处理器函数里面复用它。代码清单 2-5 展示了 session 函数的实现代码，跟其他工具函数一样，这个函数也是在 util.go 文件里面定义的。再提醒一下，虽然程序把工具函数的定义都放在了util.go 文件里面，但是因为 util.go 文件也隶属于 main 包，所以这个文件里面定义的所有工具函数都可以直接在整个 main 包里面调用，而不必像 data.Encrypt 函数那样需要先引入包然后再调用。

代码清单 2-5　util.go 文件中的 session 工具函数

```
func session(w http.ResponseWriter, r *http.Request)(sess data.Session, err
  error){
  cookie, err := r.Cookie("_cookie")
  if err == nil {
    sess = data.Session{Uuid: cookie.Value}
    if ok, _ := sess.Check(); !ok {
      err = errors.New("Invalid session")
    }
  }
  return
}
```

为了从请求中取出 cookie，session 函数使用了以下代码：

```
cookie, err := r.Cookie("_cookie")
```

如果 cookie 不存在，那么很明显用户并未登录；相反，如果 cookie 存在，那么 session 函数将继续进行第二项检查——访问数据库并核实会话的唯一 ID 是否存在。第二项检查是通过 data.Session 函数完成的，这个函数会从 cookie 中取出会话并调用后者的 Check 方法：

```
sess = data.Session{Uuid: cookie.Value}
if ok, _ := sess.Check(); !ok {
  err = errors.New("Invalid session")
}
```

在拥有了检查和识别已登录用户和未登录用户的能力之后，让我们来回顾一下之前展示的 index 处理器函数，代码清单2-6中被加粗的代码行展示了这个处理器函数是如何使用 session 函数的。

代码清单 2-6　index 处理器函数

```
func index(w http.ResponseWriter, r *http.Request) {
  threads, err := data.Threads(); if err == nil {
    _, err := session(w, r)
    public_tmpl_files := []string{"templates/layout.html",
                                 "templates/public.navbar.html",
                                 "templates/index.html"}
    private_tmpl_files := []string{"templates/layout.html",
                                  "templates/private.navbar.html",
                                  "templates/index.html"}
    var templates *template.Template
    if err != nil {
      templates = template.Must(template.ParseFiles(public_tmpl_files...))
    } else {
      templates = template.Must(template.ParseFiles(private_tmpl_files...))
    }
    templates.ExecuteTemplate(w, "layout", threads)
  }
}
```

通过调用 session 函数可以取得一个存储了用户信息的 Session 结构，不过因为 index 函数目前并不需要这些信息，所以它使用空白标识符（blank identifier）（_）忽略了这一结构。index 函数真正感兴趣的是 err 变量，程序会根据这个变量的值来判断用户是否已经登录，然后以此来选择是使用 public 导航条还是使用 private 导航条。

好的，关于 ChitChat 应用处理请求的方法就介绍到这里了。本章接下来会继续讨论如何为客户端生成 HTML，并完整地叙述之前没有说完的部分。

2.5　使用模板生成 HTML 响应

index 处理器函数里面的大部分代码都是用来为客户端生成 HTML 的。首先，函数把每个需要用到的模板文件都放到了 Go 切片里面（这里展示的是私有页面的模板文件，公开页面的模板文件也是以同样方式进行组织的）：

```
private_tmpl_files := []string{"templates/layout.html",
                              "templates/private.navbar.html",
                              "templates/index.html"}
```

　　跟 Mustache 和 CTemplate 等其他模板引擎一样，切片指定的这 3 个 HTML 文件都包含了特定的嵌入命令，这些命令被称为动作（action），动作在 HTML 文件里面会被{{符号和}}符号包围。

　　接着，程序会调用 ParseFiles 函数对这些模板文件进行语法分析，并创建出相应的模板。为了捕捉语法分析过程中可能会产生的错误，程序使用了 Must 函数去包围 ParseFiles 函数的执行结果，这样当 ParseFiles 返回错误的时候，Must 函数就会向用户返回相应的错误报告：

```
templates := template.Must(template.ParseFiles(private_tmpl_files...))
```

　　好的，关于模板文件的介绍已经足够多了，现在是时候来看看它们的庐山真面目了。

　　ChitChat 论坛的每个模板文件都定义了一个模板，这种做法并不是强制的，用户也可以在一个模板文件里面定义多个模板，但模板文件和模板一一对应的做法可以给开发带来方便，我们在之后就会看到这一点。代码清单 2-7 展示了 layout.html 模板文件的源代码，源代码中使用了 define 动作，这个动作通过文件开头的{{ define "layout" }}和文件末尾的{{ end }}，把被包围的文本块定义成了 layout 模板的一部分。

代码清单 2-7　layout.html 模板文件

```html
{{ define "layout" }}

<!DOCTYPE html>
<html lang="en">
  <head>
    <meta charset="utf-8">
    <meta http-equiv="X-UA-Compatible" content="IE=9">
    <meta name="viewport" content="width=device-width, initial-scale=1">
    <title>ChitChat</title>
    <link href="/static/css/bootstrap.min.css" rel="stylesheet">
    <link href="/static/css/font-awesome.min.css" rel="stylesheet">
  </head>
  <body>
    {{ template "navbar" . }}

    <div class="container">

      {{ template "content" . }}

    </div> <!-- /container -->

    <script src="/static/js/jquery-2.1.1.min.js"></script>
    <script src="/static/js/bootstrap.min.js"></script>
  </body>
</html>

{{ end }}
```

　　除了 define 动作之外，layout.html 模板文件里面还包含了两个用于引用其他模板文件的 template 动作。跟在被引用模板名字之后的点（.）代表了传递给被引用模板的数据，比如 {{ template "navbar" . }}语句除了会在语句出现的位置引入 navbar 模板之外，还会将传递给 layout 模板的数据传递给 navbar 模板。

代码清单 2-8 展示了 public.navbar.html 模板文件中的 navbar 模板，除了定义模板自身的 define 动作之外，这个模板没有包含其他动作（严格来说，模板也可以不包含任何动作）。

代码清单 2-8 `public.navbar.html` 模板文件

```
{{ define "navbar" }}

<div class="navbar navbar-default navbar-static-top" role="navigation">
  <div class="container">
    <div class="navbar-header">
      <button type="button" class="navbar-toggle collapsed"
        data-toggle="collapse" data-target=".navbar-collapse">
        <span class="sr-only">Toggle navigation</span>
        <span class="icon-bar"></span>
        <span class="icon-bar"></span>
        <span class="icon-bar"></span>
      </button>
      <a class="navbar-brand" href="/">
        <i class="fa fa-comments-o"></i>
        ChitChat
      </a>
    </div>
    <div class="navbar-collapse collapse">
      <ul class="nav navbar-nav">
        <li><a href="/">Home</a></li>
      </ul>
      <ul class="nav navbar-nav navbar-right">
        <li><a href="/login">Login</a></li>
      </ul>
    </div>
  </div>
</div>

{{ end }}
```

最后，让我们来看看定义在 index.html 模板文件中的 content 模板，代码清单 2-9 展示了这个模板的源代码。注意，尽管之前展示的两个模板都与模板文件拥有相同的名字，但实际上模板和模板文件分别拥有不同的名字也是可行的。

代码清单 2-9 `index.html` 模板文件

```
{{ define "content" }}

<p class="lead">
  <a href="/thread/new">Start a thread</a> or join one below!
</p>
```

```
{{ range . }}
  <div class="panel panel-default">
    <div class="panel-heading">
      <span class="lead"> <i class="fa fa-comment-o"></i> {{ .Topic }}</span>
    </div>
    <div class="panel-body">
      Started by {{ .User.Name }} - {{ .CreatedAtDate }} - {{ .NumReplies }}
  posts.
      <div class="pull-right">
        <a href="/thread/read?id={{.Uuid }}">Read more</a>
      </div>
    </div>
  </div>
{{ end }}

{{ end }}
```

index.html 文件里面的代码非常有趣,特别值得一提的是文件里面包含了几个以点号(.)开头的动作,比如{{ .User.Name }}和{{ .CreatedAtDate }},这些动作的作用和之前展示过的 index 处理器函数有关:

```
threads, err := data.Threads(); if err == nil {
  templates.ExecuteTemplate(writer, "layout", threads)
}
```

在以下这行代码中:

```
templates.ExecuteTemplate(writer, "layout", threads)
```

程序通过调用 ExecuteTemplate 函数,执行(execute)已经经过语法分析的 layout 模板。执行模板意味着把模板文件中的内容和来自其他渠道的数据进行合并,然后生成最终的 HTML 内容,具体过程如图 2-6 所示。

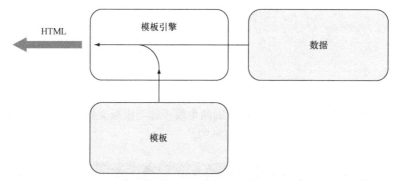

图 2-6　模板引擎通过合并数据和模板来生成 HTML

程序之所以对 layout 模板而不是 navbar 模板或者 content 模板进行处理,是因为 layout 模板已经引用了其他两个模板,所以执行 layout 模板就会导致其他两个模板也被执行,由此产生出预期的 HTML。但是,如果程序只执行 navbar 模板或者 content 模板,那么程序最终只会产生出预期的 HTML 的一部分。

现在，你应该已经明白了，点号（.）代表的就是传入到模板里面的数据（实际上还不仅如此，接下来的小节会对这方面做进一步的说明）。图 2-7 展示了程序根据模板生成的 ChitChat 论坛的样子。

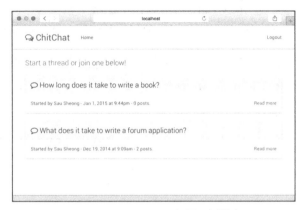

图 2-7 ChitChat Web 应用示例的主页

整理代码

因为生成 HTML 的代码会被重复执行很多次，所以我们决定对这些代码进行一些整理，并将它们移到代码清单 2-10 所示的 generateHTML 函数里面。

代码清单 2-10　generateHTML 函数

```
func generateHTML(w http.ResponseWriter, data interface{}, fn ...string) {
  var files []string
  for _, file := range fn {
    files = append(files, fmt.Sprintf("templates/%s.html", file))
  }
  templates := template.Must(template.ParseFiles(files...))
  templates.ExecuteTemplate(writer, "layout", data)
}
```

generateHTML 函数接受一个 ResponseWriter、一些数据以及一系列模板文件作为参数，然后对给定的模板文件进行语法分析。data 参数的类型为空接口类型（empty interface type），这意味着该参数可以接受任何类型的值作为输入。刚开始接触 Go 语言的人可能会觉得奇怪——Go 不是静态编程语言吗，它为什么能够使用没有类型限制的参数？

但实际上，Go 程序可以通过接口（interface）机制，巧妙地绕过静态编程语言的限制，并借此获得接受多种不同类型输入的能力。Go 语言中的接口由一系列方法构成，并且每个接口就是一种类型。一个空接口就是一个空集合，这意味着任何类型都可以成为一个空接口，也就是说任何类型的值都可以传递给函数作为参数。

generateHTML 函数的最后一个参数以 3 个点（...）开头，它表示 generateHTML 函数是一个可变参数函数（variadic function），这意味着这个函数可以在最后的可变参数中接受零个或任意多个值作为参数。generateHTML 函数对可变参数的支持使我们可以同时将任意多个模板文件传递给该函数。在 Go 语言里面，可变参数必须是可变参数函数的最后一个参数。

在实现了 generateHTML 函数之后，让我们回过头来，继续对 index 处理器函数进行整理。代码清单 2-11 展示了经过整理之后的 index 处理器函数，现在它看上去更整洁了。

代码清单 2-11　**index** 处理器函数的最终版本

```
func index(writer http.ResponseWriter, request *http.Request) {
  threads, err := data.Threads(); if err == nil {
    _, err := session(writer, request)
    if err != nil {
      generateHTML(writer, threads, "layout", "public.navbar", "index")
    } else {
      generateHTML(writer, threads, "layout", "private.navbar", "index")
    }
  }
}
```

在这一节中，我们学习了很多关于模板的基础知识，之后的第 5 章将对模板做更详细的介绍。但是在此之前，让我们先来了解一下 ChitChat 应用使用的数据源（data source），并藉此了解一下 ChitChat 应用的数据是如何与模板一同生成最终的 HTML 的。

2.6　安装 PostgreSQL

在本章以及后续几章中，每当遇到需要访问关系数据库的场景，我们都会使用 PostgreSQL。在开始使用 PostgreSQL 之前，我们首先需要学习的是如何安装并运行 PostgreSQL，以及如何创建本章所需的数据库。

2.6.1　在 Linux 或 FreeBSD 系统上安装

PostgreSQL 官方网站为各种不同版本的 Linux 和 FreeBSD 都提供了预编译的二进制安装包，用户只需要下载其中一个安装包，然后根据指示进行安装就可以了。比如说，通过执行以下命令，我们可以在 Ubuntu 发行版上安装 Postgres：

```
sudo apt-get install postgresql postgresql-contrib
```

这条命令除了会安装 postgres 包之外，还会安装附加的工具包，并在安装完毕之后启动 PostgreSQL 数据库系统。

在默认情况下，Postgres 会创建一个名为 postgres 的用户，并将其用于连接服务器。为了操作方便，你也可以使用自己的名字创建一个 Postgres 账号。要做到这一点，首先需要登入

Postgres 账号：

```
sudo su postgres
```

接着使用 createuser 命令创建一个 PostgreSQL 账号：

```
createuser -interactive
```

最后，还需要使用 createdb 命令创建以你的账号名字命名的数据库：

```
createdb <YOUR ACCOUNT NAME>
```

2.6.2 在 Mac OS X 系统上安装

要在 Mac OS X 上安装 PostgreSQL，最简单的方法是使用 Postgres 应用：你只需要把网站上提供的 zip 压缩包下载下来，解压它，然后把 Postgres.app 文件拖曳到自己的 Applications 文件夹里面就可以了。启动 Postgres.app 的方法跟启动其他 Mac OS X 应用的方法完全一样。Postgres.app 在初次启动的时候会初始化一个新的数据库集群，并为自己创建一个数据库。因为命令行工具 psql 也包含在了 Postgres.app 里面，所以在设置好正确的路径之后，你就可以使用 psql 访问数据库了。设置路径的工作可以通过在你的~/.profile 文件或者~/.bashrc 文件中添加以下代码行来完成[①]：

```
export PATH=$PATH:/Applications/Postgres.app/Contents/Versions/9.4/bin
```

2.6.3 在 Windows 系统上安装

因为 Windows 系统上的很多 PostgreSQL 图形安装程序都会把一切安装步骤布置妥当，用户只需要进行相应的设置就可以了，所以在 Windows 系统上安装 PostgreSQL 也是非常简单和直观的。其中一个流行的安装程序是由 Enterprise DB 提供的。

除了 PostgreSQL 数据库本身之外，安装包还会附带诸如 pgAdmin 等工具，以便用户通过这些工具进行后续的配置。

2.7 连接数据库

本章前面在展示 ChitChat 应用的设计方案时，曾经提到过 ChitChat 应用包含了 4 种数据结构。虽然把这 4 种数据结构放到主源码文件里面也是可以的，但更好的办法是把所有与数据相关的代码都放到另一个包里面——ChitChat 应用的 data 包也因此应运而生。

---

① 在安装 Postgres.app 时，你可能需要根据 Postgres.app 的版本对路径的版本部分做相应的修改，比如，将其中的 9.4 修改为 9.5 或者 9.6，诸如此类。——译者注

为了创建 data 包，我们首先需要创建一个名为 data 的子目录，并创建一个用于保存所有帖子相关代码的 thread.go 文件（在之后的小节里面，我们还会创建一个用于保存所有用户相关代码的 user.go 文件）。在此之后，每当程序需要用到 data 包的时候（比如处理器需要访问数据库的时候），程序都需要通过 import 语句导入这个包：

```
import (
    "github.com/sausheong/gwp/Chapter_2_Go_ChitChat/chitchat/data"
)
```

代码清单 2-12 展示了定义在 thread.go 文件里面的 Thread 结构，这个结构存储了与帖子有关的各种信息。

代码清单 2-12　定义在 **thread.go** 文件里面的 **Thread** 结构

```
package data

import(
    "time"
)
type Thread struct {
    Id        int
    Uuid      string
    Topic     string
    UserId    int
    CreatedAt time.Time
}
```

正如代码清单 2-12 中加粗显示的代码行所示，文件的包名现在是 data 而不再是 main 了，这个包就是前面小节中我们曾经见到过的 data 包。data 包除了包含与数据库交互的结构和代码，还包含了一些与数据处理密切相关的函数。隶属于其他包的程序在引用 data 包中定义的函数、结构或者其他东西时，必须在被引用元素的名字前面显式地加上 data 这个包名。比如说，引用 Thread 结构就需要使用 data.Thread 这个名字，而不能仅仅使用 Thread 这个名字。

Thread 结构应该与创建关系数据库表 threads 时使用的数据定义语言（Data Definition Language，DDL）保持一致。因为 threads 表目前尚未存在，所以我们必须创建这个表以及容纳该表的数据库。创建 chitchat 数据库的工作可以通过执行以下命令来完成：

```
createdb chitchat
```

在创建数据库之后，我们就可以通过代码清单 2-13 展示的 setup.sql 文件为 ChitChat 论坛创建相应的数据库表了。

代码清单 2-13　用于在 PostgreSQL 里面创建数据库表的 **setup.sql** 文件

```
create table users (
    id        serial primary key,
    uuid      varchar(64) not null unique,
```

```
  name        varchar(255),
  email       varchar(255) not null unique,
  password    varchar(255) not null,
  created_at  timestamp not null
);

create table sessions (
  id          serial primary key,
  uuid        varchar(64) not null unique,
  email       varchar(255),
  user_id     integer references users(id),
  created_at  timestamp not null
);

create table threads (
  id          serial primary key,
  uuid        varchar(64) not null unique,
  topic       text,
  user_id     integer references users(id),
  created_at  timestamp not null
);

create table posts (
  id          serial primary key,
  uuid        varchar(64) not null unique,
  body        text,
  user_id     integer references users(id),
  thread_id   integer references threads(id),
  created_at  timestamp not null
);
```

运行这个脚本需要用到 psql 工具，正如上一节所说，这个工具通常会随着 PostgreSQL 一同安装，所以你只需要在终端里面执行以下命令就可以了：

```
psql -f setup.sql -d chitchat
```

如果一切正常，那么以上命令将在 chitchat 数据库中创建出相应的表。在拥有了表之后，程序就必须考虑如何与数据库进行连接以及如何对表进行操作了。为此，程序创建了一个名为 Db 的全局变量，这个全局变量是一个指针，指向的是代表数据库连接池的 sql.DB，而后续的代码则会使用这个 Db 变量来执行数据库查询操作。代码清单 2-14 展示了 Db 变量在 data.go 文件中的定义，此外还展示了一个用于在 Web 应用启动时对 Db 变量进行初始化的 init 函数。

代码清单 2-14 `data.go` 文件中的 Db 全局变量以及 `init` 函数

```
Var Db *sql.DB

func init() {
  var err error
  Db, err = sql.Open("postgres", "dbname=chitchat sslmode=disable")
  if err != nil {
```

```
        log.Fatal(err)
    }
    return
}
```

现在程序已经拥有了结构、表以及一个指向数据库连接池的指针，接下来要考虑的是如何连接（connect）Thread 结构和 threads 表。幸运的是，要做到这一点并不困难：跟 ChitChat 应用的其他部分一样，我们只需要创建能够在结构和数据库之间互动的函数就可以了。例如，为了从数据库里面取出所有帖子并将其返回给 index 处理器函数，我们可以使用 thread.go 文件中定义的 Threads 函数，代码清单 2-15 给出了这个函数的定义。

代码清单 2-15　threads.go 文件中定义的 Threads 函数

```
func Threads() (threads []Thread, err error){
    rows, err := Db.Query("SELECT id, uuid, topic, user_id, created_at FROM
    threads ORDER BY created_at DESC")
    if err != nil {
        return
    }
    for rows.Next() {
        th := Thread{}
        if err = rows.Scan(&th.Id, &th.Uuid, &th.Topic, &th.UserId,
        &th.CreatedAt); err != nil {
            return
        }
        threads = append(threads, th)
    }
    rows.Close()
    return
}
```

简单来讲，Threads 函数执行了以下工作：

（1）通过数据库连接池与数据库进行连接；

（2）向数据库发送一个 SQL 查询，这个查询将返回一个或多个行作为结果；

（3）遍历行，为每个行分别创建一个 Thread 结构，首先使用这个结构去存储行中记录的帖子数据，然后将存储了帖子数据的 Thread 结构追加到传入的 threads 切片里面；

（4）重复执行步骤 3，直到查询返回的所有行都被遍历完毕为止。

本书的第 6 章将对数据库操作的细节做进一步的介绍。

在了解了如何将数据库表存储的帖子数据提取到 Thread 结构里面之后，我们接下来要考虑的就是如何在模板里面展示 Thread 结构存储的数据了。在代码清单 2-9 中展示的 index.html 模板文件，有这样一段代码：

```
{{ range . }}
  <div class="panel panel-default">
    <div class="panel-heading">
      <span class="lead"> <i class="fa fa-comment-o"></i> {{ .Topic }}</span>
    </div>
```

```
    <div class="panel-body">
        Started by {{ .User.Name }} - {{ .CreatedAtDate }} - {{ .NumReplies }}
    posts.
        <div class="pull-right">
            <a href="/thread/read?id={{.Uuid }}">Read more</a>
        </div>
    </div>
</div>
{{ end }}
```

正如之前所说，模板动作中的点号（.）代表传入模板的数据，它们会和模板一起生成最终的结果，而{{ range . }}中的.号代表的是程序在稍早之前通过 Threads 函数取得的 threads 变量，也就是一个由 Thread 结构组成的切片。

range 动作假设传入的数据要么是一个由结构组成的切片，要么是一个由结构组成的数组，这个动作会遍历传入的每个结构，而用户则可以通过字段名访问结构里面的字段，比如，动作{{ .Topic }}访问的是 Thread 结构的 Topic 字段。注意，在访问字段时必须在字段名的前面加上点号，并且字段名的首字母必须大写。

用户除可以在字段名的前面加上点号来访问结构中的字段以外，还可以通过相同的方法调用一种名为方法（method）的特殊函数。比如，在上面展示的代码中，{{ .User.Name }}、{{ .CreatedAtDate }}和{{ .NumReplies }}这些动作的作用就是调用结构中的同名方法，而不是访问结构中的字段。

方法是隶属于特定类型的函数，指针、接口以及包括结构在内的所有具名类型都可以拥有自己的方法。比如说，通过将函数与指向 Thread 结构的指针进行绑定，可以创建出一个针对 Thread 结构的方法，而传入方法里面的 Thread 结构则称为接收者（receiver）：方法可以访问接收者，也可以修改接收者。

作为例子，代码清单 2-16 展示了 NumReplies 方法的实现代码。

代码清单 2-16　thread.go 文件中的 NumReplies 方法

```
func (thread *Thread) NumReplies() (count int) {
  rows, err := Db.Query("SELECT count(*) FROM posts where thread_id = $1",
  thread.Id)
  if err != nil {
    return
  }
  for rows.Next() {
    if err = rows.Scan(&count); err != nil {
      return
    }
  }
  rows.Close()
  return
}
```

NumReplies 方法首先打开一个指向数据库的连接，接着通过执行一条 SQL 查询来取得帖子的数量，并使用传入方法里面的 count 参数来记录这个值。最后，NumReplies 方法返回帖子的数量作为方法的执行结果，而模板引擎则使用这个值去代替模板文件中出现的 {{ .NumReplies }}动作。

　　通过为 User、Session、Thread 和 Post 这 4 种数据结构创建相应的函数和方法，ChitChat 最终在处理器函数和数据库之间构建起了一个数据层，以此来避免处理器函数直接对数据库进行访问，图 2-8 展示了这个数据层和数据库以及处理器函数之间的关系。虽然有很多库都可以达到同样的效果，但亲自构建数据层能够帮助我们学习如何对数据库进行基本的访问，并借此了解到实现这种访问并不困难，只需要用到一些简单直接的代码，这一点是非常有益的。

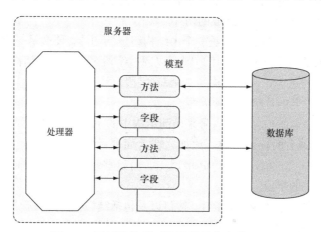

图 2-8　通过结构模型连接数据库和处理器

2.8　启动服务器

　　在本章的最后，让我们来看一下 ChitChat 应用是如何启动服务器并将多路复用器与服务器进行绑定的。执行这一工作的代码是在 main.go 文件里面定义的：

```
server := &http.Server{
  Addr:    "0.0.0.0:8080",
  Handler:  mux,
}
server.ListenAndServe()
```

　　这段代码非常简单，它所做的就是创建一个 Server 结构，然后在这个结构上调用 ListenAndServe 方法，这样服务器就能够启动了。

　　现在，我们可以通过执行以下命令来编译并运行 ChitChat 应用：

```
go build
```

　　这个命令会在当前目录以及$GOPATH/bin 目录中创建一个名为 chitchat 的二进制可执行文件，它就是 ChitChat 应用的服务器。接着，我们可以通过执行以下命令来启动这个服务器：

```
./chitchat
```

如果你已经按照之前所说的方法，在数据库里面创建了 ChitChat 应用所需的数据库表，那么现在你只需要访问 http://localhost:8080/并注册一个新账号，然后就可以使用自己的账号在论坛上发布新帖子了。

2.9　Web 应用运作流程回顾

在本章的各节中，我们对一个 Go Web 应用的不同组成部分进行了初步的了解和观察。图 2-9 对整个应用的工作流程进行了介绍，其中包括：

（1）客户端向服务器发送请求；

（2）多路复用器接收到请求，并将其重定向到正确的处理器；

（3）处理器对请求进行处理；

（4）在需要访问数据库的情况下，处理器会使用一个或多个数据结构，这些数据结构都是根据数据库中的数据建模而来的；

（5）当处理器调用与数据结构有关的函数或者方法时，这些数据结构背后的模型会与数据库进行连接，并执行相应的操作；

（6）当请求处理完毕时，处理器会调用模板引擎，有时候还会向模板引擎传递一些通过模型获取到的数据；

（7）模板引擎会对模板文件进行语法分析并创建相应的模板，而这些模板又会与处理器传递的数据一起合并生成最终的 HTML；

（8）生成的 HTML 会作为响应的一部分回传至客户端。

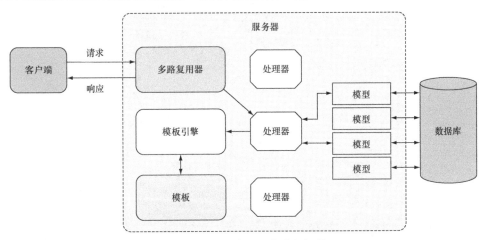

图 2-9　Web 应用工作流程概览

主要的步骤大概就是这些。在接下来的几章中，我们会更加深入地学习这一工作流程，并进一步了解该流程涉及的各个组件。

2.10   小结

- 请求的接收和处理是所有 Web 应用的核心。
- 多路复用器会将 HTTP 请求重定向到正确的处理器进行处理，针对静态文件的请求也是如此。
- 处理器函数是一种接受 ResponseWriter 和 Requeest 指针作为参数的 Go 函数。
- cookie 可以用作一种访问控制机制。
- 对模板文件以及数据进行语法分析会产生相应的 HTML，这些 HTML 会被用作返回给浏览器的响应数据。
- 通过使用 sql 包以及相应的 SQL 语句，用户可以将数据持久地存储在关系数据库中。

第二部分

Web 应用的基本组成部分

所有 Web 应用都遵循一个简单的请求与响应编程模型,客户端发送的每个请求都会接收到一个来自服务器的响应。每个 Web 应用都会包含几个基本组件,其中路由器负责将请求转发至不同的处理器,处理器负责对请求进行处理,而模板引擎则会根据静态文件和动态数据生成返回给客户端的数据。

在接下来的第 3 章到第 6 章,我们将学习如何在 Go 语言里面使用路由器去接收 HTTP 请求,如何使用处理器去处理请求,以及如何使用模板引擎去创建响应数据。因为大部分 Web 应用都会以某种方式存储数据,所以我们还会学习如何使用 Go 语言对数据进行持久化。

第 3 章 接收请求

本章主要内容
- Go 语言的 net/http 标准库的使用方法
- 通过 net/http 库提供 HTTP 服务的方法
- 关于处理器以及处理器函数的更详细信息
- 在服务器上使用多路复用器的方法

在第 2 章中，我们看到了一个简单的网上论坛 Web 应用是由什么组件构成的，也了解到了这些组件是如何组织成一个 Go Web 应用的。虽然我们已经对构成 Go Web 应用的各个组件有了基本的了解，但关于这些组件还有很多值得深入的事情。在接下来的几章里，我们将更为深入地了解这些组件的细节，并详细地探讨这些组件是如何组合起来的。

本章和下一章将对 Web 应用的 "大脑"（也就是负责接收和处理客户端请求的处理器）进行讨论。在本章中，我们将要学习的是如何使用 Go 语言去创建一个 Web 服务器，以及如何处理客户端发送的请求。

3.1 Go 的 net/http 标准库

在进行 Web 应用开发的时候，使用成熟并且复杂的 Web 应用框架通常会使开发变得更加迅速和简便，但这也意味着开发者必须接受框架自身的一套约定和模式。虽然很多框架都认为自己提供的约定和模式是最佳实践（best practice），但是如果开发者没有正确地理解这些最佳实践，那么对最佳实践的应用就可能会发展为货物崇拜编程（cargo cult programming）：开发者如果不了解这些约定和模式的用法，就可能会在不必要甚至有害的情况下盲目地使用它们。

货物崇拜编程

第二次世界大战期间，盟军为了对战事提供支援，在太平洋的多个岛屿上设立了空军基地，以空投的方式向部队以及支援部队的岛民投送了大量生活用品以及军事设备，从而极大地改善了部队以及岛民的生活，岛民也因此第一次看到了人工生产的衣物、罐头食品以及其他物品。在战争结束之后，这些空军基地便被废弃了，货物空投自然也停止了。此时，岛民做了一件非常符合其本性的事情——他们把自己打扮成空管员、士兵以及水手，使用机场上的指挥棒挥舞着着陆信号，进行地面阅兵演习，试图让飞机继续空投货物，货物崇拜一词也因此而诞生。

尽管货物崇拜程序员并没有像岛民一样挥舞指挥棒，但他们却大量地复制和粘贴从 StackOverflow 这类网站上找来的代码，这些代码虽然能够运行，但是他们却对这些代码的工作原理一点也不了解。这样做的结果是，他们通常无法扩展和修改这些代码。与此类似，货物崇拜程序员通常会在既不了解框架为什么使用特定的模式或约定，也不知道框架做了何种取舍的情况下，盲目地使用 Web 框架。

举个例子来说，因为 HTTP 是一种无连接协议（connection-less protocol），通过这种协议发送给服务器的请求对服务器之前处理过的请求一无所知，所以应用程序才会以 cookie 的方式在客户端实现数据持久化，并以会话的方式在服务器上实现数据持久化，而不了解这一点的人是很难理解为什么要在不同连接之间使用 cookie 和会话实现信息持久化的。为了降低使用 cookie 和会话带来的复杂性，Web 应用框架通常都会提供一个统一的接口（uniform interface），用于在连接之间实现持久化。这样做的结果是，很多新手程序员都会想当然地假设在连接之间进行持久化唯一要做的就是使用框架提供的接口。但是由于这类接口通常都是根据框架自身的习惯制定的，因此不同框架提供的接口可能会有所不同。更糟糕的是，不同的框架可能会提供一些名字相同的接口，但是这些同名接口之间的实现却又千差万别、各不相同，因此给开发者带来不必要的困惑。通过这个例子可以看出，使用框架进行 Web 应用开发意味着将框架与应用进行绑定，之后无论是将应用迁移至另一个框架，还是对应用进行扩展，又或者为应用添加新的特性，都需要对框架本身有深入的了解，在某些情况下可能还需要对框架进行定制。

本书的目的并不是让大家抛弃框架、约定和模式——一个好的框架通常是快速构建可扩展且健壮的 Web 应用的最好方法，但理解那些隐藏在框架之下的底层概念和基础设施也是非常重要的。只要对框架的实现原理有了正确的认识，我们就可以更加清晰地了解到这些约定和模式是如何形成的，从而避免陷阱、理清思路，不再盲目地使用模式。

对 Go 语言来说，隐藏在框架之下的通常是 net/http 和 html/template 这两个标准库，本章和接下来的第 4 章将介绍 net/http 库，而之后的第 5 章将介绍 html/template 库。

如图 3-1 所示，net/http 标准库可以分为客户端和服务器两个部分，库中的结构和函数有些只支持客户端和服务器这两者中的一个，而有些则同时支持客户端和服务器：

- Client、Response、Header、Request 和 Cookie 对*客户端*进行支持；
- Server、ServeMux、Handler/HandleFunc、ResponseWriter、Header、Request 和 Cookie 则对*服务器*进行支持。

本章接下来将会展示如何把 net/http 标准库用作服务器以及如何使用 Go 语言接收客户端发送的 HTTP 请求。在之后的第 4 章，我们还会继续使用 net/http 标准库，但焦点会放在如何处理请求上面。

在本书中，我们主要关注的是如何使用 net/http 标准库的服务器功能而非客户端功能。

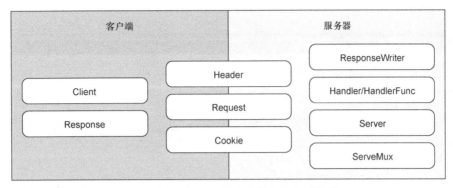

图 3-1 net/http 标准库的各个组成部分

3.2 使用 Go 构建服务器

如图 3-2 所示，通过 net/http 标准库，我们可以启动一个 HTTP 服务器，然后让这个服务器接收请求并向请求返回响应。除此之外，net/http 标准库还提供了一个连接多路复用器（multiplexer）的接口以及一个默认的多路复用器。

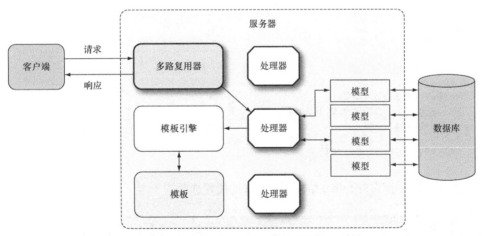

图 3-2 通过 Go 服务器处理请求

3.2.1 Go Web 服务器

跟其他编程语言里面的绝大多数标准库不一样，Go 提供了一系列用于创建 Web 服务器的标准库。正如代码清单 3-1 所示，创建一个服务器的步骤非常简单，只要调用 ListenAndServe 并传入网络地址以及负责处理请求的处理器（handler）作为参数就可以了。如果网络地址参数为空字符串，那么服务器默认使用 80 端口进行网络连接；如果处理器参数为 nil，那么服务器将使用默认的多路复用器 `DefaultServeMux`。

代码清单 3-1 最简单的 Web 服务器

```
package main

import (
    "net/http"
)

func main() {
    http.ListenAndServe("", nil)
}
```

用户除了可以通过 `ListenAndServe` 的参数对服务器的网络地址和处理器进行配置之外，还可以通过 `Server` 结构对服务器进行更详细的配置，其中包括为请求读取操作设置超时时间、为响应写入操作设置超时时间以及为 `Server` 结构设置错误日志记录器等。

代码清单 3-2 和代码清单 3-1 的作用基本上是相同的，它们之间的唯一区别在于代码清单 3-2 可以通过 `Server` 结构对服务器进行更多的配置。

代码清单 3-2 带有附加配置的 Web 服务器

```
package main

import (
    "net/http"
)

func main() {
    server := http.Server{
        Addr:    "127.0.0.1:8080",
        Handler: nil,
    }
    server.ListenAndServe()
}
```

代码清单 3-3 展示了 `Server` 结构所有可选的配置选项。

代码清单 3-3 Server 结构的配置选项

```
type Server struct {
    Addr           string
    Handler        Handler
    ReadTimeout    time.Duration
    WriteTimeout   time.Duration
    MaxHeaderBytes int
    TLSConfig      *tls.Config
    TLSNextProto   map[string]func(*Server, *tls.Conn, Handler)
    ConnState      func(net.Conn, ConnState)
    ErrorLog       *log.Logger
}
```

3.2.2 通过 HTTPS 提供服务

当客户端和服务器需要共享密码或者信用卡信息这样的私密信息时，大多数网站都会使用 HTTPS 对客户端和服务器之间的通信进行加密和保护。在一些情况下，这种保护甚至是强制性的。比如说，如果一个网站提供了信用卡支付功能，那么按照支付卡行业数据安全标准（Payment Card Industry Data Security Standard），这个网站就必须对客户端和服务器之间的通信进行加密。像 Gmail 和 Facebook 这样带有隐私性质的网站甚至在整个网站上都启用了 HTTPS。如果你打算开发一个网站，而这个网站又需要提供用户登录功能，那么你也需要在这个网站上启用 HTTPS。

HTTPS 实际上就是将 HTTP 通信放到 SSL 之上进行。通过使用 `ListenAndServeTLS` 函数，我们可以让之前展示过的简单 Web 应用也提供 HTTPS 服务，代码清单 3-4 展示了具体的实现代码。

代码清单 3-4　通过 HTTPS 提供服务

```go
package main

import (
    "net/http"
)

func main() {
    server := http.Server{
        Addr: "127.0.0.1:8080",
        Handler: nil,
    }
    server.ListenAndServeTLS("cert.pem", "key.pem")
}
```

这段代码中的 `cert.pem` 文件是 SSL 证书，而 `key.pem` 则是服务器的私钥（private key）。在生产环境中使用的 SSL 证书需要通过 VeriSign、Thawte 或者 Comodo SSL 这样的 CA 取得，但如果是出于测试目的才使用证书和私钥，那么使用自行生成的证书就可以了。生成证书的办法有很多种，其中一种就是使用 Go 标准库中的 `crypto` 包群（library group）。

SSL、TLS 和 HTTPS

SSL（Secure Socket Layer，安全套接字层）是一种通过公钥基础设施（Public Key Infrastructure，PKI）为通信双方提供数据加密和身份验证的协议，其中通信的双方通常是客户端和服务器。SSL 最初由 Netscape 公司开发，之后由 IETF（Internet Engineering Task Force，互联网工程任务组）接手并将其改名为 TLS（Transport Layer Security，传输层安全协议）。HTTPS，即 SSL 之上的 HTTP，实际上就是在 SSL/TLS 连接的上层进行 HTTP 通信。

HTTPS 需要使用 SSL/TLS 证书来实现数据加密以及身份验证（本书使用 SSL 证书这一名称，因为它更常用）。SSL 证书存储在服务器之上，它是一种使用 X.509 格式进行格式化的数据，这些数据包含了公钥以及其他一些相关信息。为了保证证书的可靠性，证书一般由证书分发机构（Certificate Authority，CA）签发。服务器在接收到客户端发送的请求之后，会将证书和响应一并返回给客户端，而客户端在确认证书的真实性之后，就会生成一个随机密钥（random key），并使用证书中的公钥对随机密钥进行加密，此次加密产生的对称密钥（symmetric key）就是客户端和服务器在进行通信时，负责对通信实施加密的实际密钥（actual key）。

　　虽然我们不会在生产环境中使用自行生成的证书和私钥，但了解 SSL 证书和私钥的生成方法，并学会如何在开发和测试的过程中使用证书和私钥，也是一件非常有意义的事情。代码清单 3-5 展示了生成 SSL 证书以及服务器私钥的具体代码。

代码清单 3-5　生成个人使用的 SSL 证书以及服务器私钥

```go
package main

import (
    "crypto/rand"
    "crypto/rsa"
    "crypto/x509"
    "crypto/x509/pkix"
    "encoding/pem"
    "math/big"
    "net"
    "os"
    "time"
)

func main() {
    max := new(big.Int).Lsh(big.NewInt(1), 128)
    serialNumber, _ := rand.Int(rand.Reader, max)
    subject := pkix.Name{
        Organization:       []string{"Manning Publications Co."},
        OrganizationalUnit: []string{"Books"},
        CommonName:         "Go Web Programming",
    }

    template := x509.Certificate{
        SerialNumber: serialNumber,
        Subject:      subject,
        NotBefore:    time.Now(),
        NotAfter:     time.Now().Add(365 * 24 * time.Hour),
        KeyUsage:     x509.KeyUsageKeyEncipherment | x509.KeyUsageDigitalSignature,
        ExtKeyUsage:  []x509.ExtKeyUsage{x509.ExtKeyUsageServerAuth},
        IPAddresses:  []net.IP{net.ParseIP("127.0.0.1")},
    }

    pk, _ := rsa.GenerateKey(rand.Reader, 2048)

    derBytes, _ := x509.CreateCertificate(rand.Reader, &template,
    ➥&template, &pk.PublicKey, pk)
    certOut, _ := os.Create("cert.pem")
```

```
pem.Encode(certOut, &pem.Block{Type: "CERTIFICATE", Bytes: derBytes})
certOut.Close()

keyOut, _ := os.Create("key.pem")
pem.Encode(keyOut, &pem.Block{Type: "RSA PRIVATE KEY", Bytes:
  x509.MarshalPKCS1PrivateKey(pk)})
keyOut.Close()
}
```

生成 SSL 证书和密钥的步骤并不是特别复杂。因为 SSL 证书实际上就是一个将扩展密钥用法（extended key usage）设置成了服务器身份验证操作的 X.509 证书，所以程序在生成证书时使用了 crypto/x509 标准库。此外，因为创建证书需要用到私钥，所以程序在使用私钥成功创建证书之后，会将私钥单独保存在一个存放服务器私钥的文件里面。

让我们来仔细分析一下代码清单 3-5 中的主要代码吧。首先，程序使用一个 Certificate 结构来对证书进行配置：

```
template := x509.Certificate{
  SerialNumber: serialNumber,
  Subject: subject,
  NotBefore: time.Now(),
  NotAfter: time.Now().Add(365*24*time.Hour),
  KeyUsage: x509.KeyUsageKeyEncipherment | x509.KeyUsageDigitalSignature,
  ExtKeyUsage: []x509.ExtKeyUsage{x509.ExtKeyUsageServerAuth},
  IPAddresses: []net.IP{net.ParseIP("127.0.0.1")},
}
```

结构中的证书序列号（SerialNumber）用于记录由 CA 分发的唯一号码，为了能让我们的 Web 应用运行起来，程序在这里生成了一个非常长的随机整数来作为证书序列号。之后，程序创建了一个专有名称（distinguished name），并将它设置成了证书的标题（subject）。此外，程序还将证书的有效期设置成了一年，而结构中 KeyUsage 字段和 ExtKeyUsage 字段的值则表明了这个 X.509 证书是用于进行服务器身份验证操作的。最后，程序将证书设置成了只能在 IP 地址 127.0.0.1 之上运行。

SSL 证书

　　X.509 是国际电信联盟电信标准化部门（ITU-T）为公钥基础设施制定的一个标准，这个标准包含了公钥证书的标准格式。

　　一个 X.509 证书（简称 SSL 证书）实际上就是一个经过编码的 ASN.1（Abstract Syntax Notation One，抽象语法表示法/1）格式的电子文档。ASN.1 既是一个标准，也是一种表示法，它描述了表示电信以及计算机网络数据的规则和结构。

　　X.509 证书可以使用多种格式编码，其中一种编码格式是 BER（Basic Encoding Rules，基本编码规则）。BER 格式指定了一种自解释并且自定义的格式用于对 ASN.1 数据结构进行编码，而 DER 格式则是 BER 的一个子集。DER 只提供了一种编码 ASN.1 值的方法，这种方法被广泛地应用于密码学当中，尤其是对 X.509 证书进行加密。

> SSL 证书可以以多种不同的格式保存，其中一种是 PEM（Privacy Enhanced Email，隐私增强邮件）格式，这种格式会对 DER 格式的 X.509 证书实施 Base64 编码，并且这种格式的文件都以-----BEGIN CERTIFICATE-----开头，以-----END CERTIFICATE-----结尾（除了用作文件格式之外，PEM 和此处讨论的 SSL 证书关系并不大）。

在此之后，程序通过调用 crypto/rsa 标准库中的 GenerateKey 函数生成了一个 RSA 私钥：

```
pk, _ := rsa.GenerateKey(rand.Reader, 2048)
```

程序创建的 RSA 私钥的结构里面包含了一个能够公开访问的公钥（public key），这个公钥在使用 x509.CreateCertificate 函数创建 SSL 证书的时候就会用到：

```
derBytes, _ := x509.CreateCertificate(rand.Reader, &template, &template,
➥&pk.PublicKey, pk)
```

CreateCertificate 函数接受 Certificate 结构、公钥和私钥等多个参数，创建出一个经过 DER 编码格式化的字节切片。后续代码的意图也非常简单明了，它们首先使用 encoding/pem 标准库将证书编码到 cert.pem 文件里面：

```
certOut, _ := os.Create("cert.pem")
pem.Encode(certOut, &pem.Block{Type: "CERTIFICATE", Bytes: derBytes})
certOut.Close()
```

然后继续以 PEM 编码的方式把之前生成的密钥编码并保存到 key.pem 文件里面：

```
keyOut, _ := os.Create("key.pem")
pem.Encode(keyOut, &pem.Block{Type: "RSA PRIVATE KEY", Bytes:
➥x509.MarshalPKCS1PrivateKey(pk)})
keyOut.Close()
```

最后需要提醒的是，如果证书是由 CA 签发的，那么证书文件中将同时包含服务器签名以及 CA 签名，其中服务器签名在前，CA 签名在后。

3.3　处理器和处理器函数

在前面的内容中，我们启动了一个 Web 服务器，但是因为这个服务器尚未实现任何功能，所以现在访问这个服务器只会获得一个 404 HTTP 响应代码。出现这一问题的原因在于我们尚未为服务器编写任何处理器，所以服务器的多路复用器在接收到请求之后找不到任何处理器来处理请求，因此它只能返回一个 404 响应。为了让服务器能够产生实际的行为，我们需要为之编写处理器。

3.3.1　处理请求

前面的第 1 章和第 2 章曾经简单地介绍过处理器以及处理器函数，现在是时候详细地谈谈它们的定义了。在 Go 语言中，一个处理器就是一个拥有 ServeHTTP 方法的接口，这个 ServeHTTP

方法需要接受两个参数：第一个参数是一个 `ResponseWriter` 接口，而第二个参数则是一个指向 `Request` 结构的指针。换句话说，任何接口只要拥有一个 `ServeHTTP` 方法，并且该方法带有以下签名（signature），那么它就是一个处理器：

```
ServeHTTP(http.ResponseWriter, *http.Request)
```

现在，让我们暂时离题一下，回答一个在阅读本章时可能会出现在你脑海里面的问题：既然 `ListenAndServe` 接受的第二个参数是一个处理器，那么为何它的默认值却是多路复用器 `DefaultServeMux` 呢？

这是因为 `DefaultServeMux` 多路复用器是 `ServeMux` 结构的一个实例，而后者也拥有上面提到的 `ServeHTTP` 方法，并且这个方法的签名与成为处理器所需的签名完全一致。换句话说，`DefaultServeMux` 既是 `ServeMux` 结构的实例，也是 `Handler` 结构的实例，因此 `DefaultServeMux` 不仅是一个多路复用器，它还是一个处理器。不过 `DefaultServeMux` 处理器和其他一般的处理器不同，`DefaultServeMux` 是一个特殊的处理器，它唯一要做的就是根据请求的 URL 将请求重定向到不同的处理器。在了解了这些知识之后，我们现在只需要自行编写一个处理器并使用它去代替默认的多路复用器，就可以让服务器正常地对客户端进行响应了，具体如代码清单 3-6 所示。

代码清单 3-6　处理请求

```
package main

import (
    "fmt"
    "net/http"
)

type MyHandler struct{}

func (h *MyHandler) ServeHTTP(w http.ResponseWriter, r *http.Request) {
    fmt.Fprintf(w, "Hello World!")
}

func main() {
    handler := MyHandler{}
    server := http.Server{
        Addr: "127.0.0.1:8080",
        Handler: &handler,
    }
    server.ListenAndServe()
}
```

现在，只要按照 2.7 节介绍过的方法启动服务器，并使用浏览器访问地址 http://localhost:8080/，我们就可以在浏览器里面看到 Hello World 响应了。

有趣的是，如果我们使用浏览器访问 http://localhost:8080/anything/at/all，同样会看到相同的 Hello World 响应。造成这个问题的原因非常明显：在代码清单 3-6 中，程序创建了一个处理器并将它与服务器进行了绑定，以此来代替原本正在使用的默认多路复用器。这意味着服务器不会再通过 URL 匹配来将请求路由至不同的处理器，而是直接使用同一个处理器来处理所有请求，因此无论浏览器访问什么地址，服务器返回的都是同样的 Hello World 响应。

这也是我们在 Web 应用中使用多路复用器的原因：对某些特殊用途的服务器来说，只使用一个处理器也许就可以很好地完成工作了，但是在大部分情况下，我们还是希望服务器可以根据不同的 URL 请求返回不同的响应，而不是一成不变地只返回一种响应。

3.3.2   使用多个处理器

在大部分情况下，我们并不希望像代码清单 3-6 那样，使用一个处理器去处理所有请求，而是希望使用多个处理器去处理不同的 URL。为了做到这一点，我们不再在 Server 结构的 Handler 字段中指定处理器，而是让服务器使用默认的 DefaultServeMux 作为处理器，然后通过 http.Handle 函数将处理器绑定至 DefaultServeMux。需要注意的是，虽然 Handle 函数来源于 http 包，但它实际上是 ServeMux 结构的方法：这些函数是为了操作便利而创建的函数，调用它们等同于调用 DefaultServeMux 的某个方法。比如说，调用 http.Handle 实际上就是在调用 DefaultServeMux 的 Handle 方法。

在代码清单 3-7 中，程序创建了两个处理器，并将它们与各自的 URL 进行了绑定。现在，访问地址 http://localhost:8080/hello 将会看到 "Hello!"，而访问地 http://localhost:8080/world 则会看到 "World!"。

代码清单 3-7   使用多个处理器对请求进行处理

```
package main

import (
    "fmt"
    "net/http"
)

type HelloHandler struct{}

func (h *HelloHandler) ServeHTTP (w http.ResponseWriter, r *http.Request) {
    fmt.Fprintf(w, "Hello!")
}
```

```
type WorldHandler struct{}

func (h *WorldHandler) ServeHTTP (w http.ResponseWriter, r *http.Request) {
    fmt.Fprintf(w, "World!")
}

func main() {
    hello := HelloHandler{}
    world := WorldHandler{}

    server := http.Server{
        Addr: "127.0.0.1:8080",
    }

    http.Handle("/hello", &hello)
    http.Handle("/world", &world)

    server.ListenAndServe()
}
```

3.3.3 处理器函数

上一小节对处理器进行了介绍, 那么什么是处理器函数呢? 处理器函数实际上就是与处理器拥有相同行为的函数: 这些函数与 ServeHTTP 方法拥有相同的签名, 也就是说, 它们接受 ResponseWriter 和指向 Request 结构的指针作为参数。代码清单 3-8 展示了如何在服务器中使用处理器函数。

代码清单 3-8 使用处理器函数处理请求

```
package main

import (
    "fmt"
    "net/http"
)

func hello(w http.ResponseWriter, r *http.Request) {
    fmt.Fprintf(w, "Hello!")
}

func world(w http.ResponseWriter, r *http.Request) {
    fmt.Fprintf(w, "World!")
}
```

```
func main() {
    server := http.Server{
        Addr: "127.0.0.1:8080",
    }
    http.HandleFunc("/hello", hello)
    http.HandleFunc("/world", world)

    server.ListenAndServe()
}
```

处理器函数的实现原理是这样的：Go 语言拥有一种 HandlerFunc 函数类型，它可以把一个带有正确签名的函数 f 转换成一个带有方法 f 的 Handler。比如说，对下面这个 hello 函数来说：

```
func hello(w http.ResponseWriter, r *http.Request) {
    fmt.Fprintf(w, "Hello!")
}
```

程序只需要执行以下代码：

```
helloHandler := HandlerFunc(hello)
```

就可以把 helloHandler 设置成一个 Handler。如果你对此感到疑惑，那么不妨回顾一下之前展示过的接受处理器的服务器代码：

```
type MyHandler struct{}
func (h *MyHandler) ServeHTTP (w http.ResponseWriter, r *http.Request) {
    fmt.Fprintf(w, "Hello World!")
}
func main() {
    handler := MyHandler{}
    server := http.Server{
        Addr: "127.0.0.1:8080",
        Handler: &handler,
    }
    server.ListenAndServe()
}
```

这个程序使用了以下这行代码来绑定 URL 地址/hello 和 hello 函数：

```
http.Handle("/hello", &hello)
```

这行代码向我们展示了 Handle 函数将一个处理器绑定至 URL 的具体方法。此外，在接受处理器函数的代码清单 3-8 中，HandleFunc 函数会将 hello 函数转换成一个 Handler，并将它与 DefaultServeMux 进行绑定，以此来简化创建并绑定 Handler 的工作。换句话说，处理器函数只不过是创建处理器的一种便利的方法而已。代码清单 3-9 展示了 http.HandleFunc

函数的具体定义。

代码清单 3-9 `http.HandleFunc` 函数的源代码

```
func HandleFunc(pattern string, handler func(ResponseWriter, *Request)) {
    DefaultServeMux.HandleFunc(pattern, handler)
}
```

而下面是 `ServeMux.HandleFunc` 方法的定义：

```
func (mux *ServeMux) HandleFunc(pattern string, handler func(ResponseWriter,
    *Request)) {
    mux.Handle(pattern, HandlerFunc(handler))
}
```

注意这个方法是如何使用 `HandlerFunc` 函数将传入的 `handler` 函数转换成真正的处理器的。

虽然处理器函数能够完成跟处理器一样的工作，并且使用处理器函数的代码比使用处理器的代码更为整洁，但是处理器函数并不能完全代替处理器。这是因为在某些情况下，代码可能已经包含了某个接口或者某种类型，这时我们只需要为它们添加 `ServeHTTP` 方法就可以将它们转变为处理器了，并且这种转变也有助于构建出更为模块化的 Web 应用。

3.3.4 串联多个处理器和处理器函数

尽管 Go 语言并不是一门函数式编程语言，但它也拥有一些函数式编程语言的特性，如函数类型、匿名函数和闭包。正如前面的代码所示，在 Go 语言里面，程序可以将一个函数传递给另一个函数，又或者通过标识符去引用一个具名函数。这意味着，程序可以像图 3-3 展示的那样，将函数 `f1` 传递给另一个函数 `f2`，然后在函数 `f2` 执行完某些操作之后调用 `f1`。

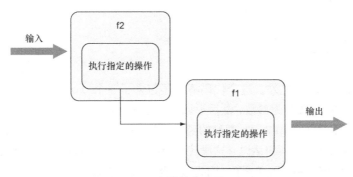

图 3-3 串联起多个处理器

来看一个完整的例子：假设我们想要在每个处理器被调用时，在某个地方记录下相应的调用信息。为此，我们可以在处理器里面添加一些额外的代码，又或者像第 2 章那样，将这些记录代码重构成一个工具函数，然后让每个处理器都去调用这个工具函数。虽然实现上面提到的两种方法并不困难，但引入额外代码的做法会给程序的编写带来麻烦，并导致处理器需要包含与处理请求无关的代码。

诸如日志记录、安全检查和错误处理这样的操作通常被称为横切关注点（cross-cutting concern），虽然这些操作非常常见，但是为了防止代码重复和代码依赖问题，我们又不希望这些操作和正常的代码搅和在一起。为此，我们可以使用串联（chaining）技术分隔代码中的横切关注点。代码清单 3-10 展示了一个串联多个处理器的例子。

代码清单 3-10 串联两个处理器函数

```go
package main

import (
    "fmt"
    "net/http"
    "reflect"
    "runtime"
)

func hello(w http.ResponseWriter, r *http.Request) {
    fmt.Fprintf(w, "Hello!")
}

func log(h http.HandlerFunc) http.HandlerFunc {
    return func(w http.ResponseWriter, r *http.Request) {
        name := runtime.FuncForPC(reflect.ValueOf(h).Pointer()).Name()
        fmt.Println("Handler function called - " + name)
        h(w, r)
    }
}

func main() {
    server := http.Server{
        Addr: "127.0.0.1:8080",
    }
    http.HandleFunc("/hello", log(hello))
    server.ListenAndServe()
}
```

除处理器函数 hello 之外，这个代码清单还包含了一个 log 函数。log 函数接受一个 HandlerFunc 类型的函数作为参数，然后返回另一个 HandlerFunc 类型的函数作为值。因为 hello 函数就是一个 HandlerFunc 类型的函数，所以代码 log(hello) 实际上就是将 hello 函数发送至 log 函数之内，换句话说，这段代码串联起了 log 函数和 hello 函数。

log 函数的返回值是一个匿名函数，因为这个匿名函数接受一个 ResponseWriter 和一个 Request 指针作为参数，所以它实际上也是一个 HandlerFunc。在匿名函数内部，程序首先会获取被传入的 HandlerFunc 的名字，然后再调用这个 HandlerFunc。作为结果，如果我们使用浏览器访问地址 http://localhost:8080/hello，那么浏览器页面将显示以下信息：

```
Handler function called - main.hello
```

就像搭积木一样，既然我们可以串联起两个函数，那么自然也可以串联起更多函数。串联多个函数可以让程序执行更多动作，这种做法有时候也称为管道处理（pipeline processing），如图 3-4 所示。

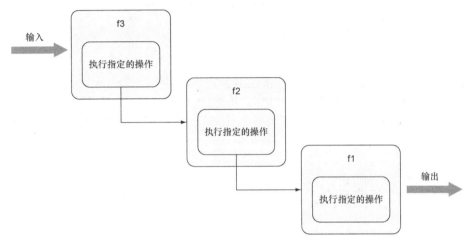

图 3-4　串联更多处理器

举个例子，如果我们还有一个 protect 函数，它会在调用传入的处理器之前验证用户的身份：

```
func protect(h http.HandlerFunc) http.HandlerFunc {
    return func(w http.ResponseWriter, r *http.Request) {
        . . .
        h(w, r)
    }
}
```

为了节省篇幅，这里省略了一段用于检测用户登录情况的代码

那么我们只需要把 protect 函数跟之前的函数串联在一起，就可以正常使用这个函数了：

```
http.HandleFunc("/hello", protect(log(hello)))
```

你可能已经注意到了，虽然我们一直讨论的都是如何串联处理器，但代码清单 3-10 实际上却是在串联处理器函数。不过正如代码清单 3-11 所示，串联处理器的方法实际上和串联处理器函数的方法是非常相似的。

代码清单 3-11　串联多个处理器

```
package main

import (
    "fmt"
    "net/http"
)
```

```
type HelloHandler struct{}

func (h HelloHandler) ServeHTTP (w http.ResponseWriter, r *http.Request) {
    fmt.Fprintf(w, "Hello!")
}

func log(h http.Handler) http.Handler {
    return http.HandlerFunc (func(w http.ResponseWriter, r *http.Request) {
        fmt.Printf("Handler called - %T\n", h)
        h.ServeHTTP (w, r)
    })
}

func protect(h http.Handler) http.Handler {
    return http.HandlerFunc (func(w http.ResponseWriter, r *http.Request) {
        . . .
        h.ServeHTTP (w, r)
    })
}
```

为了节省篇幅，这里省略
了一段用于检测用户登
录情况的代码

```
func main() {
    server := http.Server{
        Addr: "127.0.0.1:8080",
    }
    hello := HelloHandler{}
    http.Handle("/hello", protect(log(hello)))
    server.ListenAndServe()
}
```

让我们来观察一下代码清单 3-11 和代码清单 3-10 有什么区别。代码清单 3-11 中的 Hello
Handler 在前面的代码清单中已经展示过，它跟代码清单 3-10 中的 hello 函数一样，都位于
串联链的末尾。至于 log 函数则不再接受和返回 HandlerFunc 类型的函数，而是接受并返回
Handler 类型的处理器：

```
func log(h http.Handler) http.Handler {
    return http.HandlerFunc (func(w http.ResponseWriter, r *http.Request) {
        fmt.Printf("Handler called - %T\n", h)
        h.ServeHTTP (w, r)
    })
}
```

log 函数和 protect 函数现在不再返回匿名函数，而是使用 HandlerFunc 直接将匿名函
数转换成一个 Handler，然后返回这个 Handler。程序现在也不再直接执行处理器函数了，而
是调用处理器的 ServeHTTP 函数。最后的一点变化是，程序现在绑定的是处理器而不是处理器
函数：

```
hello := HelloHandler{}
http.Handle("/hello", protect(log(hello)))
```

除了以上提到的区别之外，两个程序的其余代码基本上都是相同的。

串联处理器和处理器函数是一种非常常见的惯用法，很多 Web 应用框架都使用了这一技术。

3.3.5 ServeMux 和 DefaultServeMux

本章和前一章都对 ServeMux 和 DefaultServeMux 进行了介绍。ServeMux 是一个 HTTP 请求多路复用器，它负责接收 HTTP 请求并根据请求中的 URL 将请求重定向到正确的处理器，如图 3-5 所示。

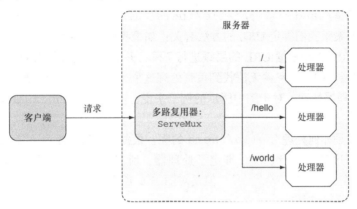

图 3-5　通过多路复用器将请求转发给各个处理器

ServeMux 结构包含了一个映射，这个映射会将 URL 映射至相应的处理器。正如之前所说，因为 ServeMux 结构也实现了 ServeHTTP 方法，所以它也是一个处理器。当 ServeMux 的 ServeHTTP 方法接收到一个请求的时候，它会在结构的映射里面找出与被请求 URL 最为匹配的 URL，然后调用与之相对应的处理器的 ServeHTTP 方法，如图 3-6 所示。

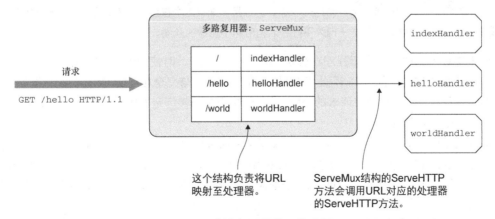

图 3-6　多路复用器的工作原理

在介绍完 ServeMux 之后，让我们来了解一下 DefaultServeMux。因为 ServeMux 是一

个结构而不是一个接口，所以 `DefaultServeMux` 并不是 `ServeMux` 的实现。`Default-ServeMux` 实际上是 `ServeMux` 的一个实例，并且所有引入了 `net/http` 标准库的程序都可以使用这个实例。当用户没有为 `Server` 结构指定处理器时，服务器就会使用 `DefaultServeMux` 作为 `ServeMux` 的默认实例。

此外，因为 `ServeMux` 也是一个处理器，所以用户也可以在有需要的情况下对其实例实施处理器串联。

在上面的几个例子中，被请求的 URL `/hello` 完美地匹配了与多路复用器绑定的 URL，但如果浏览器访问的是 `/random` 或者 `/hello/there`，那么服务器又会返回什么响应呢？

这个问题的答案跟我们绑定 URL 的方法有关：如果我们像图 3-6 那样绑定根 URL（`/`），那么匹配不成功的 URL 将会根据 URL 的层级进行下降，并最终降落在根 URL 之上。当浏览器访问 `/random` 的时候，因为服务器无法找到负责处理这个 URL 的处理器，所以它会把这个 URL 交给根 URL 的处理器处理（对于图中所示的例子来说，就是使用 `indexHandler` 来处理这个 URL）。

那么服务器又是如何处理 `/hello/there` 的呢？根据最小惊讶原则（The Principle of Least Surprise），因为程序已经为 `/hello` 绑定了处理器，所以在默认情况下，程序似乎应该使用 `helloHandler` 处理 `/hello/there`。但是对图 3-6 所示的例子来说，服务器实际上会使用 `indexHandler` 去处理对 `/hello/there` 的请求。

最小惊讶原则

　　最小惊讶原则，也称最小意外原则，是设计包括软件在内的一切事物的一条通用规则，它指的是我们在进行设计的时候，应该做那些合乎常理的事情，使事物的行为总是显而易见、始终如一并且合乎情理。

　　举个例子，如果我们在一扇门的旁边放置一个按钮，那么人们就会认为这个按钮与这扇门有关，比如，按下按钮门铃会响或者门会自动打开，等等。但是，如果这个按钮被按下时会关掉走廊的灯光，它就违反了最小惊讶原则，因为这一行为不符合人们对这个按钮的预期。

产生这种行为的原因在于程序在绑定 `helloHandler` 时使用的 URL 是 `/hello` 而不是 `/hello/`。如果被绑定的 URL 不是以 `/` 结尾，那么它只会与完全相同的 URL 匹配；但如果被绑定的 URL 以 `/` 结尾，那么即使请求的 URL 只有前缀部分与被绑定 URL 相同，`ServeMux` 也会认定这两个 URL 是匹配的。

这也就是说，如果与 `helloHandler` 处理器绑定的 URL 是 `/hello/` 而不是 `/hello`，那么当浏览器请求 `/hello/there` 的时候，服务器在找不到与之完全匹配的处理器时，就会退而求其次，开始寻找能够与 `/hello/` 匹配的处理器，并最终找到 `helloHandler` 处理器。

3.3.6　使用其他多路复用器

因为创建一个处理器和多路复用器唯一需要做的就是实现 `ServeHTTP` 方法，所以通过自行创建多路复用器来代替 net/http 包中的 ServeMux 是完全可行的，并且目前市面上已经出现了很多第三方的多路复用器可供使用，比如，Gorilla Toolkit 就是一个非常优秀的第三方多路复用器包，它提供了 mux 和 pat 这两个工作方式非常不同的多路复用器，而本节将要介绍的则是另一个高效的轻量级第三方多路复用器——HttpRouter。

ServeMux 的一个缺陷是无法使用变量实现 URL 模式匹配。虽然在浏览器请求/threads 的时候，使用 ServeMux 可以很好地获取并显示论坛中的所有帖子，但如果浏览器请求的是 /thread/123，那么要获取并显示论坛里面 ID 为 123 的帖子就会变得非常困难。程序必须对 URL 进行语法分析才能提取出 URL 当中的帖子 ID。此外，因为受 ServeMux 实现 URL 模式匹配的方式所限，如果我们想要通过/thread/123/post/456 这样的 URL 从 ID 为 123 的帖子中获取 ID 为 456 的回复，就必须在程序里面进行大量复杂的语法分析，并因此给程序带来额外的复杂度。

与 ServeMux 不同，HttpRouter 包并没有上面提到的这些限制。本节将对 HttpRouter 包最重要的一部分特性进行介绍，关于这个包的更详细的说明可以在它的文档页面里面看到。代码清单 3-12 展示了一个使用 HttpRouter 实现的服务器。

代码清单 3-12　使用 HttpRouter 实现的服务器

```
package main

import (
    "fmt"
    "github.com/julienschmidt/httprouter"
    "net/http"
)

func hello(w http.ResponseWriter, r *http.Request, p httprouter.Params) {
    fmt.Fprintf(w, "hello, %s!\n", p.ByName("name"))
}

func main() {
    mux := httprouter.New()
    mux.GET("/hello/:name", hello)

    server := http.Server{
        Addr: "127.0.0.1:8080",
        Handler: mux,
    }
    server.ListenAndServe()
}
```

这个程序中的大部分代码都和之前展示过的代码一样，只是涉及多路复用器的部分代码跟之前有所不同。在这段代码里，程序通过调用 New 函数来创建一个多路复用器：

```
mux := httprouter.New()
```

这个程序不再使用 HandleFunc 绑定处理器函数，而是直接把处理器函数与给定的 HTTP

方法进行绑定：

```
mux.GET("/hello/:name", hello)
```

这段代码会把给定 URL 的 GET 方法与 hello 处理器函数进行绑定，当浏览器向这个 URL 发送 GET 请求时，hello 函数就会被调用，但如果浏览器向这个 URL 发送除 GET 请求之外的其他请求，hello 函数则不会被调用。需要注意的是，被绑定的 URL 包含了具名参数（named parameter），这些具名参数会被 URL 中的具体值所代替，并且程序可以在处理器里面获取这些值。

跟之前的处理器函数相比，现在的 hello 处理器函数也发生了变化，它不再接受两个参数，而是接受 3 个参数。其中第三个参数 Params 就包含了之前提到的具名参数，具名参数的值可以在处理器内部通过 ByName 方法获取：

```
func hello(w http.ResponseWriter, r *http.Request, p httprouter.Params) {
    fmt.Fprintf(w, "hello, %s!\n", p.ByName("name"))
}
```

程序的最后一个变化是它不再使用默认的 DefaultServeMux，而是通过将 HttpRouter 传递给 Server 结构来使用这个多路复用器：

```
server := http.Server{
  Addr: "127.0.0.1:8080",
  Handler: mux,
}
server.ListenAndServe()
```

现在，如果我们在终端上执行 go build 命令，那么编译器将返回一个错误：

```
$ go build
server.go:5:5: cannot find package "github.com/julienschmidt/httprouter" in
  any of:
    /usr/local/go/src/github.com/julienschmidt/httprouter (from $GOROOT)
    /Users/sausheong/gws/src/github.com/julienschmidt/httprouter (from $GOPATH)
```

出现这个错误的原因在于，我们虽然指定了 HttpRouter 库，但这个第三方库在我们的计算机上并不存在，得益于 Go 语言强大且易用的包管理系统，我们只需要执行以下命令就可以解决这个问题了：

```
$ go get github.com/julienschmidt/httprouter
```

在计算机连接了网络的情况下，这个命令会从 HttpRouter 的 GitHub 主页上下载 HttpRouter 包的源代码，并将其存储到$GOPATH/src 目录中。在此之后，当我们再次执行 go build 命令尝试编译代码清单 3-12 所示的服务器时，编译器就会导入 HttpRouter 的代码，并对整个服务器进行编译。

3.4　使用 HTTP/2

在本章的最后，让我们来了解一下如何使用 HTTP/2 构建本章介绍的 Web 服务器。

本书在第 1 章已经对 HTTP/2 做过简单的介绍，并且提到过在 1.6 或以上版本的 Go 语言中，如果使用 HTTPS 模式启动服务器，那么服务器将默认使用 HTTP/2。但是，在默认情况下，版本低于

1.6 版本的 Go 语言将不会安装 http2 包，因此用户需要通过手动执行以下命令来获取这个包：

```
go get "golang.org/x/net/http2"
```

为了让代码清单 3-6 中构建的 Web 服务器用上 HTTP/2，我们需要给这个服务器导入 http2 包，并通过添加一些代码行来让服务器打开对 HTTP/2 的支持。为了做到这一点，我们需要调用 http2 包中的 ConfigureServer 方法，并将服务器配置传递给它，修改后的服务器代码如代码清单 3-13 所示。

代码清单 3-13 启用 HTTP/2

```
package main

import (
    "fmt"
    "golang.org/x/net/http2"
    "net/http"
)

type MyHandler struct{}

func (h *MyHandler) ServeHTTP (w http.ResponseWriter, r *http.Request) {
    fmt.Fprintf(w, "Hello World!")
}

func main() {
    handler := MyHandler{}
    server := http.Server{
        Addr: "127.0.0.1:8080",
        Handler: &handler,
    }
    http2.ConfigureServer(&server, &http2.Server{})
    server.ListenAndServeTLS("cert.pem", "key.pem")
}
```

现在，我们只要执行以下代码就可以启动这个打开了 HTTP/2 功能的 Web 服务器了：

```
go run server.go
```

为了检查服务器是否运行在 HTTP/2 模式之下，我们可以使用 cURL 对服务器进行检查。因为 cURL 在很多平台上都是可用的，所以本书会经常使用它作为检测工具，因此现在是时候来学习一下如何使用 cURL 了。

cURL

　　cURL 是一个命令行工具，它可以获取指定 URL 上的文件，又或者向指定的 URL 发送文件。cURL 支持数量庞大的常用互联网协议，其中就包括 HTTP 和 HTTPS。cURL 默认安装在包括 OS X 在内的很多 Unix 变种之上，并且它同样可以在 Windows 系统上使用。

cURL 从 7.43.0 版本开始支持 HTTP/2，用户在发送请求的时候，只需要打开--http2 标志（flag）就可以发送 HTTP/2 请求了。此外，为了让 cURL 能够支持 HTTP/2，用户还必须将 cURL 与 nghttp2 这个提供 HTTP/2 支持的 C 语言库进行链接（link）。在撰写本节的时候，包括 OS X 平台在内的很多默认的 cURL 实现都还没有提供对 HTTP/2 的支持，因此我们可能需要重新编译 cURL，将它与 nghttp2 库进行链接，然后用编译后的新版 cURL 代替原有的 cURL。

在完成重新编译 cURL 的工作之后，我们可以使用以下命令去检查代码清单 3-13 展示的 Web 应用是否启用了 HTTP/2：

```
curl -I --http2 --insecure https://localhost:8080/
```

在默认情况下，cURL 在以 HTTP/2 形式访问一个 Web 应用的时候，会对应用的证书进行验证，并在验证无法通过时拒绝访问。因为我们的 Web 应用使用的是自行创建的证书和密钥，它们默认是无法通过这一验证的，所以上面的命令在调用 cURL 的时候使用了 insecure 标志，这个标志会让 cURL 强制接受我们创建的证书，从而使访问可以顺利进行。

如果一切顺利，cURL 将返回以下输出：

```
HTTP/2.0 200
content-type:text/plain; charset=utf-8
content-length:12
date:Mon, 15 Feb 2016 05:33:01 GMT
```

本章虽然详细介绍了如何接收 HTTP 请求，但是并没有具体地说明如何处理接收到的请求，以及如何向客户端返回响应。虽然处理器和处理器函数是使用 Go 编写 Web 应用的关键，但如何处理请求以及如何发送响应才是 Web 应用真正安身立命之所在。在接下来的一章中，我们将深入学习请求和响应的细节，了解如何从请求中提取信息，以及如何通过响应传递信息。

3.5　小结

- Go 语言拥有一系列成熟的标准库，如 net/http 和 html/template，这些标准库可以用于构建 Web 应用。
- 尽管使用 Web 框架可以更容易并且更快捷地构建 Web 应用，但是在使用这些框架之前，先了解 Web 编程所需的基础知识也是非常重要的。
- Go 语言的 net/http 标准库可以将 HTTP 通信放到 SSL 之上进行，也就是通过 HTTPS 方式创建出更为安全的通信连接。
- Go 语言的处理器可以是任何带有 ServeHTTP 方法的结构，其中 ServeHTTP 方法需要接收两个参数：第一个参数是一个 ResponseWriter 接口，而第二个参数则是一个指向 Request 结构的指针。
- 处理器函数是与处理器拥有相似行为的函数。处理器函数用于处理请求，它们跟 ServeHTTP 方法拥有相同的签名。

- 通过串联处理器或者处理器函数，可以对程序中的横切关注点进行分隔，并以模块化的方式处理请求。
- 多路复用器也是处理器。比如，ServeMux 就是一个 HTTP 请求多路复用器，它接受 HTTP 请求并根据请求中的 URL 将请求重定向到正确的处理器。DefaultServeMux 是 ServeMux 的一个公开的实例，这个实例会被用作默认的多路复用器。
- 在 Go 1.6 或以上的版本中，net/http 标准库默认支持 HTTP/2。版本低于 1.6 的 Go 语言如果想要获得 HTTP/2 支持，就需要手动添加 http2 包。

第 4 章　处理请求

本章主要内容
- ■ 使用 Go 发送请求和响应
- ■ 使用 Go 处理 HTML 表单
- ■ 使用 ResponseWriter 向客户端回传响应
- ■ 使用 cookie 存储信息
- ■ 使用 cookie 实现闪现消息

在前一章，我们学习了如何使用 Go 语言内置的 net/http 库创建 Web 应用服务器，并藉此了解了处理器、处理器函数以及多路复用器。在学会了如何接收请求并将请求转发给相应的处理器之后，本章我们要学习的是如何使用 Go 提供的工具来处理请求，以及如何把响应回传给客户端。

4.1　请求和响应

本书的第 1 章对 HTTP 报文做了不少介绍，为了加深印象、防止遗忘，让我们先来回顾一下这方面的知识。HTTP 报文是在客户端和服务器之间传递的消息，它分为 HTTP 请求和 HTTP 响应两种类型，并且这两种类型的报文都拥有相同的结构：

（1）请求行或者响应行；

（2）零个或多个首部；

（3）一个空行；

（4）一个可选的报文主体。

下面是一个 GET 请求的例子：

```
GET /Protocols/rfc2616/rfc2616.html HTTP/1.1
Host: www.w3.org
User-Agent: Mozilla/5.0
(empty line)
```

Go 语言的 net/http 库提供了一系列用于表示 HTTP 报文的结构,为了学习如何使用这个库处理请求和发送响应,我们必须对这些结构有所了解。首先,让我们来看看 net/http 库中代表 HTTP 请求报文的 Request 结构。

4.1.1 Request 结构

Request 结构表示一个由客户端发送的 HTTP 请求报文。虽然 HTTP 请求报文是由一系列文本行组成的,但 Request 结构并不是完全按照报文逐字逐句定义的。实际情况是,这个结构只包含了报文在经过语法分析之后,其中较为重要的信息;除此之外,这个结构还有一系列相应的方法可供使用。

Request 结构主要由以下部分组成:

- URL 字段;
- Header 字段;
- Body 字段;
- Form 字段、PostForm 字段和 MultipartForm 字段。

通过 Request 结构的方法,用户还可以对请求报文中的 cookie、引用 URL 以及用户代理进行访问。当 net/http 库被用作 HTTP 客户端的时候,Request 结构既可以用于表示客户端将要发送给服务器的请求,也可以用于表示服务器接收到的客户端请求。

4.1.2 请求 URL

Request 结构中的 URL 字段用于表示请求行中包含的 URL(请求行也就是 HTTP 请求报文的第一行),这个字段是一个指向 url.URL 结构的指针,代码清单 4-1 展示了这个结构的定义。

代码清单 4-1 URL 结构

```
type URL struct {
    Scheme    string
    Opaque    string
    User      *Userinfo
    Host      string
    Path      string
    RawQuery  string
    Fragment  string
}
```

URL 的一般格式为:

scheme://[userinfo@]host/path[?query][#fragment]

那些在 scheme 之后不带斜线的 URL 则会被解释为:

```
scheme:opaque[?query][#fragment]
```

在开发 Web 应用的时候，我们常常会让客户端通过 URL 的查询参数向服务器传递信息，而 URL 结构的 RawQuery 字段记录的就是客户端向服务器传递的查询参数字符串。举个例子，如果客户端向地址 http://www.example.com/post?id=123&thread_id=456 发送一个请求，那么 RawQuery 字段的值就会被设置为 id=123&thread_id=456。虽然通过对 RawQuery 字段的值进行语法分析可以获取到键值对格式的查询参数，但直接使用 Request 结构的 Form 字段来获取这些键值对会更方便一些。本章稍后就会对 Request 结构的 Form 字段、PostForm 字段和 MultipartForm 字段进行介绍。

另外需要注意的一点是，如果请求报文是由浏览器发送的，那么程序将无法通过 URL 结构的 Fragment 字段获取 URL 的片段部分。本书在第 1 章中就提到过，浏览器在向服务器发送请求之前，会将 URL 中的片段部分剔除掉——因为服务器接收到的都是不包含片段部分的 URL，所以程序自然也无法通过 Fragment 字段去获取 URL 的片段部分了，造成这个问题的原因在于浏览器，与我们正在使用的 net/http 库无关。URL 结构的 Fragment 字段之所以会存在，是因为并非所有请求都来自浏览器：除了浏览器发送的请求之外，服务器还可能会接收到 HTTP 客户端库、Angular 这样的客户端框架或者某些其他工具发送的请求；此外别忘了，不仅服务器程序可以使用 Request 结构，客户端库也同样可以把 Request 结构用作自己的一部分。

4.1.3　请求首部

请求和响应的首部都使用 Header 类型描述，这种类型使用一个映射来表示 HTTP 首部中的多个键值对。Header 类型拥有 4 种基本方法，这些方法可以根据给定的键执行添加、删除、获取和设置值等操作。

一个 Header 类型的实例就是一个映射，这个映射的键为字符串，而键的值则是由任意多个字符串组成的切片。为 Header 类型设置首部以及添加首部都是非常简单的，但了解这两种操作之间的区别有助于更好地理解 Header 类型的构造：在对 Header 执行设置操作时，给定键的值首先会被设置成一个空白的字符串切片，然后该切片中的第一个元素会被设置成给定的首部值；而在对 Header 执行添加操作时，给定的首部值会被添加到字符串切片已有元素的后面，如图 4-1 所示。

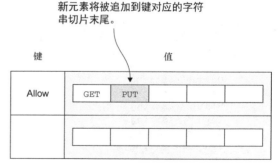

图 4-1　一个首部就是一个映射，这个映射的键为字符串，值为字符串切片

代码清单 4-2 展示了读取请求首部的方法。

代码清单 4-2　读取请求首部

```
package main

import (
    "fmt"
    "net/http"
)

func headers(w http.ResponseWriter, r *http.Request) {
    h := r.Header
    fmt.Fprintln(w, h)
}

func main() {
    server := http.Server{
        Addr: "127.0.0.1:8080",
    }
    http.HandleFunc("/headers", headers)
    server.ListenAndServe()
}
```

这个代码清单中展示的服务器跟我们在第 3 章看到过的服务器基本上是一样的，唯一的区别在于这个服务器会把请求的首部打印出来。图 4-2 展示了在 OS X 系统的 Safari 浏览器上访问这个服务器的结果。

如果想要获取的是某个特定的首部，而不是请求的所有首部，那么可以把服务器中的

```
h := r.Header
```

图 4-2　在浏览器上展示的首部打印结果

替换成

```
h := r.Header["Accept-Encoding"]
```

这样一来，程序就会得到"Accept-Encoding"键的首部值：

```
[gzip, deflate]
```

除此之外，我们还可以使用以下语句：

```
h := r.Header.Get("Accept-Encoding")
```

并得到以下结果：

```
gzip, deflate
```

注意以上两条语句之间的区别：直接引用 Header 将得到一个字符串切片，而在 Header 上调用 Get 方法将返回字符串形式的首部值，其中多个首部值将使用逗号分隔。

4.1.4 请求主体

请求和响应的主体都由 Request 结构的 Body 字段表示,这个字段是一个 io.Read
Closer 接口,该接口既包含了 Reader 接口,也包含了 Closer 接口。其中 Reader 接口拥
有 Read 方法,这个方法接受一个字节切片为输入,并在执行之后返回被读取内容的字节数以
及一个可选的错误作为结果;而 Closer 接口则拥有 Close 方法,这个方法不接受任何参数,
但会在出错时返回一个错误。同时包含 Reader 接口和 Closer 接口意味着用户可以对 Body
字段调用 Read 方法和 Close 方法。作为例子,代码清单 4-3 展示了如何使用 Read 方法读取
请求主体的内容。

代码清单 4-3 读取请求主体中的数据

```go
package main

import (
    "fmt"
    "net/http"
)

func body(w http.ResponseWriter, r *http.Request) {
    len := r.ContentLength
    body := make([]byte, len)
    r.Body.Read(body)
    fmt.Fprintln(w, string(body))
}

func main() {
    server := http.Server{
        Addr: "127.0.0.1:8080",
    }
    http.HandleFunc("/body", body)
    server.ListenAndServe()
}
```

这段程序首先通过 ContentLength 方法获取主体数据的字节长度,接着根据这个长度创
建一个字节数组,然后调用 Read 方法将主体数据读取到字节数组中。

因为 GET 请求并不包含报文主体,所以如果我们想要测试这个服务器,就需要给它发送 POST
请求。正如之前所说,浏览器一般需要通过 HTML 表单才能发送 POST 请求,但是因为本书在
下一节才会开始介绍 HTML 表单,所以这里我们暂且就先使用 HTTP 客户端来测试服务器。市
面上可用的 HTTP 客户端非常多,既有桌面版的图形 HTTP 客户端,也有浏览器插件或者扩展,
还有 cURL 等命令行程序可供选择。

作为例子,以下命令展示了如何使用 cURL 向服务器发送一条 POST 请求:

```
$ curl -id "first_name=sausheong&last_name=chang" 127.0.0.1:8080/body
```

cURL 在接收到响应之后将向用户返回一段完整并且未经处理的 HTTP 响应，其中位于空行之后的就是 HTTP 的主体。以下展示的就是上面的 cURL 命令返回的响应：

```
HTTP/1.1 200 OK
Date: Tue, 13 Jan 2015 16:11:58 GMT
Content-Length: 37
Content-Type: text/plain; charset=utf-8

first_name=sausheong&last_name=chang
```

因为 Go 语言提供了诸如 FormValue 和 FormFile 这样的方法来提取通过 POST 方法提交的表单，所以用户一般不需要自行读取主体中未经处理的表单，本章接下来的一节就会介绍 FormValue 和 FormFile 等方法。

4.2　Go 与 HTML 表单

在学习如何从 POST 请求中获取表单数据之前，让我们先来了解一下 HTML 表单。在绝大多数情况下，POST 请求都是通过 HTML 表单发送的，这些表单看上去通常会是下面这个样子：

```
<form action="/process" method="post">
  <input type="text" name="first_name"/>
  <input type="text" name="last_name"/>
  <input type="submit"/>
</form>
```

<form>标签可以包围文本行、文本框、单选按钮、复选框以及文件上传等多种 HTML 表单元素，而用户则可以把想要传递给服务器的数据输入到这些元素里面。当用户按下发送按钮、又或者通过某种方式触发了表单的发送操作之后，用户在表单中输入的数据就会被发送至服务器。

用户在表单中输入的数据会以键值对的形式记录在请求的主体中，然后以 HTTP POST 请求的形式发送至服务器。因为服务器在接收到浏览器发送的表单数据之后，还需要对这些数据进行语法分析，从而提取出数据中记录的键值对，因此我们还需要知道这些键值对在请求主体中是如何格式化的。

HTML 表单的内容类型（content type）决定了 POST 请求在发送键值对时将使用何种格式，其中，HTML 表单的内容类型是由表单的 enctype 属性指定的：

```
<form action="/process" method="post" enctype="application/x-www-form-urlencoded">
  <input type="text" name="first_name"/>
  <input type="text" name="last_name"/>
  <input type="submit"/>
</form>
```

enctype 属性的默认值为 application/x-www-form-urlencoded。浏览器至少需要支持 application/x-www-form-urlencoded 和 multipart/form-data 这两种编码方式。除以上两种编码方式之外，HTML5 还支持 text/plain 编码方式。

如果我们把 enctype 属性的值设置为 application/x-www-form-urlencoded, 那么浏览器将把 HTML 表单中的数据编码为一个连续的"长查询字符串"(long query string): 在这个字符串中, 不同的键值对将使用&符号分隔, 而键值对中的键和值则使用等号=分隔。这种编码方式跟我们在第 1 章看到过的 URL 编码是一样的,application/x-www-form-urlencoded 编码名字中的 urlencoded 一词也由此而来。换句话说, 一个 application/x-www-form-urlencoded 编码的 HTTP 请求主体看上去将会是下面这个样子的:

```
first_name=sau%20sheong&last_name=chang
```

但是, 如果我们把 enctype 属性的值设置为 multipart/form-data, 那么表单中的数据将被转换成一条 MIME 报文: 表单中的每个键值对都构成了这条报文的一部分, 并且每个键值对都带有它们各自的内容类型以及内容配置 (disposition)。以下是一个使用 multipart/form-data 编码对表单数据进行格式化的例子:

```
------WebKitFormBoundaryMPNjKpeO9cLiocMw
 Content-Disposition: form-data; name="first_name"

sau sheong
 ------WebKitFormBoundaryMPNjKpeO9cLiocMw
 Content-Disposition: form-data; name="last_name"

 chang
 ------WebKitFormBoundaryMPNjKpeO9cLiocMw--
```

既然表单同时支持 application/x-www-form-urlencoded 编码和 multipart/form-data 编码, 那么我们该选择使用哪种编码呢? 答案是, 如果表单传送的是简单的文本数据, 那么使用 URL 编码格式更好, 因为这种编码更为简单、高效, 并且它所需的计算量要比另一种编码少。但是, 如果表单需要传送大量数据(如上传文件)那么使用 multipart/form-data 编码格式会更好一些。在需要的情况下, 用户还可以通过 Base64 编码, 以文本方式传送二进制数据。

到目前为止, 我们只讨论了如何通过 POST 请求发送表单, 但实际上通过 GET 请求也是可以发送表单的——因为 HTML 表单的 method 属性的值既可以是 POST 也可以是 GET, 所以下面这个 HTML 表单也是合法的:

```
<form action="/process" method="get">
  <input type="text" name="first_name"/>
  <input type="text" name="last_name"/>
  <input type="submit"/>
</form>
```

因为 GET 请求并不包含请求主体, 所以在使用 GET 方法传递表单时, 表单数据将以键值对的形式包含在请求的 URL 里面, 而不是通过主体传递。

在了解了 HTML 表单向服务器传递数据的方法之后, 让我们回到服务器一端, 学习一下如何使用 net/http 库来处理这些表单数据。

4.2.1 Form 字段

上一节曾经提到过，为了提取表单传递的键值对数据，用户可能需要亲自对服务器接收到的未经处理的表单数据进行语法分析。但事实上，因为 net/http 库已经提供了一套用途相当广泛的函数，这些函数一般都能够满足用户对数据提取方面的需求，所以我们很少需要自行对表单数据进行语法分析。

通过调用 Request 结构提供的方法，用户可以将 URL、主体又或者以上两者记录的数据提取到该结构的 Form、PostForm 和 MultipartForm 等字段当中。跟我们平常通过 POST 请求获取到的数据一样，存储在这些字段里面的数据也是以键值对形式表示的。使用 Request 结构的方法获取表单数据的一般步骤是：

（1）调用 ParseForm 方法或者 ParseMultipartForm 方法，对请求进行语法分析。

（2）根据步骤 1 调用的方法，访问相应的 Form 字段、PostForm 字段或 MultipartForm 字段。

代码清单 4-4 展示了一个使用 ParseForm 方法对表单进行语法分析的例子。

代码清单 4-4　对表单进行语法分析

```
package main

import (
    "fmt"
    "net/http"
)

func process(w http.ResponseWriter, r *http.Request) {
    r.ParseForm()
    fmt.Fprintln(w, r.Form)
}

func main() {
    server := http.Server{
        Addr: "127.0.0.1:8080",
    }
    http.HandleFunc("/process", process)
    server.ListenAndServe()
}
```

这段代码中最重要的就是下面这两行：

```
r.ParseForm()
fmt.Fprintln(w, r.Form)
```

如前所述，这段代码首先使用了 ParseForm 方法对请求进行语法分析，然后再访问 Form 字段，获取具体的表单。

现在，让我们来创建一个短小精悍的 HTML 表单，并使用它作为客户端，向代码清单 4-4

所示的服务器发送请求。请创建一个名为 client.html 的文件，并将以下代码复制到该文件中：

```
<html>
  <head>
    <meta http-equiv="Content-Type" content="text/html; charset=utf-8" />
    <title>GoWebProgramming</title>
  </head>
  <body>
    <form action=http://127.0.0.1:8080/process?hello=world&thread=123
    ➥method="post" enctype="application/x-www-form-urlencoded">
      <input type="text" name="hello" value="sau sheong"/>
      <input type="text" name="post" value="456"/>
      <input type="submit"/>
    </form>
  </body>
</html>
```

这个 HTML 表单可以完成以下工作：

- 通过 POST 方法将表单发送至地址 http://localhost:8080/process?hello=world&thread=123；
- 通过 enctype 属性将表单的内容类型设置为 application/x-www-form-urlencoded；
- 将 hello=sau sheong 和 post=456 这两个 HTML 表单键值对发送至服务器。

需要注意的是，这个表单为相同的键 hello 提供了两个不同的值，其中，值 world 是通过 URL 提供的，而值 sau sheong 则是通过 HTML 表单中的文本输入行提供的。

因为客户端可以直接在浏览器上运行，所以我们并不需要使用服务器来为客户端提供服务：我们要做的就是使用浏览器打开 client.html 文件，然后点击表单中的发送按钮。如果一切正常，浏览器应该会显示以下输出：

```
map[thread:[123] hello:[sau sheong world] post:[456]]
```

这是服务器在对请求进行语法分析之后，使用字符串形式显示出来的未经处理的 Form 结构。这个结构是一个映射，它的键是字符串，而键的值是一个由字符串组成的切片。因为映射是无序的，所以你看到的键值对排列顺序可能和这里展示的有所不同。但是无论如何，这个映射总是会包含查询值 hello=world 和 thread=123，还有表单值 hello=sau sheong 和 post=456。正如所见，这些值都进行了相应的 URL 解码，比如在 sau 和 sheong 之间就能够正常地看到空格，而不是编码之后的 %20。

4.2.2 PostForm 字段

对上一节提到的 post 这种只会出现在表单或者 URL 两者其中一个地方的键来说，执行语句 r.Form["post"] 将返回一个切片，切片里面包含了这个键的表单值或者 URL 值，就像这样：[456]。而对 hello 这种同时出现在表单和 URL 两个地方的键来说，执行语句 r.Form["hello"] 将返回一个同时包含了键的表单值和 URL 值的切片，并且表单值在切片中总是排在 URL 值的前面，就像这样：[sau sheong world]。

　　如果一个键同时拥有表单键值对和 URL 键值对，但是用户只想要获取表单键值对而不是 URL 键值对，那么可以访问 Request 结构的 PostForm 字段，这个字段只会包含键的表单值，而不包含任何同名键的 URL 值。举个例子，如果我们把前面代码中的 r.Form 语句改为 r.PostForm 语句，那么程序将打印出以下结果：

```
map[post:[456] hello:[sau sheong]]
```

　　上面这个输出使用的是 application/x-www-form-urlencoded 内容类型，如果我们修改一下客户端的 HTML 表单，让它使用 multipart/form-data 作为内容类型，并对服务器代码进行调整，让它重新使用 r.Form 语句而不是 r.PostForm 语句，那么程序将打印出以下结果：

```
map[hello:[world] thread:[123]]
```

　　因为 PostForm 字段只支持 application/x-www-form-urlencoded 编码，所以现在的 r.Form 语句将不再返回任何表单值，而是只返回 URL 查询值。为了解决这个问题，我们需要通过 MultipartForm 字段来获取 multipart/form-data 编码的表单数据。

4.2.3　MultipartForm 字段

　　为了取得 multipart/form-data 编码的表单数据，我们需要用到 Request 结构的 ParseMultipartForm 方法和 MultipartForm 字段，而不再使用 ParseForm 方法和 Form 字段，不过 ParseMultipartForm 方法在需要时也会自行调用 ParseForm 方法。现在，我们需要修改代码清单 4-4 中展示的服务器程序，把原来的 ParseForm 方法调用以及打印语句替换成以下两条语句：

```
r.ParseMultipartForm(1024)
fmt.Fprintln(w, r.MultipartForm)
```

　　这里的第一行代码说明了我们想要从 multipart 编码的表单里面取出多少字节的数据，而第二行语句则会打印请求的 MultipartForm 字段。修改后的服务器在执行时将打印以下结果：

```
&{map[hello:[sau sheong] post:[456]] map[]}
```

　　因为 MultipartForm 字段只包含表单键值对而不包含 URL 键值对，所以这次打印出来的只有表单键值对而没有 URL 键值对。另外需要注意的是，MultipartForm 字段的值也不再是一个映射，而是一个包含了两个映射的结构，其中第一个映射的键为字符串，值为字符串组成的切片，而第二个映射则是空的——这个映射之所以会为空，是因为它是用来记录用户上传的文件的，关于这个映射的具体信息我们将会在接下来的一节看到。

　　除了上面提到的几个方法之外，Request 结构还提供了另外一些方法，它们可以让用户更容易地获取表单中的键值对。其中，FormValue 方法允许直接访问与给定键相关联的值，就像访问 Form 字段中的键值对一样，唯一的区别在于：因为 FormValue 方法在需要时会自动调用

ParseForm 方法或者 ParseMultipartForm 方法，所以用户在执行 FormValue 方法之前，不需要手动调用上面提到的两个语法分析方法。

这意味着，如果我们把以下语句写到代码清单 4-4 所示的服务器程序中：

```
fmt.Fprintln(w,r.FormValue("hello"))
```

并将客户端表单的 enctype 属性的值设置为 application/x-www-form-urlencoded，那么服务器将打印出以下结果：

```
sau sheong
```

因为 FormValue 方法即使在给定键拥有多个值的情况下，也只会从 Form 结构中取出给定键的第一个值，所以如果想要获取给定键包含的所有值，那么就需要直接访问 Form 结构：

```
fmt.Fprintln(w, r.FormValue("hello"))
fmt.Fprintln(w, r.Form)
```

上面这两条语句将产生以下输出：

```
sau sheong
map[post:[456] hello:[sau sheong world] thread:[123]]
```

除了访问的是 PostForm 字段而不是 Form 字段之外，PostFormValue 方法的作用跟上面介绍的 FormValue 方法的作用基本相同。下面是一个使用 PostFormValue 方法的例子：

```
fmt.Fprintln(w, r.PostFormValue("hello"))
fmt.Fprintln(w, r.PostForm)
```

下面是这两行代码的输出结果：

```
sau sheong
map[hello:[sau sheong] post:[456]]
```

正如结果所示，PostFormValue 方法只会返回表单键值对而不会返回 URL 键值对。

FormValue 方法和 PostFormValue 方法都会在需要时自动去调用 ParseMultipart Form 方法，因此用户并不需要手动调用 ParseMultipartForm 方法，但这里也有一个需要注意的地方（至少对于 Go 1.4 版本来说）：如果你将表单的 enctype 设置成了 multipart/form-data，然后尝试通过 FormValue 方法或者 PostFormValue 方法来获取键的值，那么即使这两个方法调用了 ParseMultipartForm 方法，你也不会得到任何结果。

为了验证这一点，让我们再次修改服务器程序，给它加上以下代码：

```
fmt.Fprintln(w, "(1)", r.FormValue("hello"))
fmt.Fprintln(w, "(2)", r.PostFormValue("hello"))
fmt.Fprintln(w, "(3)", r.PostForm)
fmt.Fprintln(w, "(4)", r.MultipartForm)
```

以下是在表单的 enctype 为 multipart/form-data 的情况下，服务器打印出的结果：

```
(1) world
(2)
```

(3) map[]
(4) &{map[hello:[sau sheong] post:[456]] map[]}

结果中的第一行返回的是键 hello 的值，并且这个值来自 URL 而不是表单。至于结果中的第二行和第三行，则证明了前面提到的"使用 PostFormValue 方法不会得到任何值"这一说法，而 PostForm 字段为空则是引发这一现象的罪魁祸首。PostForm 字段之所以会为空，是因为 FormValue 方法和 PostFormValue 方法分别对应 Form 字段和 PostForm 字段，而表单在使用 multipart/form-data 编码时，表单数据将被存储到 MultipartForm 字段而不是以上两个字段中。结果的最后一行证明 ParseMultipartForm 方法的确被调用了——用户只要访问 MultipartForm 字段，就可以取得所有表单值。

本节介绍了 Request 结构的很多相关字段以及方法，表 4-1 对它们进行了回顾，并阐述了各个方法之间的区别。除此之外，这个表还说明了调用哪个方法可以取得哪个字段的值，并阐述了这些值的来源以及这些值的类型。比如，表的第一行就说明了，通过以直接或间接的方式调用 ParseForm 方法，用户可以将数据存储到 Form 字段里面，然后用户只要访问 Form 字段，就可以取得编码类型为 application/x-www-form-urlencoded 的 URL 数据和表单数据。对表 4-1 中列出的字段以及方法来说，它们唯一令人感到遗憾的地方就是，这些字段以及方法的命名规范并不是特别让人满意，还有很多有待改善的地方。

表 4-1　对比 **Form**、**PostForm** 和 **MultipartForm** 字段

字段	需要调用的方法或需要访问的字段	键值对的来源		内容类型	
		URL	表单	URL 编码	Multipart 编码
Form	ParseForm 方法	✓	✓	✓	—
PostForm	Form 字段	—	✓	✓	—
MultipartForm	ParseMultipartForm 方法	—	✓	—	✓
FormValue	无	✓	✓	✓	—
PostFormValue	无	—	✓	✓	—

4.2.4　文件

multipart/form-data 编码通常用于实现文件上传功能，这种功能需要用到 file 类型的 input 标签。代码清单 4-5 给出的就是之前展示过的客户端表单在实现了文件上传功能之后的样子，其中以加粗方式呈现的是新增或者经过修改的代码。

代码清单 4-5　文件上传

```
<html>
  <head>
    <meta http-equiv="Content-Type" content="text/html; charset=utf-8" />
    <title>Go Web Programming</title>
```

```
        </head>
        <body>
            <form action="http://localhost:8080/process?hello=world&thread=123"
        method="post" enctype="multipart/form-data">
                <input type="text" name="hello" value="sau sheong"/>
                <input type="text" name="post" value="456"/>
                <input type="file" name="uploaded">
                <input type="submit">
            </form>
        </body>
    </html>
```

为了能够接收表单上传的文件，处理器函数也需要做相应的修改，具体见代码清单 4-6。

代码清单 4-6   通过 `MultipartForm` 字段接收用户上传的文件

```
package main

import (
    "fmt"
    "io/ioutil"
    "net/http"
)

func process(w http.ResponseWriter, r *http.Request) {
    r.ParseMultipartForm(1024)
    fileHeader := r.MultipartForm.File["uploaded"][0]
    file, err := fileHeader.Open()
    if err == nil {
        data, err := ioutil.ReadAll(file)
        if err == nil {
            fmt.Fprintln(w, string(data))
        }
    }
}

func main() {
    server := http.Server{
        Addr: "127.0.0.1:8080",
    }
    http.HandleFunc("/process", process)
    server.ListenAndServe()
}
```

正如之前所说，服务器在处理文件上传时首先要做的就是执行 `ParseMultipartForm` 方法，接着从 `MultipartForm` 字段的 `File` 字段里面取出文件头 `FileHeader`，然后通过调用文件头的 `Open` 方法来打开文件。在此之后，服务器会将文件的内容读取到一个字节数组中，并将这个字节数组的内容打印出来。现在，如果我们向服务器上传一个纯文本文件，那么服务器将把这个文件的内容打印在浏览器上。

跟 `FormValue` 方法和 `PostFormValue` 方法类似，`net/http` 库也提供了一个 `FormFile`

方法，它可以快速地获取被上传的文件：FormFile 方法在被调用时将返回给定键的第一个值，因此它在客户端只上传了一个文件的情况下，使用起来会非常方便。代码清单 4-7 展示了一个使用 FormFile 方法的例子。

代码清单 4-7　使用 FormFile 方法获取被上传的文件

```
func process(w http.ResponseWriter, r *http.Request) {
    file, _, err := r.FormFile("uploaded")
    if err == nil {
        data, err := ioutil.ReadAll(file)
        if err == nil {
            fmt.Fprintln(w, string(data))
        }
    }
}
```

正如代码所示，FormFile 方法将同时返回文件和文件头作为结果。用户在使用 FormFile 方法时，将不再需要手动调用 ParseMultipartForm 方法，只需要对返回的文件进行处理即可。

4.2.5　处理带有 JSON 主体的 POST 请求

因为前面的内容一直只使用 HTML 表单发送 POST 请求，所以到目前为止，我们考虑的都是如何处理请求主体中的键值对。但实际上，POST 请求并不是只能通过 HTML 表单发送：诸如 jQuery 这样的客户端库，又或者是 Angular、Ember 这样的客户端框架，甚至是 Adobe Flash、Microsoft Silverlight 这样的技术，都能够发送 POST 请求，并且这种行为正在变得越来越常见。

需要注意的是，使用 ParseForm 方法是无法从 Angular 客户端发送的 POST 请求中获取 JSON 数据的，但使用 jQuery 这样的 JavaScript 库却不会出现这样的问题。

造成这一区别的原因在于，不同客户端使用了不同的方式编码 POST 请求：jQuery 会像 HTML 表单一样，使用 application/x-www-form-urlencoded 对 POST 请求进行编码（具体做法是，jQuery 会把 POST 请求的 Content-Type 首部的值设置为 application/x-www-form-urlencoded），而 Angular 在编码 POST 请求时使用的却是 application/json。因为 Go 语言的 ParseForm 方法只会对表单数据进行语法分析，它并不接受 application/json 编码，所以使用这一编码发送 POST 请求的用户自然也无法通过 ParseForm 方法获得任何数据。

这个问题跟库的实现无关，真正的罪魁祸首实际上是没有足够的文档对这种行为进行说明，而程序员又对他们使用的框架做了某种假设，这样一来，问题自然而然地也就出现了。

因为框架可以隐藏复杂性和实现细节，所以程序员应该使用框架。但与此同时，理解框架的工作方式，了解框架如何化繁为简，也是非常重要的。否则，在使用框架与其他程序进行对接的时候，就可能会出现各种各样的问题。

到目前为止，本章已经对"如何处理请求"这一问题做了足够多的介绍，现在，是时候讲讲如何向用户发送响应了。

4.3　ResponseWriter

首先创建一个 Response 结构，接着将数据存储到这个结构里面，最后将这个结构返回给客户端——如果你认为服务器是通过这种方式向客户端返回响应的，那么你就错了：服务器在向客户端返回响应的时候，真正需要用到的是 ResponseWriter 接口。

ResponseWriter 是一个接口，处理器可以通过这个接口创建 HTTP 响应。Response Writer 在创建响应时会用到 http.response 结构，因为该结构是一个非导出（nonexported）的结构，所以用户只能通过 ResponseWriter 来使用这个结构，而不能直接使用它。

为什么要以传值的方式将 ResponseWriter 传递给 ServeHTTP

在阅读了本章前面的内容之后，有的读者可能会感到疑惑——ServeHTTP 为什么要接受 ResponseWriter 接口和一个指向 Request 结构的指针作为参数呢？接受 Request 结构指针的原因很简单：为了让服务器能够察觉到处理器对 Request 结构的修改，我们必须以传引用（pass by reference）而不是传值（pass by value）的方式传递 Request 结构。但是另一方面，为什么 ServeHTTP 却是以传值的方式接受 ResponseWriter 呢？难道服务器不需要知道处理器对 ResponseWriter 所做的修改吗？

对于这个问题，如果我们深入探究 net/http 库的源码，就会发现 ResponseWriter 实际上就是 response 这个非导出结构的接口，而 ResponseWriter 在使用 response 结构时，传递的也是指向 response 结构的指针，这也就是说，ResponseWriter 是以传引用而不是传值的方式在使用 response 结构。

换句话说，实际上 ServeHTTP 函数的两个参数传递的都是引用而不是值——虽然 ResponseWriter 看上去就像是一个值，但它实际上却是一个带有结构指针的接口。

ResponseWriter 接口拥有以下 3 个方法：

- Write；
- WriteHeader；
- Header。

对 ResponseWriter 进行写入

Write 方法接受一个字节数组作为参数，并将数组中的字节写入 HTTP 响应的主体中。如果用户在使用 Write 方法执行写入操作的时候，没有为首部设置相应的内容类型，那么响应的内容类型将通过检测被写入的前 512 字节决定。代码清单 4-8 展示了 Write 方法的用法。

代码清单 4-8　使用 Write 方法向客户端发送响应

```
package main
```

```
import (
    "net/http"
)

func writeExample(w http.ResponseWriter, r *http.Request) {
    str := `<html>
<head><title>Go Web Programming</title></head>
<body><h1>Hello World</h1></body>
</html>`
    w.Write([]byte(str))
}

func main() {
    server := http.Server{
        Addr: "127.0.0.1:8080",
    }
    http.HandleFunc("/write", writeExample)
    server.ListenAndServe()
}
```

这段代码通过调用 Write 方法将一段 HTML 字符串写入了 HTTP 响应的主体中。通过向服务器发送以下命令：

```
curl -i 127.0.0.1:8080/write
```

我们可以得到以下响应：

```
HTTP/1.1 200 OK
Date: Tue, 13 Jan 2015 16:16:13 GMT
Content-Length: 95
Content-Type: text/html; charset=utf-8

<html>
<head><title>GoWebProgramming</title></head>
<body><h1>Hello World</h1></body>
</html>
```

注意，尽管我们没有亲自为响应设置内容类型，但程序还是通过检测自动设置了正确的内容类型。

WriteHeader 方法的名字带有一点儿误导性质，它并不能用于设置响应的首部（Header 方法才是做这件事的）：WriteHeader 方法接受一个代表 HTTP 响应状态码的整数作为参数，并将这个整数用作 HTTP 响应的返回状态码；在调用这个方法之后，用户可以继续对 ResponseWriter 进行写入，但是不能对响应的首部做任何写入操作。如果用户在调用 Write 方法之前没有执行过 WriteHeader 方法，那么程序默认会使用 200 OK 作为响应的状态码。

WriteHeader 方法在返回错误状态码时特别有用：如果你定义了一个 API，但是尚未为其编写具体的实现，那么当客户端访问这个 API 的时候，你可能会希望这个 API 返回一个状态码 501Not Implemented，代码清单 4-9 通过添加新的处理器实现了这一需求。顺带一提，千万别忘了使用 HandleFunc 方法将新处理器绑定到 DefaultServeMux 多路复用器里面！

代码清单 4-9　通过 WriteHeader 方法将状态码写入到响应当中

```go
package main

import (
    "fmt"
    "net/http"
)

func writeExample(w http.ResponseWriter, r *http.Request) {
    str := `<html>
<head><title>Go Web Programming</title></head>
<body><h1>Hello World</h1></body>
</html>`
    w.Write([]byte(str))
}

func writeHeaderExample(w http.ResponseWriter, r *http.Request) {
    w.WriteHeader(501)
    fmt.Fprintln(w, "No such service, try next door")
}

func main() {
    server := http.Server{
        Addr: "127.0.0.1:8080",
    }
    http.HandleFunc("/write", writeExample)
    http.HandleFunc("/writeheader", writeHeaderExample)
    server.ListenAndServe()
}
```

通过 cURL 访问刚刚添加的新处理器：

```
curl -i 127.0.0.1:8080/writeheader
```

我们将得到以下响应：

```
HTTP/1.1 501 Not Implemented
Date: Tue, 13 Jan 2015 16:20:29 GMT
Content-Length: 31
Content-Type: text/plain; charset=utf-8

No such service, try next door
```

最后，通过调用 Header 方法可以取得一个由首部组成的映射（关于首部的具体细节在 4.1.3 节曾经讲过），修改这个映射就可以修改首部，修改后的首部将被包含在 HTTP 响应里面，并随着响应一同发送至客户端。

代码清单 4-10　通过编写首部实现客户端重定向

```go
package main

import (
    "fmt"
```

```
    "net/http"
)

func writeExample(w http.ResponseWriter, r *http.Request) {
    str := `<html>
<head><title>Go Web Programming</title></head>
<body><h1>Hello World</h1></body>
</html>`
    w.Write([]byte(str))
}

func writeHeaderExample(w http.ResponseWriter, r *http.Request) {
    w.WriteHeader(501)
    fmt.Fprintln(w, "No such service, try next door")
}

func headerExample(w http.ResponseWriter, r *http.Request) {
    w.Header().Set("Location", "http://******.com")
    w.WriteHeader(302)
}

func main() {
    server := http.Server{
        Addr: "127.0.0.1:8080",
    }
    http.HandleFunc("/write", writeExample)
    http.HandleFunc("/writeheader", writeHeaderExample)
    http.HandleFunc("/redirect", headerExample)
    server.ListenAndServe()
}
```

代码清单 4-10 向我们展示了如何实现一次 HTTP 重定向：除了将状态码设置成了 302 之外，它还给响应添加了一个名为 Location 的首部，并将这个首部的值设置成了重定向的目的地。需要注意的是，因为 WriteHeader 方法在执行完毕之后就不允许再对首部进行写入了，所以用户必须先写入 Location 首部，然后再写入状态码。现在，如果我们在浏览器里面访问这个处理器，那么浏览器将被重定向到 Google。

另一方面，如果我们使用 cURL 访问这个处理器：

```
curl -i 127.0.0.1:8080/redirect
```

那么 cURL 将获得以下响应：

```
HTTP/1.1 302 Found
Location: http://******.com
Date: Tue, 13 Jan 2015 16:22:16 GMT
Content-Length: 0
Content-Type: text/plain; charset=utf-8
```

最后，让我们来学习一下通过 ResponseWriter 直接向客户端返回 JSON 数据的方法。代码清单 4-11 展示了如何以 JSON 格式将一个名为 Post 的结构返回给客户端。

```go
package main

import (
    "fmt"
    "encoding/json"
    "net/http"
)

type Post struct {
    User    string
    Threads []string
}

func writeExample(w http.ResponseWriter, r *http.Request) {
    str := `<html>
<head><title>Go Web Programming</title></head>
<body><h1>Hello World</h1></body>
</html>`
    w.Write([]byte(str))
}

func writeHeaderExample(w http.ResponseWriter, r *http.Request) {
    w.WriteHeader(501)
    fmt.Fprintln(w, "No such service, try next door")
}

func headerExample(w http.ResponseWriter, r *http.Request) {
    w.Header().Set("Location", "http://******.com")
    w.WriteHeader(302)
}

func jsonExample(w http.ResponseWriter, r *http.Request) {
    w.Header().Set("Content-Type", "application/json")
    post := &Post{
        User:   "Sau Sheong",
        Threads: []string{"first", "second", "third"},
    }
    json, _ := json.Marshal(post)
    w.Write(json)
}

func main() {
    server := http.Server{
        Addr: "127.0.0.1:8080",
    }
    http.HandleFunc("/write", writeExample)
    http.HandleFunc("/writeheader", writeHeaderExample)
    http.HandleFunc("/redirect", headerExample)
    http.HandleFunc("/json", jsonExample)
    server.ListenAndServe()
}
```

这段代码中的 `jsonExample` 处理器就是这次的主角。因为本书将在第 7 章进一步介绍 JSON 格式，所以不了解 JSON 格式的读者也不必过于担心，目前来说，你只需要知道变量 `json` 是一个由 Post 结构序列化而成的 JSON 字符串就可以了。

这段程序首先使用 `Header` 方法将内容类型设置成 `application/json`，然后调用 `Write` 方法将 JSON 字符串写入 `ResponseWriter` 中。现在，如果我们执行 cURL 命令：

```
curl -i 127.0.0.1:8080/json
```

那么它将返回以下响应：

```
HTTP/1.1 200 OK
Content-Type: application/json
Date: Tue, 13 Jan 2015 16:27:01 GMT
Content-Length: 58

{"User":"Sau Sheong","Threads":["first","second","third"]}
```

4.4　cookie

本书在第 2 章曾经简单地介绍过如何使用 cookie 创建身份验证会话，本节将在前文的基础上，更加深入地研究 cookie 的使用方法，并把 cookie 应用在更为常见的客户端持久化场景中，而不仅仅用它创建会话。

cookie 是一种存储在客户端的、体积较小的信息，这些信息最初都是由服务器通过 HTTP 响应报文发送的。每当客户端向服务器发送一个 HTTP 请求时，cookie 都会随着请求被一同发送至服务器。cookie 的设计本意是要克服 HTTP 的无状态性，虽然 cookie 并不是完成这一目的的唯一方法，但它却是最常用也最流行的方法之一：整个计算机行业的收入都建立在 cookie 机制之上，对互联网广告领域来说，更是如此。

cookie 的种类有很多，其中一些还拥有非常有趣的名字，如超级 cookie、第三方 cookie 以及僵尸 cookie。但总的来说，大多数 cookie 都可以被划分为会话 cookie 和持久 cookie 两种类型，而其他类型的 cookie 通常都是持久 cookie 的变种。

4.4.1　Go 与 cookie

cookie 在 Go 语言里面用 `Cookie` 结构表示，这个结构的定义如代码清单 4-12 所示。

代码清单 4-12　Cookie 结构的定义

```
type Cookie struct {
    Name      string
    Value     string
    Path      string
    Domain    string
    Expires   time.Time
```

```
RawExpires  string
MaxAge      int
Secure      bool
HttpOnly    bool
Raw         string
Unparsed    []string
}
```

没有设置 Expires 字段的 cookie 通常称为会话 cookie 或者临时 cookie，这种 cookie 在浏览器关闭的时候就会自动被移除。相对而言，设置了 Expires 字段的 cookie 通常称为持久 cookie，这种 cookie 会一直存在，直到指定的过期时间来临或者被手动删除为止。

Expires 字段和 MaxAge 字段都可以用于设置 cookie 的过期时间，其中 Expires 字段用于明确地指定 cookie 应该在什么时候过期，而 MaxAge 字段则指明了 cookie 在被浏览器创建出来之后能够存活多少秒。之所以会出现这两种截然不同的过期时间设置方式，是因为不同浏览器使用了各不相同的 cookie 实现机制，跟 Go 语言本身的设计无关。虽然 HTTP 1.1 中废弃了 Expires，推荐使用 MaxAge 来代替 Expires，但几乎所有浏览器都仍然支持 Expires；而且，微软的 IE 6、IE 7 和 IE 8 都不支持 MaxAge。为了让 cookie 在所有浏览器上都能够正常地运作，一个实际的方法是只使用 Expires，或者同时使用 Expires 和 MaxAge。

4.4.2　将 cookie 发送至浏览器

Cookie 结构的 String 方法可以返回一个经过序列化处理的 cookie，其中 Set-Cookie 响应首部的值就是由这些序列化之后的 cookie 组成的。代码清单 4-13 展示了如何使用 String 方法去序列化 cookie，以及如何将这些序列化之后的 cookie 发送至客户端。

代码清单 4-13　向浏览器发送 cookie

```
package main

import (
    "net/http"
)

func setCookie(w http.ResponseWriter, r *http.Request) {
    c1 := http.Cookie{
        Name:     "first_cookie",
        Value:    "Go Web Programming",
        HttpOnly: true,
    }
    c2 := http.Cookie{
        Name:     "second_cookie",
        Value:    "Manning Publications Co",
        HttpOnly: true,
    }
    w.Header().Set("Set-Cookie", c1.String())
```

```
    w.Header().Add("Set-Cookie", c2.String())
}

func main() {
    server := http.Server{
        Addr: "127.0.0.1:8080",
    }
    http.HandleFunc("/set_cookie", setCookie)
    server.ListenAndServe()
}
```

这段代码首先使用 Set 方法添加第一个 cookie，然后再使用 Add 方法添加第二个 cookie。现在，打开浏览器并访问 http://127.0.0.1:8080/set_cookie，如果一切正常，你将在浏览器的 Web Inspector（审查器）中看到图 4-3 所示的 cookie。（图中展示的是 Safari 浏览器附带的 Web Inspector，但无论使用的是什么浏览器，在相应工具中看到的 cookie 和这里展示的应该都是一样的。）

图 4-3　使用 Safari 浏览器的 Web Inspector 查看之前设置的 cookie

除了 Set 方法和 Add 方法之外，Go 语言还提供了一种更为快捷方便的 cookie 设置方法，那就是使用 net/http 库中的 SetCookie 方法。作为例子，代码清单 4-14 展示了如何使用 SetCookie 方法实现与代码清单 4-13 相同的设置操作，其中加粗展示的部分就是修改了的代码。

代码清单 4-14　使用 SetCookie 方法设置 cookie

```
func setCookie(w http.ResponseWriter, r *http.Request) {
    c1 := http.Cookie{
        Name:     "first_cookie",
        Value:    "Go Web Programming",
        HttpOnly: true,
    }
    c2 := http.Cookie{
        Name: "second_cookie",
        Value: "Manning Publications Co",
        HttpOnly: true,
```

```
    }
    http.SetCookie(w, &c1)
    http.SetCookie(w, &c2)
}
```

这两种 cookie 设置方式区别并不大，唯一需要注意的是，在使用 SetCookie 方法设置 cookie 时，传递给方法的应该是指向 Cookie 结构的指针，而不是 Cookie 结构本身。

4.4.3   从浏览器获取 cookie

在学习了如何将 cookie 存储到客户端之后，现在让我们来看看如何从客户端获取 cookie，代码清单 4-15 展示了这一操作的具体实现方法。

代码清单 4-15   从请求的首部获取 cookie

```go
package main

import (
    "fmt"
    "net/http"
)

func setCookie(w http.ResponseWriter, r *http.Request) {
    c1 := http.Cookie{
        Name:     "first_cookie",
        Value:    "Go Web Programming",
        HttpOnly: true,
    }
    c2 := http.Cookie{
        Name: "second_cookie",
        Value: "Manning Publications Co",
        HttpOnly: true,
    }
    http.SetCookie(w, &c1)
    http.SetCookie(w, &c2)
}

func getCookie(w http.ResponseWriter, r *http.Request) {
    h := r.Header["Cookie"]
    fmt.Fprintln(w, h)
}

func main() {
    server := http.Server{
        Addr: "127.0.0.1:8080",
    }
    http.HandleFunc("/set_cookie", setCookie)
    http.HandleFunc("/get_cookie", getCookie)
    server.ListenAndServe()
}
```

在重新编译并且重新启动这个服务器之后，使用浏览器访问 http://127.0.0.1:8080/get_cookie，将会在浏览器上看到以下结果：

```
[first_cookie=Go Web Programming; second_cookie=Manning Publications Co]
```

语句 r.Header["Cookie"]返回了一个切片，这个切片包含了一个字符串，而这个字符串又包含了客户端发送的任意多个 cookie。如果用户想要取得单独的键值对格式的 cookie，就需要自行对 r.Header["Cookie"]返回的字符串进行语法分析。不过 Go 也提供了一些其他方法，让用户可以更容易地获取 cookie，代码清单 4-16 展示了这一点。

代码清单 4-16　使用 Cookie 方法和 Cookie 方法

```go
package main

import (
    "fmt"
    "net/http"
)

func setCookie(w http.ResponseWriter, r *http.Request) {
    c1 := http.Cookie{
        Name: "first_cookie",
        Value: "Go Web Programming",
        HttpOnly: true,
    }
    c2 := http.Cookie{
        Name:     "second_cookie",
        Value:    "Manning Publications Co",
        HttpOnly: true,
    }
    http.SetCookie(w, &c1)
    http.SetCookie(w, &c2)
}

func getCookie(w http.ResponseWriter, r *http.Request) {
    c1, err := r.Cookie("first_cookie")
    if err != nil {
        fmt.Fprintln(w, "Cannot get the first cookie")
    }
    cs := r.Cookies()
    fmt.Fprintln(w, c1)
    fmt.Fprintln(w, cs)
}

func main() {
    server := http.Server{
        Addr: "127.0.0.1:8080",
    }
    http.HandleFunc("/set_cookie", setCookie)
    http.HandleFunc("/get_cookie", getCookie)
    server.ListenAndServe()
}
```

Go 语言为 Request 结构提供了一个 Cookie 方法，正如代码清单 4-16 中的加粗行所示，这个方法可以获取指定名字的 cookie。如果指定的 cookie 不存在，那么方法将返回一个错误。因为 Cookie 方法只能获取单个 cookie，所以如果想要同时获取多个 cookie，就需要用到 Request 结构的 Cookies 方法：Cookies 方法可以返回一个包含了所有 cookie 的切片，这个切片跟访问 Header 字段时获取的切片是完全相同的。在重新编译并且重新启动服务器之后，访问 http://127.0.0.1:8080/get_cookie，浏览器将显示以下内容：

```
first_cookie=Go Web Programming
[first_cookie=Go Web Programming second_cookie=Manning Publications Co]
```

因为上面展示的代码在设置 cookie 时并没有为这些 cookie 设置相应的过期时间，所以它们都是会话 cookie。为了证明这一点，我们只需要退出并重启浏览器（注意，不要只关闭浏览器的标签，一定要完全退出浏览器才可以），然后再次访问 http://127.0.0.1:8080/get_cookie，就会发现之前设置的 cookie 已经消失了。

4.4.4　使用 cookie 实现闪现消息

本书的第 2 章曾经介绍过如何使用 cookie 管理用户登录会话，在对 cookie 有了更多了解之后，现在是时候来考虑一下怎样把 cookie 应用到更多地方了。

为了向用户报告某个动作的执行情况，应用程序有时候会向用户展示一条简短的通知消息，比如说，如果一个用户尝试在论坛上发表一篇帖子，但是这篇帖子因为某种原因而发表失败了，那么论坛应该向这个用户展示一条帖子发布失败的消息。根据本书之前提到过的最小惊讶原则，这种通知消息应该出现在用户当前所在的页面，但是在通常情况下，用户在访问这个页面却不应该看到这样的消息。因此，程序实际上要做的是在某个条件被满足时，才在页面上显示一条临时出现的消息，这样用户在刷新页面之后就不会再看见相同的消息了——我们把这种临时出现的消息称为闪现消息（flash message）。

实现闪现消息的方法有很多种，但最常用的方法是把这些消息存储在页面刷新时就会被移除的会话 cookie 里面，代码清单 4-17 展示了如何使用 Go 语言实现这一方法。

代码清单 4-17　使用 Go 的 cookie 实现闪现消息

```go
package main

import (
    "encoding/base64"
    "fmt"
    "net/http"
    "time"
)

func setMessage(w http.ResponseWriter, r *http.Request) {
    msg := []byte("Hello World!")
    c := http.Cookie{
        Name: "flash",
        Value: base64.URLEncoding.EncodeToString(msg),
    }
```

```
    http.SetCookie(w, &c)
}

func showMessage(w http.ResponseWriter, r *http.Request) {
    c, err := r.Cookie("flash")
    if err != nil {
        if err == http.ErrNoCookie {
            fmt.Fprintln(w, "No message found")
        }
    } else {
        rc := http.Cookie{
            Name:    "flash",
            MaxAge:  -1,
            Expires: time.Unix(1, 0),
        }
        http.SetCookie(w, &rc)
        val, _ := base64.URLEncoding.DecodeString(c.Value)
        fmt.Fprintln(w, string(val))
    }
}

func main() {
    server := http.Server{
        Addr: "127.0.0.1:8080",
    }
    http.HandleFunc("/set_message", setMessage)
    http.HandleFunc("/show_message", showMessage)
    server.ListenAndServe()
}
```

这段代码创建了 setMessage 和 showMessage 两个处理器函数，并分别把它们与路径 /set_message 以及/show_message 进行绑定。首先，让我们来看看 setMessage 函数，它的定义非常简单直接，如代码清单 4-18 所示。

代码清单 4-18　设置消息

```
func setMessage(w http.ResponseWriter, r *http.Request) {
    msg := []byte("Hello World!")
    c := http.Cookie{
        Name:  "flash",
        Value: base64.URLEncoding.EncodeToString(msg),
    }
    http.SetCookie(w, &c)
}
```

setMessage 处理器函数的定义跟之前展示过的 setCookie 处理器函数的定义非常相似，主要的区别在于 setMessage 对消息使用了 Base64URL 编码，以此来满足响应首部对 cookie 值的 URL 编码要求。在设置 cookie 时，如果 cookie 的值没有包含诸如空格或者百分号这样的特殊字符，那么不对它进行编码也是可以的；但是因为在发送闪现消息时，消息本身通常会包含诸如空格这样的字符，所以对 cookie 的值进行编码就成了一件必不可少的事情了。

现在再来看看 showMessage 函数的定义：

```go
func showMessage(w http.ResponseWriter, r *http.Request) {
    c, err := r.Cookie("flash")
    if err != nil {
        if err == http.ErrNoCookie {
            fmt.Fprintln(w, "No message found")
        }
    } else {
        rc := http.Cookie{
            Name: "flash",
            MaxAge: -1,
            Expires: time.Unix(1, 0),
        }
        http.SetCookie(w, &rc)
        val, _ := base64.URLEncoding.DecodeString(c.Value)
        fmt.Fprintln(w, string(val))
    }
}
```

这个函数首先会尝试获取指定的 cookie，如果没有找到该 cookie，它就会把变量 err 设置成一个 http.ErrNoCookie 值，并向浏览器返回一条 "No message found" 消息。如果找到了这个 cookie，那么它必须完成以下两个操作：

（1）创建一个同名的 cookie，将它的 MaxAge 值设置为负数，并且将 Expires 值也设置成一个已经过去的时间；

（2）使用 SetCookie 方法将刚刚创建的同名 cookie 发送至客户端。

初看上去，这两个操作的目的似乎是要替换已经存在的 cookie，但实际上，因为新 cookie 的 MaxAge 值为负数，并且 Expires 值也是一个已经过去的时间，所以这样做实际上就是要完全地移除这个 cookie。在设置完新 cookie 之后，程序会对存储在旧 cookie 中的消息进行解码，并通过响应返回这条消息。

现在，让我们实际运行这个服务器，然后打开浏览器并访问地址 http://localhost:8080/set_message。如果一切顺利，你将在 WebInspector 中看到图 4-4 所示的 cookie。

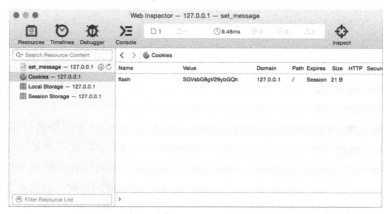

图 4-4　在 Safari 浏览器附带的 WebInspector 中查看已被编码的闪现消息

注意，因为图中 cookie 的值已经被 Base64 URL 编码过了，所以它初看上去就像乱码一样。不过我们只要使用浏览器访问 http://localhost:8080/show_message，就可以看到解码之后的真正的消息：

```
Hello World!
```

如果你现在再去看 WebInspector，就会发现之前设置的 cookie 已经消失了：通过设置同名的 cookie，程序成功地使用新 cookie 代替了旧 cookie；与此同时，因为新 cookie 的 MaxAge 值为负数，并且它的 Expires 值也是一个已经过去的时间，这相当于命令浏览器删除这个 cookie，所以这个新设置的 cookie 也被移除了。

现在，如果刷新网页，或者再次访问 http://localhost:8080/show_message，你将看到以下消息：

```
No message found
```

本章沿着上一章的脚步，介绍了 net/http 在 Web 应用开发方面提供的服务器端功能，而接下来的一章将对 Web 应用的另一个主要组成部分——模板——进行介绍，我们将会了解到 Go 语言的模板以及模板引擎，并学会如何使用它们为客户端生成响应。

4.5 小结

- Go 语言提供了多种不同的结构，用于表示 HTTP 请求的各个不同部分，从这些结构里面可以提取出请求包含的各项信息。
- Request 结构的 Form、PostForm 和 MultipartForm 字段可以让用户更容易地提取出请求中的不同数据：用户只要调用 ParseForm 方法或者 ParseMultipart Form 方法对请求进行语法分析，然后访问相应的字段，就可以取得请求中包含的数据。
- Form 字段存储的是来自 URL 以及 HTML 表单的 URL 编码数据，Post 字段存储的是来自 HTML 表单的 URL 编码数据，而 MultipartForm 字段存储的则是来自 URL 以及 HTML 表单的 multipart 编码数据。
- 服务器通过向 ResponseWriter 写入首部和主体来向客户端返回响应。
- 通过向 ResponseWriter 写入 cookie，服务器可以将数据持久地存储在客户端上。
- cookie 可以用于实现闪现消息。

第 5 章 内容展示

本章主要内容
- 模板以及模板引擎
- Go 语言的模板库 `text/template` 和 `html/template`
- 模板中的动作、管道以及函数
- 嵌套的模板与布局

Web 模板就是一些预先设计好的 HTML 页面，名为模板引擎的软件程序会通过重复地使用这些页面来创建一个或多个 HTML 页面。Web 模板引擎是 Web 应用框架的重要组成部分，绝大多数成熟的框架都会拥有相应的模板引擎；有一小部分框架的模板引擎是直接嵌入框架里面的，而其他绝大多数框架都允许用户像吃自助餐一样，根据自己的喜好选择相应的模板引擎。

Go 语言也不例外——尽管 Go 还是一门相对较新的编程语言，但已经出现了一些使用 Go 语言构建的模板引擎；除此之外，Go 的标准库也通过 `text/template` 和 `html/template` 这两个库为模板提供了强有力的支持，并且毫不意外地很多 Go 框架都使用了这两个库作为默认的模板引擎。

本章将对上面提到的两个库进行介绍，并说明如何使用它们生成 HTML 响应。

5.1 模板引擎

如图 5-1 所示，模板引擎通过将数据和模板组合在一起生成最终的 HTML，而处理器则负责调用模板引擎并将引擎生成的 HTML 返回给客户端。

如前所述，Web 模板引擎演变自 SSI（服务器端包含）技术，并最终衍生出了诸如 PHP、ColdFusion 和 JSP 这样的 Web 编程语言。这种演变导致的一个结果是模板引擎并没有相应的标准，并且对各个因为不同原因创造出来的模板引擎来说，它们拥有的特性也是五花八门、各不相同的。不过大致来讲，我们可以把模板引擎划分为两种理想的类型，这两种类型的模板正好处于两个极端。

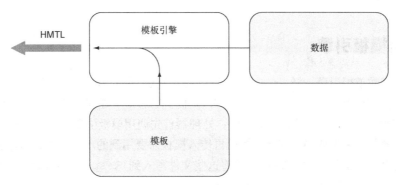

图 5-1　模板引擎通过组合数据和模板来生成最终展示的 HTML

■ **无逻辑模板引擎**（logic-less template engine）——将模板中指定的占位符替换成相应的动态数据。这种模板引擎只进行字符串替换，而不执行任何逻辑处理。无逻辑模板引擎的目的是完全分离程序的表现和逻辑，并将所有计算方面的工作都交给处理器完成。

■ **嵌入逻辑的模板引擎**（embedded logic template engine）——将编程语言代码嵌入模板当中，并在模板引擎渲染模板时，由模板引擎执行这些代码并进行相应的字符串替换工作。因为拥有在模板里面嵌入逻辑的能力，所以这类模板引擎能够变得非常强大，但与此同时，这种能力也会导致逻辑分散遍布在不同的处理器之间，使代码变得难以维护。

　　因为不需要进行逻辑处理，所以无逻辑模板引擎的渲染速度往往会更快一些。一些模板引擎虽然自称是无逻辑模板引擎，但它们实际上并非只执行字符串替换操作。比如，Mustache 虽然自称是无逻辑模板引擎，但它实际上也提供了一些能够执行条件判断操作和循环操作的标签（tag）。

　　另外，最极端的嵌入逻辑模板引擎通常表现得跟普通的编程语言一样，比如 PHP 就是一个很好的例子：PHP 一开始是作为独立的 Web 模板引擎出现的，但今时今日的很多 PHP 页面已经很难看到哪怕一行 HTML 代码，我们甚至已经不太可能继续把 PHP 看作是一个模板引擎了，实际上 PHP 本身就拥有很多模板引擎，比如，Smarty 和 Blade 都是为 PHP 构建的。

　　对于嵌入逻辑模板引擎的最大争论，就是认为它把表现和逻辑搅和在了一起，并将逻辑分散在多个不同的地方，导致代码变得难以维护。而对于无逻辑模板引擎的争论则是认为这种理想化的模板引擎并不实用，并且会导致处理器需要包含更多逻辑，特别是表现方面的逻辑，并因此给处理器带来不必要的复杂度。

　　在实际中，绝大多数有用的模板引擎都会介于以上这两种理想的模板引擎之间，其中有些模板引擎更接近于无逻辑模板引擎，而其他一些模板引擎则更接近于嵌入逻辑模板引擎。Go 标准库提供的模板引擎功能大部分都定义在了 text/template 库当中，而小部分与 HTML 相关的功能则定义在了 html/template 库里面。这两个库相辅相成：用户可以把这个模板引擎当作无逻辑模板引擎使用，但与此同时，Go 也提供了足够多的嵌入式模板引擎特性，使这个模板引擎用起来既有趣又强大。

5.2　Go 的模板引擎

跟其他大多数模板引擎一样，Go 语言的模板引擎也是介于无逻辑模板引擎和嵌入逻辑模板引擎之间的一种模板引擎。在 Web 应用里面，模板引擎通常由处理器负责触发。作为例子，图 5-2 展示了处理器调用 Go 模板引擎的流程：处理器首先调用模板引擎，接着以模板文件列表的方式向模板引擎传入一个或多个模板，然后再传入模板需要用到的动态数据；模板引擎在接收到这些参数之后会生成出相应的 HTML，并将这些文件写入到 `ResponseWriter` 里面，然后由 `ResponseWriter` 将 HTTP 响应返回给客户端。

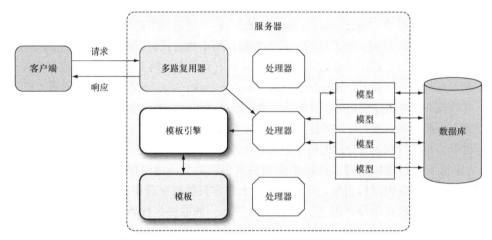

图 5-2　Go 模板引擎在 Web 应用中的作用示意图

Go 的模板都是文本文档（其中 Web 应用的模板通常都是 HTML），它们都嵌入了一些称为动作（action）的指令。从模板引擎的角度来说，模板就是嵌入了动作的文本（这些文本通常包含在模板文件里面），而模板引擎则通过分析并执行这些文本来生成出另外一些文本。Go 语言拥有通用模板引擎库 `text/template`，它可以处理任意格式的文本，除此之外，Go 语言还拥有专门为 HTML 格式而设的模板引擎库 `html/template`。模板中的动作默认使用两个大括号 `{{` 和 `}}` 包围，如果用户有需要，也可以通过模板引擎提供的方法自行指定其他定界符（delimiter）。本章稍后将对动作做更详细的介绍，在此之前，让我们先来看一下代码清单 5-1 展示的这个非常简单的模板。

代码清单 5-1　一个简单的模板

```
<!DOCTYPE html>
<html>
  <head>
    <meta http-equiv="Content-Type" content="text/html; charset=utf-8">
    <title>Go Web Programming</title>
```

```
    </head>
    <body>
    {{ . }}
    </body>
</html>
```

代码清单 5-1 展示的模板来源于一个名为 `tmpl.html` 的模板文件。用户可以拥有任意多个模板文件，并且这些模板文件可以使用任意后缀名，但它们的类型必须是可读的文本格式。因为上面这段模板的输出将是一个 HTML 文件，所以我们使用了 `.html` 作为模板文件的后缀名。

注意，模板中被两个大括号包围的点（`.`）是一个动作，它指示模板引擎在执行模板时，使用一个值去替换这个动作本身。

使用 Go 的 Web 模板引擎需要以下两个步骤：

（1）对文本格式的模板源进行语法分析，创建一个经过语法分析的模板结构，其中模板源既可以是一个字符串，也可以是模板文件中包含的内容；

（2）执行经过语法分析的模板，将 `ResponseWriter` 和模板所需的动态数据传递给模板引擎，被调用的模板引擎会把经过语法分析的模板和传入的数据结合起来，生成出最终的 HTML，并将这些 HTML 传递给 `ResponseWriter`。

代码清单 5-2 展示了一个简单而且具体的模板引擎使用例子。

代码清单 5-2　在处理器函数中触发模板引擎

```
package main

import (
    "net/http"
    "html/template"
)

func process(w http.ResponseWriter, r *http.Request) {
    t, _ := template.ParseFiles("tmpl.html")
    t.Execute(w, "Hello World!")
}

func main() {
    server := http.Server{
        Addr: "127.0.0.1:8080",
    }
    http.HandleFunc("/process", process)
    server.ListenAndServe()
}
```

代码清单 5-2 展示的服务器代码跟之前展示过的服务器代码非常相似，主要的区别在于这次的服务器使用了一个名为 `process` 的处理器函数，而模板引擎就是由这个函数负责触发的。`process` 函数首先使用 `ParseFiles` 函数对模板文件 `tmpl.html` 进行语法分析，`ParseFiles` 函数在执行完毕之后将返回一个 `Template` 类型的已分析模板和一个错误作为结果，不过为了保持代码的简洁，我们这里暂时把这个错误忽略了：

```
t, _ := template.ParseFiles("tmpl.html")
```

在此之后，`process` 函数会调用 `Execute` 方法，将数据应用（apply）到模板里面——在这个例子中，数据就是字符串`"Hello World!"`：

```
t.Execute(w, "Hello World!")
```

`ResponseWriter` 和数据会一起被传入 `Execute` 方法中，这样一来，模板引擎在生成 HTML 之后就可以把该 HTML 传给 `ResponseWriter` 了。另外需要注意的是，因为这个服务器在指定模板位置时并没有给出模板文件的绝对路径，所以我们在运行这个服务器的时候，需要把模板文件和服务器的二进制文件放到同一个目录里面。

以上展示的就是模板引擎的最基本用法，正如你所料，除了 `.` 之外，Go 的模板引擎还提供了其他动作供用户使用，本章将在稍后的内容中对这些动作做进一步的介绍。

5.2.1　对模板进行语法分析

`ParseFiles` 是一个独立的（standalone）函数，它可以对模板文件进行语法分析，并创建出一个经过语法分析的模板结构以供 `Execute` 方法执行。实际上，`ParseFiles` 函数只是为了方便地调用 `Template` 结构的 `ParseFiles` 方法而设置的一个函数——当用户调用 `ParseFiles` 函数的时候，Go 会创建一个新的模板，并将用户给定的模板文件的名字用作这个新模板的名字：

```
t, _ := template.ParseFiles("tmpl.html")
```

这相当于创建一个新模板，然后调用它的 `ParseFiles` 方法：

```
t := template.New("tmpl.html")
t, _ := t.ParseFiles("tmpl.html")
```

无论是 `ParseFiles` 函数还是 `Template` 结构的 `ParseFiles` 方法，它们都可以接受一个或多个文件名作为参数，换句话说，这两个函数/方法都是可变参数函数/方法，它们可以接受的参数数量是可变的。但与此同时，无论这两个函数/方法接受多少个文件名作为输入，它们都只返回一个模板。

当用户向 `ParseFiles` 函数或 `ParseFiles` 方法传入多个文件时，`ParseFiles` 只会返回用户传入的第一个文件的已分析模板，并且这个模板也会根据用户传入的第一个文件的名字进行命名；至于其他传入文件的已分析模板则会被放置到一个映射里面，这个映射可以在之后执行模板时使用。换句话说，我们可以这样认为：在向 `ParseFiles` 传入单个文件时，`ParseFiles` 返回的是一个模板；而在向 `ParseFiles` 传入多个文件时，`ParseFiles` 返回的则是一个模板集合，理解这一点能够帮助我们更好地学习本章稍后将要介绍的嵌套模板技术。

对模板文件进行语法分析的另一种方法是使用 `ParseGlob` 函数，跟 `ParseFiles` 只会对给定文件进行语法分析的做法不同，`ParseGlob` 会对匹配给定模式的所有文件进行语法分析。

举个例子，如果目录里面只有 `tmpl.html` 一个 HTML 文件，那么语句

```
t, _ := template.ParseFiles("tmpl.html")
```

和语句

```
t, _ := template.ParseGlob("*.html")
```

将产生相同的效果。

在绝大多数情况下，程序都是对模板文件进行语法分析，但是在需要时，程序也可以直接对字符串形式的模板进行语法分析。实际上，所有对模板进行语法分析的手段最终都需要调用 `Parse` 方法来执行实际的语法分析操作。比如说，在模板内容相同的情况下，语句

```
t, _ := template.ParseFiles("tmpl.html")
```

和代码

```
tmpl := `<!DOCTYPE html>
<html>
  <head>
    <meta http-equiv="Content-Type" content="text/html; charset=utf-8">
    <title>Go Web Programming</title>
  </head>
  <body>
    {{ . }}
  </body>
</html>
`
t := template.New("tmpl.html")
t, _ = t.Parse(tmpl)
t.Execute(w, "Hello World!")
```

将产生相同的效果。

到目前为止，本章一直都没有处理分析模板时可能会产生的错误。虽然 Go 语言的一般做法是手动地处理错误，但 Go 也提供了另外一种机制，专门用于处理分析模板时出现的错误：

```
t   := template.Must(template.ParseFiles("tmpl.html"))
```

`Must` 函数可以包裹起一个函数，被包裹的函数会返回一个指向模板的指针和一个错误，如果这个错误不是 `nil`，那么 `Must` 函数将产生一个 panic。（在 Go 里面，panic 会导致正常的执行流程被终止：如果 panic 是在函数内部产生的，那么函数会将这个 panic 返回给它的调用者。panic 会一直向调用栈的上方传递，直至 `main` 函数为止，并且程序也会因此而崩溃。）

5.2.2 执行模板

执行模板最常用的方法就是调用模板的 `Execute` 方法，并向它传递 `ResponseWriter` 以及模板所需的数据。在只有一个模板的情况下，上面提到的这种方法总是可行的，但如果模板不止一个，那么当对模板集合调用 `Execute` 方法的时候，`Execute` 方法只会执行模板集合中的第一个模板。如果想要执行的不是模板集合中的第一个模板而是其他模板，就需要使用 `Execute`

Template 方法。比如，对以下语句来说：

```
t, _ := template.ParseFiles("t1.html", "t2.html")
```

变量 t 就是一个包含了两个模板的模板集合，其中第一个模板名为 t1.html，而第二个模板则名为 t2.html（正如前面所说，除非显式地对模板名进行修改，否则模板的名字和后缀名将由传入的模板文件决定）。如果对这个模板集合调用 Execute 方法：

```
t.Execute(w, "Hello World!")
```

就只有模板 t1.html 会被执行。如果想要执行的是模板 t2.html 而不是 t1.html，则需要执行以下语句：

```
t.ExecuteTemplate(w, "t2.html", "Hello World!")
```

在学会了怎样调用模板引擎并使用它去分析和执行模板之后，接下来我们要学习的是如何使用 Go 语言提供的各种模板动作。

5.3　动作

正如之前所说，Go 模板的动作就是一些嵌入在模板里面的命令，这些命令在模板中使用两个大括号{{和}}进行包围。Go 拥有一套非常丰富的动作集合，它们不仅功能强大，而且还非常灵活多变。本节将讨论以下几种主要的动作：
- 条件动作；
- 迭代动作；
- 设置动作；
- 包含动作。

除了以上 4 种动作之外，本章稍后还会介绍另外一种重要的动作——定义动作。如果读者对其他类型的动作也感兴趣，那么可以参考 text/template 库的文档。

虽然初看上去可能会让人感到惊讶，但其实点（.）也是一个动作，并且是最为重要的一个，它代表的是传递给模板的数据，其他动作和函数基本上都会对这个动作进行处理，以此来达到格式化和内容展示的目的。

5.3.1　条件动作

条件动作会根据参数的值来决定对多条语句中的哪一条语句进行求值。最简单的条件动作的格式如下：

```
{{ if arg }}
  some content
{{ end }}
```

这个动作的另一种格式如下：

```
{{ if arg }}
  some content
{{ else }}
  other content
{{ end }}
```

以上两种格式中的 arg 都是传递给条件动作的参数。本章稍后会对动作的参数做更详细的介绍，目前来说，我们可以把参数看作是一个值，这个值可以是一个字符串常量、一个变量、一个返回单个值的函数或者方法，诸如此类。现在，让我们来看一下如何在模板中使用这个条件动作。如代码清单 5-3 所示，我们会在服务器上面创建一个处理器，这个处理器会随机地生成介于 0 至 10 之间的随机整数，然后通过判断这个随机整数是否大于 5 来创建出一个布尔值，并在最后将这个布尔值传递给模板。

代码清单 5-3　在处理器里面生成一个随机数

```go
package main

import (
    "net/http"
    "html/template"
    "math/rand"
    "time"
)

func process(w http.ResponseWriter, r *http.Request) {
    t, _ := template.ParseFiles("tmpl.html")
    rand.Seed(time.Now().Unix())
    t.Execute(w, rand.Intn(10) > 5)
}

func main() {
    server := http.Server{
        Addr: "127.0.0.1:8080",
    }
    http.HandleFunc("/process", process)
    server.ListenAndServe()
}
```

在此之后，我们需要在模板文件 tmpl.html 里面对传入的参数进行测试，并根据测试的结果，在页面上显示 "Number is greater than 5!" 和 "Number is 5 or less!" 这两条消息中的一条，具体的做法如代码清单 5-4 所示。（正如之前所说，动作 . 代表的是处理器传递给模板的数据，在这个例子中，. 代表的是被传入的布尔值。）

代码清单 5-4　使用了条件动作的模板文件 `tmpl.html`

```html
<!DOCTYPE html>
<html>
```

```
<head>
  <meta http-equiv="Content-Type" content="text/html; charset=utf-8">
  <title>Go Web Programming</title>
</head>
<body>
  {{ if . }}
    Number is greater than 5!
  {{ else }}
    Number is 5 or less!
  {{ end }}
</body>
</html>
```

5.3.2 迭代动作

迭代动作可以对数组、切片、映射或者通道进行迭代，而在迭代循环的内部，点（．）则会被设置为当前被迭代的元素，就像这样：

```
{{ range array }}
  Dot is set to the element {{ . }}
{{ end }}
```

代码清单 5-5 展示了一个使用迭代动作的例子。

代码清单 5-5　迭代动作示例

```
<!DOCTYPE html>
<html>
  <head>
    <meta http-equiv="Content-Type" content="text/html; charset=utf-8">
    <title>Go Web Programming</title>
  </head>
  <body>
    <ul>
    {{ range . }}
      <li>{{ . }}</li>
    {{ end}}
    </ul>
  </body>
</html>
```

下面是负责调用这个模板的处理器：

```
func process(w http.ResponseWriter, r *http.Request) {
    t, _ := template.ParseFiles("tmpl.html")
    daysOfWeek := []string{"Mon", "Tue", "Wed", "Thu", "Fri", "Sat", "Sun"}
    t.Execute(w, daysOfWeek)
}
```

这段代码创建了一个切片，并在切片里面包含了周一到周日的英文缩写，然后将它传递给模板。接着，这个切片会被传递至语句{{ range . }}中的.里面，然后由 range 动作对这个切片中的各个元素进行迭代。

迭代循环中的{{ . }}代表的是当前被迭代的切片元素，图 5-3 展示了浏览器展示的迭代结果。

图 5-3　使用迭代动作实现迭代

代码清单 5-6 展示了迭代动作的一个变种，这个变种允许用户在被迭代的数据结构为空时，显示一个备选的（fallback）结果。

代码清单 5-6　带有备选结果的迭代动作

```html
<html>
  <head>
    <meta http-equiv="Content-Type" content="text/html; charset=utf-8">
    <title>Go Web Programming</title>
  </head>
  <body>
    <ul>
    {{ range . }}
      <li>{{ . }}</li>
    {{ else }}
      <li> Nothing to show </li>
    {{ end}}
    </ul>
  </body>
</html>
```

模板里面介于{{ else }}和{{ end }}之间的内容将在点（.）为 nil 时显示。在这个例子中，被显示的将是文本"Nothing to show"。

5.3.3　设置动作

设置动作允许用户在指定的范围之内为点（.）设置值。比如，在以下代码中：

```
{{ with arg }}
  Dot is set to arg
```

```
{{ end }}
```

介于{{ with arg }}和{{ end }}之间的点将被设置为参数 arg 的值。再次修改的 tmpl.html
文件如代码清单 5-7 所示，这是一个更为具体的例子。

代码清单 5-7　对点进行设置

```html
<html>
  <head>
    <meta http-equiv="Content-Type" content="text/html; charset=utf-8">
    <title>Go Web Programming</title>
  </head>
  <body>
    <div>The dot is {{ . }}</div>
    <div>
    {{ with "world"}}
      Now the dot is set to {{ . }}
    {{ end }}
    </div>
    <div>The dot is {{ . }} again</div>
  </body>
</html>
```

至于调用这个模板的处理器则会将字符串"hello"传递给模板：

```go
func process(w http.ResponseWriter, r *http.Request) {
    t, _ := template.ParseFiles("tmpl.html")
    t.Execute(w,"hello")
}
```

这样一来，位于{{ with "world" }}之前的点就会因为处理器传入的值而被设置成 hello，

而位于{{ with "world" }}和{{ end }}之间
的点则会被设置成 world；但是，在语句{{ end }}
执行完毕之后，点的值又会重新被设置成 hello，
如图 5-4 所示。

　　跟迭代动作一样，设置动作也拥有一个能够提
供备选方案的变种：

```
{{ with arg }}
  Dot is set to arg
{{ else }}
  Fallback if arg is empty
{{ end }}
```

代码清单 5-8 展示了这一变种的使用方法。

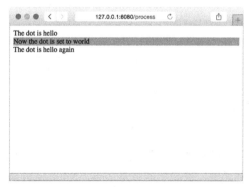

图 5-4　使用设置动作对点（.）进行设置

代码清单 5-8　在设置点的时候提供备选方案

```html
<html>
  <head>
```

```
    <meta http-equiv="Content-Type" content="text/html; charset=utf-8">
    <title>Go Web Programming</title>
</head>
<body>
  <div>The dot is {{ . }}</div>
  <div>
  {{ with "" }}
    Now the dot is set to {{ . }}
  {{ else }}
    The dot is still {{ . }}
  {{ end }}
    </div>
    <div>The dot is {{ . }} again</div>
  </body>
</html>
```

因为传给 with 动作的参数为空字符串 ""，所以模板将显示 {{ else }} 语句之后的内容；此外，因为 with 动作并没有修改点（.）的值，所以模板打印出来的仍然是处理器传入的值 "hello"。执行这个新模板不需要对处理器或者服务器进行任何修改，也不需要重启服务器，只要刷新一下浏览器，就会看到图 5-5 所示的结果。

图 5-5　在设置点（.）时提供备选方案

5.3.4　包含动作

包含动作（include action）允许用户在一个模板里面包含另一个模板，从而构建出嵌套的模板。包含动作的格式为 {{ template "name" }}，其中 name 参数为被包含模板的名字。

代码清单 5-9 展示了一个使用包含动作的例子，在这个例子中，模板 t1.html 包含了模板 t2.html。

代码清单 5-9　模板 t1.html

```
<!DOCTYPE html>
<html lang="en">
  <head>
    <meta charset="utf-8">
    <meta http-equiv="X-UA-Compatible" content="IE=9">
    <title>Go Web Programming</title>
  </head>
  <body>
    <div> This is t1.html before</div>
    <div>This is the value of the dot in t1.html - [{{ . }}]</div>
    <hr/>
    {{ template "t2.html" }}
    <hr/>
    <div> This is t1.html after</div>
  </body>
```

```
</html>
```

正如代码所示，模板文件的名字将被用作模板的名字。记住，如果用户在创建模板的时候没有为模板指定名字，那么 Go 语言在命名模板时将沿用模板文件的名字及扩展名。

代码清单 5-10 展示了被包含的模板 t2.html，这个模板是一段 HTML 代码片段。

代码清单 5-10   模版 t2.html

```
<div style="background-color: yellow;">
  This is t2.html<br/>
  This is the value of the dot in t2.html - [{{ . }}]
</div>
```

代码清单 5-11 展示了使用以上两个模板的处理器。

代码清单 5-11   调用嵌套模板的处理器

```
func process(w http.ResponseWriter, r *http.Request) {
    t, _ := template.ParseFiles("t1.html", "t2.html")
    t.Execute(w, "Hello World!")
}
```

跟之前展示的代码不同，在执行嵌套模板时，我们必须对涉及的所有模板文件都进行语法分析。牢记这一点是非常重要的，忘记对必要的模板文件进行语法分析将导致程序出现不正确的结果。

因为上面的代码并没有为模板设置名字，所以模板集合中的模板将沿用模板文件的名字。正如之前所说，ParseFiles 函数的第一个参数是具有特殊作用的：在进行语法分析时，用户给定的第一个模板文件将成为主模板（main template），当用户对模板集合调用 Execute 方法时，主模板将被执行。

图 5-6 展示了服务器在执行上述模板之后向浏览器返回的结果。

如图 5-6 所示，模板 t1.html 中的点（.）被传入的"Hello World!"准确无误地替换掉了，并且模板 t2.html 的内容也出现在了语句 {{ template "t2.html" }}所在的位置。因为模板 t1.html 并没有把字符串"Hello World!"也传递给被嵌套的模板 t2.html，所以 t2.html 中的点的打印结果为空字符串。为了向被嵌套的模板传递数据，用户可以使用包含动作的变种 {{ template "name" arg }}，其中 arg 就是用户想要传递给被嵌套模板的数据，代码清单 5-12 展示了这个变种的具体使用方法。

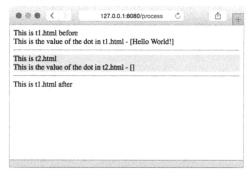

图 5-6   嵌套模板的输出结果

代码清单 5-12   通过参数将模板 t1.html 中的数据传递给被嵌套的模板 t2.html

```
<html>
  <head>
```

```
      <meta charset="utf-8">
      <meta http-equiv="X-UA-Compatible" content="IE=9">
      <title>Go Web Programming</title>
  </head>
  <body>
    <div> This is t1.html before</div>
    <div>This is the value of the dot in t1.html - [{{ . }}]</div>
    <hr/>
    {{ template "t2.html" . }}
    <hr/>
    <div> This is t1.html after</div>
  </body>
</html>
```

这个模板唯一的改动就是在 t1.html 里面将点传递给了 t2.html。现在，如果我们再次执行这个模板，它将产生图 5-7 所示的结果。

本章稍后将再次回顾嵌套模板，并介绍一种没有在本节中展示的动作——定义动作。虽然使用动作可以给程序员带来方便，但是本节介绍的都是初级的模板用法，它们并不能最大限度地发挥模板的威力。为了解决这个问题，本章接下来将介绍参数、变量和管道等高级模板用法。

图 5-7　将数据传递给被嵌套的模板

5.4　参数、变量和管道

一个参数（argument）就是模板中的一个值。它可以是布尔值、整数、字符串等字面量，也可以是结构、结构中的一个字段或者数组中的一个键。除此之外，参数还可以是一个变量、一个方法（这个方法必须只返回一个值，或者只返回一个值和一个错误）或者一个函数。最后，参数也可以是一个点（.），用于表示处理器向模板引擎传递的数据。

比如说，在以下这个例子中，arg 是一个参数：

```
{{ if arg }}
  some content
{{ end }}
```

除了参数之外，用户还可以在动作中设置变量。变量以美元符号（$）开头，就像这样：

```
$variable := value
```

初看上去，变量似乎并没有什么特别大的用处，但实际上它们对动作来说是非常重要的。作为例子，以下代码展示了怎样使用变量去实现迭代动作的一个变种：

```
{{ range $key, $value := . }}
  The key is {{ $key }} and the value is {{ $value }}
{{ end }}
```

在这个例子中，点（.）是一个映射，而动作 range 在迭代这个映射的时候，会将变量$key
和$value 分别初始化为当前被迭代映射元素的键和值。

模板中的管道（pipeline）是多个有序地串联起来的参数、函数和方法，它的工作方式和语
法跟 Unix 的管道也非常相似：

```
{{ p1 | p2 | p3 }}
```

这里的 p1、p2 和 p3 可以是参数或者函数。管道允许用户将一个参数的输出传递给下一个
参数，而各个参数之间则使用 | 分隔。代码清单 5-13 展示了一个管道的使用示例。

代码清单 5-13　模板中的管道

```
<!DOCTYPE html>
<html>
  <head>
    <meta http-equiv="Content-Type" content="text/html; charset=utf-8">
    <title>Go Web Programming</title>
  </head>
  <body>
    {{ 12.3456 | printf "%.2f" }}
  </body>
</html>
```

为了更好地显示内容，用户经常需要在模板中对数据进行格式化。比如，在代码清单 5-13
所示的例子中，我们想要在显示浮点数的时候只保留两位小数精度。为了做到这一点，我们可以
使用 fmt.Sprintf 函数或者模板内置的 printf 函数对浮点数进行格式化（这个 printf 函
数实际上就是 fmt.Sprintf 函数的别名）。

除此之外，我们还通过管道将数字 12.3456 传递给了 printf 函数，并在 printf 函数的
第一个参数中指定了格式指示符（specifier），最终，这个管道将返回 12.35 作为结果。

虽然管道已经非常强大，但它还不是模板提供的最为强大的功能，接下来的一节要介绍的函
数才是。

5.5　函数

正如之前所说，Go 函数也可以用作模板的参数：Go 模板引擎内置了一些非常基础的函数，
其中包括为 fmt.Sprint 的不同变种创建的几个别名函数（fmt 包的文档详细地列出了这些别
名函数），并且用户不仅可以使用模板引擎内置的函数，还可以自行定义自己想要的函数。

需要注意的是，Go 的模板引擎函数都是受限制的：尽管这些函数可以接受任意多个参数作
为输入，但它们只能返回一个值，或者返回一个值和一个错误。

为了创建一个自定义模板函数，用户需要：

（1）创建一个名为 FuncMap 的映射，并将映射的键设置为函数的名字，而映射的值则设置
为实际定义的函数；

（2）将 FuncMap 与模板进行绑定。

让我们来看一个创建自定义函数的具体例子。在编写 Web 应用的时候，用户常常需要将时间对象或者日期对象转换为 ISO8601 格式的时间字符串或者日期字符串，又或者将 ISO8601 格式的字符串转换为相应的对象。但遗憾的是，我们正在使用的库并没有内置类似的转换函数，所以我们就需要像代码清单 5-14 展示的那样，自行创建这些函数。

代码清单 5-14　创建模板自定义函数

```go
package main

import (
    "net/http"
    "html/template"
    "time"
)

func formatDate(t time.Time) string {
    layout := "2006-01-02"
    return t.Format(layout)
}

func process(w http.ResponseWriter, r *http.Request) {
    funcMap := template.FuncMap { "fdate": formatDate }
    t := template.New("tmpl.html").Funcs(funcMap)
    t, _ = t.ParseFiles("tmpl.html")
    t.Execute(w, time.Now())
}

func main() {
    server := http.Server{
        Addr: "127.0.0.1:8080",
    }
    http.HandleFunc("/process", process)
    server.ListenAndServe()
}
```

这段程序首先定义了一个名为 formatDate 的函数，它接受一个 Time 结构作为输入，然后以"年-月-日"的形式返回一个 ISO8601 格式的字符串。

在之后的处理器中，程序创建了一个变量名为 funcMap 的 FuncMap 结构，并使用这个结构将名字 fdate 映射至 formatDate 函数。接着，程序使用 template.New 函数创建了一个名为 tmpl.html 的模板。因为 template.New 函数会返回被创建的模板，所以程序直接以串联的方式调用模板的 Funcs 方法，并将前面创建的 funcMap 传递给模板。这样一来，funcMap 与模板的绑定就完成了，于是程序接下来就跟往常一样，对模板文件 tmpl.html 进行语法分析。最后，程序调用模板的 Execute 方法，并将 ResponseWriter 以及当前时间传递给它。

再次提醒，在调用 ParseFiles 函数时，如果用户没有为模板文件中的模板定义名字，那么函数将使用模板文件的名字作为模板的名字。与此同时，在调用 New 函数创建新模板的时候，用户必须传入一个模板名字,如果用户给定的模板名字跟前面分析模板时通过文件名提取的模板名字不相同,那么程序将返回一个错误。

在看过了处理器的相关代码之后,现在让我们来看看如何在 tmpl.html 模板中使用前面定义的函数,具体的方法如代码清单 5-15 所示。

代码清单 5-15　通过管道使用自定义函数

```html
<html>
  <head>
    <meta http-equiv="Content-Type" content="text/html; charset=utf-8">
    <title>Go Web Programming</title>
  </head>
  <body>
    <div>The date/time is {{ . | fdate }}</div>
  </body>
</html>
```

用户可以通过几种不同的方式使用自定义函数。比如,代码清单 5-15 就展示了如何通过模板的管道特性,将当前时间由管道传递至 fdate 函数,并借此产生图 5-8 所示的输出。

除此之外,我们也可以像调用普通函数一样,将点（.）作为参数传递给 fdate 函数,具体做法如代码清单 5-16 所示。

图 5-8　使用自定义函数格式化日期或时间

代码清单 5-16　通过传递参数的方式使用自定义函数

```html
<html>
  <head>
    <meta http-equiv="Content-Type" content="text/html; charset=utf-8">
    <title>Go Web Programming</title>
  </head>
  <body>
    <div>The date/time is {{ fdate . }}</div>
  </body>
</html>
```

以上两种调用方式会产生相同的结果,但使用管道比直接调用函数要强大和灵活得多。如果用户定义了多个函数,那么他就可以通过管道将一个函数的输出传递给另一个函数作为输入,从而以不同的方式组合使用这些函数;尽管普通的函数调用也能够做到这一点,但使用管道可以产生更简单且更可读的代码。

5.6　上下文感知

Go 语言的模板引擎拥有一个非常有趣的特性——它可以根据内容所处的上下文改变其显示

的内容。是的，你没看错。根据内容在文档中所处的位置，模板在显示这些内容的时候将对其进行相应的修改，换句话说，Go 的模板将以上下文感知（context-aware）的方式显示内容。那么这个特性有什么用，我们又会在什么地方用到这个特性呢？

上下文感知的一个显而易见的用途就是对被显示的内容实施正确的转义（escape）：这意味着，如果模板显示的是 HTML 格式的内容，那么模板将对其实施 HTML 转义；如果模板显示的是 JavaScript 格式的内容，那么模板将对其实施 JavaScript 转义；诸如此类。除此之外，Go 模板引擎还可以识别出内容中的 URL 或者 CSS 样式。代码清单 5-17 展示了一个上下文感知特性的使用例子。

代码清单 5-17　为了展示模板中的上下文感知特性而设置的处理器

```go
package main

import (
    "net/http"
    "html/template"
)

func process(w http.ResponseWriter, r *http.Request) {
    t, _ := template.ParseFiles("tmpl.html")
    content := `I asked: <i>"What's up?"</i>`
    t.Execute(w, content)
}

func main() {
    server := http.Server{
        Addr: "127.0.0.1:8080",
    }
    http.HandleFunc("/process", process)
    server.ListenAndServe()
}
```

这个处理器向模板发送了文本字符串 `I asked: <i>"What's up?"</i>`，它包含了几个需要事先转义的特殊字符，代码清单 5-18 展示了与这个处理器相对应的模板文件 `tmpl.html`。

代码清单 5-18　上下文感知模板

```html
<html>
  <head>
    <meta http-equiv="Content-Type" content="text/html; charset=utf-8">
    <title>Go Web Programming</title>
  </head>
  <body>
    <div>{{ . }}</div>
    <div><a href="/{{ . }}">Path</a></div>
    <div><a href="/?q={{ . }}">Query</a></div>
    <div><a onclick="f('{{ . }}')">Onclick</a></div>
  </body>
</html>
```

正如代码所示，这个模板将传入的参数放到了 HTML 中的多个不同的位置，并且每个位置都使用了<div>标签对其进行包裹。如果我们使用 4.1.4 节介绍的方法，通过 cURL 获取未经改动的原始 HTML 文件，那么我们将得到以下结果：

```
curl -i 127.0.0.1:8080/process
HTTP/1.1 200 OK
Date: Sat, 07 Feb 2015 05:42:41 GMT
Content-Length: 505
Content-Type: text/html; charset=utf-8

<html>
  <head>
    <meta http-equiv="Content-Type" content="text/html; charset=utf-8">
    <title>Go Web Programming</title>
  </head>
  <body>
    <div>I asked: &lt;i&gt;&#34;What&#39;s up?&#34;&lt;/i&gt;</div>
    <div>
      <a href="/I%20asked:%20%3ci%3e%22What%27s%20up?%22%3c/i%3e">
        Path
      </a>
    </div>
    <div>
      <a href="/?q=I%20asked%3a%20%3ci%3e%22What%27s%20up%3f%22%3c%2fi%3e">
        Query
      </a>
    </div>
    <div>
      <a onclick="f('I asked: \x3ci\x3e\x22What\x27s up?\x22\x3c\/i\x3e')">
        Onclick
      </a>
    </div>
  </body>
</html>
```

这个结果看上去有点儿复杂，表 5-1 展示了结果 HTML 与输入原文之间的区别。

表 5-1　Go 模板中的上下文感知：根据动作所在的位置，同样的内容输入将产生不同的输出结果

上下文	输出内容
原文本	I asked: <i>"What's up?"</i>
{{ . }}	I asked: <i>"What's up?"</i>
<a href="/{{ . }}">	I%20asked:%20%3ci%3e%22What%27s%20up?%22%3c/i%3e
<a href="/?q={{ . }}">	I%20asked%3a%20%3ci%3e%22What%27s%20up%3f%22%3c%2fi%3e
<a onclick="{{ . }}">	I asked: \x3ci\x3e\x22What\x27s up?\x22\x3c\/i\x3e

上下文感知特性主要用于实现自动的防御编程，并且它使用起来非常方便。通过根据上下文对内容进行修改，Go 模板可以防止某些明显并且低级的编程错误。比如，接下来的内容就会向我们展示如何使用上下文感知特性来防御 XSS（cross-site scripting，跨站脚本）攻击。

5.6.1 防御 XSS 攻击

持久性 XSS 漏洞（persistent XSS vulnerability）是一种常见的 XSS 攻击方式，这种攻击是由于服务器将攻击者存储的数据原原本本地显示给其他用户所致的。举个例子，如果有一个存在持久性 XSS 漏洞的论坛，它允许用户在论坛上面发布帖子或者回复，并且其他用户也可以阅读这些帖子以及回复，那么攻击者就可能会在他发布的内容中引入带有<script>标签的代码。因为论坛即使在内容带有<script>标签的情况下，仍然会原原本本地向用户显示这些内容，所以用户将在毫不知情的情况下，使用自己的权限去执行攻击者发布的恶意代码。预防这一攻击的常见方法就是在显示或者存储用户传入的数据之前，对数据进行转义。但正如很多漏洞以及 bug 一样，持久性 XSS 漏洞往往会由于人为的因素而出现。

为了说明如何防御持久性 XSS 漏洞，我们需要用到一些 HTML 表单数据。这一次，比起直接将数据硬编码到处理器里面，更好的选择是使用第 4 章学到的 HTML 表单知识，创建一个代码清单 5-19 所示的 HTML 表单。这个表单允许我们向 Web 应用发送数据，并将其存储在 form.html 文件中。

代码清单 5-19 用于实施 XSS 攻击的表单

```
<html>
  <head>
    <meta http-equiv="Content-Type" content="text/html; charset=utf-8">
    <title>Go Web Programming</title>
  </head>
  <body>
    <form action="/process" method="post">
      Comment: <input name="comment" type="text">
     <hr/>
     <button id="submit">Submit</button>
    </form>
  </body>
</html>
```

接着，为了处理来自 HTML 表单的数据，我们需要对处理器做相应的修改，如代码清单 5-20 所示。

代码清单 5-20 测试 XSS 攻击

```
package main

import (
    "net/http"
    "html/template"
)

func process(w http.ResponseWriter, r *http.Request) {
    t, _ := template.ParseFiles("tmpl.html")
    t.Execute(w, r.FormValue("comment"))
}

func form(w http.ResponseWriter, r *http.Request) {
```

```
    t, _ := template.ParseFiles("form.html")
    t.Execute(w, nil)
}

func main() {
    server := http.Server{
        Addr: "127.0.0.1:8080",
    }
    http.HandleFunc("/process", process)
    http.HandleFunc("/form", form)
    server.ListenAndServe()
}
```

最后，为了让 XSS 攻击的测试结果可以更好地显示出来，我们需要修改 tmpl.html 模板文件，如代码清单 5-21 所示。

代码清单 5-21　修改后的 `tmpl.html` 模板

```
<html>
  <head>
    <meta http-equiv="Content-Type" content="text/html; charset=utf-8">
    <title>Go Web Programming</title>
  </head>
  <body>
    <div>{{ . }}</div>
  </body>
</html>
```

现在，编译并启动修改后的服务器，然后访问 http://127.0.0.1:8080/form。接着像图 5-9 所示的那样，将以下内容输入到表单的文本框里面，然后按下 Submit 按钮：

```
<script>alert('Pwnd!');</script>
```

对于那些不过滤用户输入并且在 Web 页面上直接显示用户输入的模板引擎来说，执行图 5-9 所示的操作将会显示一条提示信息，这也意味着攻击者可以让网站上的其他用户执行任意可能的攻击代码。与此相反，正如我们之前提到的那样，即使程序员忘了对用户的输入进行过滤，Go 的模板引擎也会在显示用户输入时将其转换为转义之后的 HTML，以此来避免可能会出现的问题，图 5-10 证实了这一点。

图 5-9　用于实施 XSS 攻击的表单

图 5-10　多谢 Go 的模板引擎，原本会导致漏洞的用户输入已经被转义了

查看这个页面的源代码将会看到以下结果：

```
<html>
  <head>
    <meta http-equiv="Content-Type" content="text/html; charset=utf-8">
    <title>GoWebProgramming</title>
  </head>
  <body>
    <div>&lt;script&gt;alert(&#39;Pwnd!&#39;);&lt;/script&gt;</div>
  </body>
</html>
```

上下文感知功能不仅能够自动对 HTML 进行转义，它还能够防止基于 JavaScript、CSS 甚至 URL 的 XSS 攻击。那么这是否意味着我们只要使用 Go 的模板引擎就可以无忧无虑地进行开发了呢？并非如此，上下文感知虽然很方便，但它并非灵丹妙药，而且有不少方法可以绕开上下文感知。实际上，如果需要，用户是可以完全不使用上下文感知特性的。

5.6.2　不对 HTML 进行转义

如果真的想要允许用户输入 HTML 代码或者 JavaScript 代码，并在显示内容时执行这些代码，可以使用 Go 提供的"不转义 HTML"机制：只要把不想被转义的内容传给 `template.HTML` 函数，模板引擎就不会对其进行转义。作为例子，让我们对之前展示过的处理器做一些小修改：

```
func process(w http.ResponseWriter, r *http.Request) {
    t, _ := template.ParseFiles("tmpl.html")
    t.Execute(w, template.HTML(r.FormValue("comment")))
}
```

注意，在这个修改后的处理器函数中，程序通过类型转换（typecast）将表单中的评论值转换成了 `template.HTML` 类型。

现在，重新编译并运行这个服务器，然后再次尝试实施 XSS 攻击。攻击产生的结果将根据用户使用的浏览器而定，如果用户使用的是 Chrome、Safari、IE8 或以上版本的 IE 浏览器，那么什么都不会发生——用户将看到一个空白的页面；但如果用户使用的是 Firefox，那么用户将会看到图 5-11 所示的画面。

因为 IE、Chrome 和 Safari 在默认情况下都能够防御某些特定类型的 XSS 攻击，所以我们的 XSS 攻击在这 3 个浏览器上都没有能够成功实施；与此相反，因为 Firefox 并不具备内置的 XSS 防御功能，所以我们在 Firefox 浏览器上成功实施了 XSS 攻击。

在需要时，用户也可以通过发送一个最初由微软公司为 IE 浏览器创建的特殊 HTTP 响应首部 X-XSS-Protection 来让浏览器关闭内置的 XSS 防御功能，就像这样：

```
func process(w http.ResponseWriter, r *http.Request) {
    w.Header().Set("X-XSS-Protection", "0")
    t, _ := template.ParseFiles("tmpl.html")
```

```
    t.Execute(w, template.HTML(r.FormValue("comment")))
}
```

图 5-11　XSS 攻击成功

现在，如果再次尝试实施 XSS 攻击，那么你将会在 IE、Chrome 和 Safari 上看到与 Firefox 相同的攻击效果。

5.7　嵌套模板

本章到目前为止已经介绍了 Go 模板引擎的不少特性，在继续了解更多特性之前，我们需要先学习一下如何在 Web 应用中使用布局。

所谓的布局（layout），指的是 Web 设计中可以重复应用在多个页面上的固定模式。为了构建协调一致的用户界面，Web 应用常常需要展示一些相似的页面，因此 Web 应用也会经常用到布局。比如说，很多 Web 应用都拥有相应的头部菜单，以及提供服务器状态、版权声明、联系方式等附加信息的尾部栏，而其他一些 Web 应用可能会在屏幕的左侧提供导航栏又或者多级导航菜单。不难猜出，这些布局实际上都可以使用嵌套模板实现。

前面的小节曾经介绍过如何使用包含动作实现嵌套模板，但使用这种方法来开发复杂的 Web 应用，不仅需要将大量代码硬编码到处理器里面，还需要创建大量的模板文件，而引发这一问题的原因跟我们使用模板的方式有关。

正如之前所说，我们可以通过包含动作，在一个模板里面包含另一个模板：

```
{{ template "name" . }}
```

其中动作的参数 name 就是被包含模板的名字，并且这个名字还是一个字符串常量。这意味着如果我们继续像之前一样，使用文件名作为模板名，那么因为每个页面都拥有它们各自的布局模板文件，所以程序最终将无法拥有任何可共用的公共布局，而这种做法跟构建布局的想法正好是相悖的。比如说，对于代码清单 5-22 所示的模板文件，我们就不能把它用作公共的布局模板文件。

代码清单 5-22 无效的模板布局文件

```
<html>
  <head>
    <meta http-equiv="Content-Type" content="text/html; charset=utf-8">
    <title>Go Web Programming</title>
  </head>
  <body>
    {{ template "content.html" }}
  </body>
</html>
```

出现这种问题的根源在于我们实际上并没有以正确的方式使用 Go 模板引擎。尽管我们可以让每个模板文件都只定义一个模板，并将模板文件的名字用作模板的名字，但实际上，我们也可以通过定义动作（define action），在模板文件里面显式地定义模板，就像代码清单 5-23 所示的那样。

代码清单 5-23 显式地定义一个模板

```
{{ define "layout" }}

<html>
  <head>
    <meta http-equiv="Content-Type" content="text/html; charset=utf-8">
    <title>Go Web Programming</title>
  </head>
  <body>
    {{ template "content" }}
  </body>
</html>

{{ end }}
```

这个文件以一个{{ define "layout" }}标签作开头，并以一个{{ end }}标签结尾，而介于这两个标签之间的内容就是 layout 模板的定义。与此同时，通过使用另一个定义动作，我们还可以在这个文件里面再多创建一个模板。换句话说，我们可以像代码清单 5-24 所示的那样，在同一个模板文件里面定义多个不同的模板。

代码清单 5-24 在一个模板文件里面定义多个模板

```
{{ define "layout" }}

<html>
  <head>
    <meta http-equiv="Content-Type" content="text/html; charset=utf-8">
    <title>Go Web Programming</title>
  </head>
  <body>
    {{ template "content" }}
  </body>
</html>

{{ end }}
```

```
{{ define "content" }}

Hello World!

{{ end }}
```

代码清单 5-25 展示了处理器使用这些模板的方法。

代码清单 5-25　使用显式定义的模板

```
func process(w http.ResponseWriter, r *http.Request) {
    t, _ := template.ParseFiles("layout.html")
    t.ExecuteTemplate(w, "layout", "")
}
```

分析模板的方法跟之前介绍过的一样，但是这次在执行模板的时候，程序需要显式地使用
ExecuteTemplate 方法，并把待执行的 layout 模板的名字用作方法的第二个参数。因为
layout 模板嵌套了 content 模板，所以程序只需要执行 layout 模板就可以在浏览器中得到
content 模板产生的 Hello World!输出了。通过使用 cURL 获取模板输出的实际 HTML 文
件，我们将看到以下结果：

```
> curl -i http://127.0.0.1:8080/process
HTTP/1.1 200 OK
Date: Sun, 08 Feb 2015 14:09:15 GMT
Content-Length: 187
Content-Type: text/html; charset=utf-8

<html>
  <head>
    <meta http-equiv="Content-Type" content="text/html; charset=utf-8">
    <title>Go Web Programming</title>
  </head>
  <body>

Hello World!

  </body>
</html>
```

用户除可以在同一个模板文件里面定义多个不同的模板之外，还可以在不同的模板文件里面
定义同名的模板。作为例子，让我们首先移除 layout.html 文件中现有的 content 模板定义，然
后分别在代码清单 5-26 和代码清单 5-27 所示的 red_hello.html 文件和 blue_hello.html
文件中重新定义 content 模板。

代码清单 5-26　red_hello.html

```
{{ define "content" }}

<h1 style="color: red;">Hello World!</h1>

{{ end }}
```

代码清单 5-27　`blue_hello.html`

```
{{ define "content" }}

<h1 style="color: blue;">Hello World!</h1>

{{ end }}
```

代码清单 5-28 展示了修改之后的处理器，它向我们演示了应该如何使用在不同模板文件中定义的两个 content 模板。

代码清单 5-28　处理器使用在不同模板文件中定义的同名模板

```
func process(w http.ResponseWriter, r *http.Request) {
    rand.Seed(time.Now().Unix())
    var t *template.Template
    if rand.Intn(10) > 5 {
        t, _ = template.ParseFiles("layout.html", "red_hello.html")
    } else {
        t, _ = template.ParseFiles("layout.html", "blue_hello.html")
    }
    t.ExecuteTemplate(w, "layout", "")
}
```

这个处理器会根据生成的随机数，决定对 red_hello.html 和 blue_hello.html 这两个模板文件中的哪一个进行语法分析。当处理器像之前一样执行包含了 content 模板的 layout 模板时，被随机选中的那个模板文件中定义的 content 模板就会被执行。因为 red_hello.html 和 blue_hello.html 这两个模板文件都定义了 content 模板，所以它们中的哪一个被随机选中了进行语法分析，被分析文件中定义的 content 模板就会被执行。换句话说，我们可以在维持“layout 模板包含 content 模板”这一关系不变的情况下，通过对不同的模板文件进行语法分析来达到改变输出结果的目的。

现在，如果我们重新编译并启动修改后的服务器，然后通过浏览器对其进行访问，那么我们将会随机看到蓝色或者红色的 Hello World! 输出，就像图 5-12 所示的那样。

图 5-12　能够随机切换内容的模板

5.8 通过块动作定义默认模板

Go 1.6 引入了一个新的块动作（block action），这个动作允许用户定义一个模板并且立即使用。块动作看上去是下面这个样子的：

```
{{ block arg }}
  Dot is set to arg
{{ end }}
```

为了更好地了解块动作的使用方法，我们将使用块动作重新实现上一节展示过的例子，并在处理器没有指定特定的模板时，默认展示蓝色的 Hello World 模板。代码清单 5-29 展示了修改之后的处理器，正如加粗的代码行所示，处理器的 else 块将不再同时分析 layout.html 文件和 blue_hello.html 文件，而是只分析 layout.html 文件。

代码清单 5-29   只对 `layout.html` 进行语法分析

```
func process(w http.ResponseWriter, r *http.Request) {
    rand.Seed(time.Now().Unix())
    var t *template.Template
    if rand.Intn(10) > 5 {
        t, _ = template.ParseFiles("layout.html", "red_hello.html")
    } else {
        t, _ = template.ParseFiles("layout.html")
    }
    t.ExecuteTemplate(w, "layout", "")
}
```

如果我们现在就重新编译并启动服务器，那么服务器就会因为在 else 块中找不到需要进行语法分析的 content 模板而出现随机崩溃的情况。为了解决这个问题，我们需要像代码清单 5-30 所示的那样，在 layout.html 模板文件中通过块动作定义 content 模板，并将其用作默认的 content 模板。

代码清单 5-30   通过块动作添加默认的 `content` 模板

```
{{ define "layout" }}

<html>
  <head>
    <meta http-equiv="Content-Type" content="text/html; charset=utf-8">
    <title>Go Web Programming</title>
  </head>
  <body>
    {{ block "content" . }}
      <h1 style="color: blue;">Hello World!</h1>
    {{ end }}
  </body>
</html>

{{ end }}
```

块动作能够高效地定义一个 content 模板，并将它放置到 layout 模板里面。当 layout 模板被执行时，如果模板引擎没有找到可用的 content 模板，那么它就会使用块动作中定义的 content 模板。

在最近的这几章，我们学习了如何接收请求，如何处理请求，以及如何生成用于响应请求的内容，而在接下来的一章，我们将要学习如何通过 Go 语言将数据存储到内存、文件或者数据库里面。

5.9 小结

- 在 Web 应用中，模板引擎会把模板和数据进行合并，生成将要返回给客户端的 HTML。
- Go 的标准模板引擎定义在 html/template 包当中。
- Go 模板引擎的工作方式就是对一个模板进行语法分析，接着在执行这个模板的时候，将一个 ResponseWriter 以及一些数据传递给它。被调用的模板引擎会对传入的已分析模板以及数据进行合并，然后把合并的结果传递给 ResponseWriter。
- Go 的模板拥有一系列丰富多样并且威力强大的动作，这些动作就是一系列命令，它们可以告诉模板应该以何种方式与数据合并。
- 除了动作之外，模板还可以包含参数、管道和变量：其中参数用于表示模板中的数据值，管道用于串联起多个参数和函数，至于变量则会作为动作的组件而存在。
- Go 拥有一系列受限的模板函数。此外，通过创建一个函数映射并将它与模板进行绑定，用户也可以创建出自己的模板函数。
- Go 的模板引擎可以根据数据所在的位置改变数据的显示方式，这种上下文感知特性能够有效地防御 XSS 攻击。
- 人们在设计一个拥有一致外观和使用感受的 Web 应用时，常常会用到 Web 布局，Go 可以使用嵌套模板来实现 Web 布局。

第 6 章　存储数据

本章主要内容
- 使用结构进行内存存储
- 使用 CSV 和 gob 二进制文件进行文件存储
- 使用 SQL 进行关系数据库存储
- Go 与 SQL 映射器

本书在第 2 章引入了数据持久化这一概念,并简单地介绍了如何将数据持久化到 PostgreSQL 这个关系数据库中。本章将会继续深入讨论数据持久化这一主题,并说明如何才能将数据存储到内存、文件、关系数据库以及 NoSQL 数据库中。

尽管数据持久化从技术上来说并不属于 Web 应用编程的范畴,但因为绝大部分 Web 应用都会以某种形式存储数据,所以数据持久化是除了模板和处理器这两大支柱之外,任何 Web 应用都必不可少的第三大支柱。

Web 应用通常会采取以下手段存储数据:
- 在程序运行时,将数据存储到内存里面;
- 将数据存储到文件系统的文件里面;
- 通过服务器程序前端,将数据存储到数据库里面。

在本章中,我们将会分别通过以上这 3 种手段,使用 Go 对数据进行访问,并对数据执行俗称 CRUD 的创建、获取、更新和删除这 4 个操作。

6.1　内存存储

本节所说的内存存储指的是将数据存储在运行中的应用里面,并在应用运行的过程中使用这些数据,而不是说将数据存储到内存数据库里面。将数据存储在数据结构里面是实现内存存储的常见手段,对于 Go 语言来说,这意味着使用数组、切片、映射和结构来存储数据。

存储数据这一操作本身是非常简单的,用户只需要创建相应的结构、切片和映射就可以了。

但如果我们更加深入地思考这个问题就会发现，程序最终操作的将不是一个个单独的结构，而是一系列由容器（container）包裹的多个结构：这些容器既可以是数组、切片和映射，也可以是栈、树、队列以及其他任意类型的数据结构。

除容器本身之外，如何从容器里面获取所需的数据也是一个非常有趣的问题。比如说，代码清单 6-1 就展示了一个使用映射作为结构容器的例子。

代码清单 6-1 在内存里面存储数据

```go
package main

import (
    "fmt"
)

type Post struct {
    Id      int
    Content string
    Author  string
}

var PostById map[int]*Post
var PostsByAuthor map[string][]*Post

func store(post Post) {
    PostById[post.Id] = &post
    PostsByAuthor[post.Author] = append(PostsByAuthor[post.Author], &post)
}

func main() {

    PostById = make(map[int]*Post)
    PostsByAuthor = make(map[string][]*Post)

    post1 := Post{Id: 1, Content: "Hello World!", Author: "Sau Sheong"}
    post2 := Post{Id: 2, Content: "Bonjour Monde!", Author: "Pierre"}
    post3 := Post{Id: 3, Content: "Hola Mundo!", Author: "Pedro"}
    post4 := Post{Id: 4, Content: "Greetings Earthlings!", Author:
    ➡"Sau Sheong"}
    store(post1)
    store(post2)
    store(post3)
    store(post4)

    fmt.Println(PostById[1])
    fmt.Println(PostById[2])

    for _, post := range PostsByAuthor["Sau Sheong"] {
        fmt.Println(post)
    }
    for _, post := range PostsByAuthor["Pedro"] {
        fmt.Println(post)
```

```
    }
}
```

这个程序会使用 Post 结构来表示论坛应用中的帖子，并将该结构存储在内存里面：

```
type Post struct {
    Id      int
    Content string
    Author  string
}
```

Post 结构中最主要的数据是帖子的内容，用户也可以通过帖子的唯一 ID 或者帖子作者的名字来获取帖子。程序会通过将一个代表帖子的键映射至实际的 Post 结构来存储多个帖子。为了提供两种不同的方法来访问帖子，程序分别使用了两个 map 来创建两种不同的映射：

```
var PostById map[int]*Post
var PostsByAuthor map[string][]*Post
```

程序使用了两个变量来存储映射，其中 PostById 变量会将帖子的唯一 ID 映射至指向帖子的指针，而 PostsByAuthor 变量则会将作者的名字映射至一个切片，这个切片可以包含多个指向帖子的指针。注意，无论是 PostById 还是 PostsByAuthor，它们映射的都是指向帖子的指针而不是帖子本身。这样做可以确保程序无论是通过 ID 还是通过作者的名字来获取帖子，得到的都是相同的帖子，而不是同一帖子的不同副本。

在此之后，程序定义了用于存储帖子的 store 函数：

```
func store(post Post) {
    PostById[post.Id] = &post
    PostsByAuthor[post.Author] = append(PostsByAuthor[post.Author], &post)
}
```

store 函数会将一个指向帖子的指针分别存储到 PostById 变量和 PostsByAuthor 变量里面。紧接着，在 main() 函数里面，程序创建了多个将要被存储的帖子，这个过程唯一要做的就是创建多个 Post 结构的实例：

```
post1 := Post{Id: 1, Content: "Hello World!", Author: "Sau Sheong"}
post2 := Post{Id: 2, Content: "Bonjour Monde!", Author: "Pierre"}
post3 := Post{Id: 3, Content: "Hola Mundo!", Author: "Pedro"}
post4 := Post{Id: 4, Content: "Greetings Earthlings!", Author: "Sau Sheong"}
```

接着程序会调用前面定义的 store 函数，把这些帖子一一存储起来：

```
store(post1)
store(post2)
store(post3)
store(post4)
```

如果运行这个程序，我们将会看到以下输出：

```
&{1 Hello World! Sau Sheong}
&{2 Bonjour Monde! Pierre}
&{1 Hello World! Sau Sheong}
```

```
&{4 Greetings Earthlings! Sau Sheong}
&{3 Hola Mundo! Pedro}
```

注意，无论程序是通过帖子的 ID 还是帖子的作者获取帖子，最终得到的都是同一个帖子。

这个例子看上去非常简单直接，甚至可以说有点儿简单过头了。我们之所以要学习怎样将数据存储在内存里面，是因为人们在构建 Web 应用的时候，常常会像第 2 章展示的那样，从一开始就使用关系数据库，然后在进行性能扩展的时候，才认识到自己需要将数据库返回的结果缓存起来以提高性能。正如本章接下来要介绍的内容所示，对数据进行持久化的绝大部分手段都会以这样或那样的形式使用结构，在学完本节介绍的方法之后，我们就可以在进行性能扩展的时候，通过重构代码来将缓存数据存储在内存里面，而不一定非得要使用类似 Redis 那样的外部内存数据库。

因为将数据存储到结构里面对数据存储操作是一种非常重要的重现手段，所以本章以及后续章节还会继续提及这一技术。

6.2 文件存储

因为内存存储不需要访问硬盘，所以相关操作通常都会以风驰电掣般的速度完成。但内存存储有一个不容忽视的缺点，那就是，存储在内存中的数据并不是持久化的。如果你的计算机或者程序可以永远也不关闭，又或者你的数据像缓存一样即使丢失了也无所谓，那么这个缺点对你来说是无伤大雅的；但很多时候，即使是对于缓存数据来说，我们还是希望数据可以在计算机关闭或者程序关闭之后继续存在。实现数据持久化有好几种不同的方式可选，其中最常见的莫过于将数据存储到诸如硬盘或者闪存这样的非易失存储器里面。

把数据存储到非易失存储器里面同样也有多种方法可选，而本节要介绍的是把数据存储到文件系统里面的相关技术。说得更具体一点，我们将要学习的是如何通过 Go 语言以两种不同的方式将数据存储到文件里面：第一种方式需要用到通用的 CSV（comma-separated value，逗号分隔值）文本格式，而第二种方法则需要用到 Go 语言特有的 gob 包。

CSV 是一种常见的文件格式，用户可以通过这种格式向系统传递数据。当你需要用户提供大量数据，但是却因为某些原因而无法让用户把数据填入你提供的表单时，CSV 格式就可以派上用场了：你只需要让用户使用电子表格程序（spreadsheet）输入所有数据，然后将这些数据导出为 CSV 文件，并将其上传到你的 Web 应用中，这样就可以在获得 CSV 文件之后，根据自己的需要对数据进行解码。同样地，你的 Web 应用也可以将用户的数据打包成 CSV 文件，然后通过向用户发送 CSV 文件来为他们提供数据。

gob 是一种能够存储在文件里面的二进制格式，这种格式可以快速且高效地将内存中的数据序列化到一个或多个文件里面。二进制数据文件的用途非常多，比如，在进行数据备份以及有序关机[1]的时候，程序就可以使用二进制数据文件来快速地存储程序中的结构。正如缓存机制对应

---

① 有序关机指的是等到所有任务都执行完毕之后，以有组织的方式关闭计算机系统，这种关机可以确保系统在重启之后不会丢失任何进度或者数据。——译者注

用程序来说非常有用一样，能够将数据暂时存储在文件里面，并在需要的时候读取这些数据，对于实现会话、购物车以及构建临时工作空间（workspace）也是非常有用的。

代码清单 6-2 展示了打开一个文件并对其进行写入的具体方法，在讨论 CSV 文件和 gob 二进制文件的过程中，类似的代码将会反复出现。

代码清单 6-2　对文件进行读写

```go
package main

import (
    "fmt"
    "io/ioutil"
    "os"
)

func main() {
    data := []byte("Hello World!\n")
    err := ioutil.WriteFile("data1", data, 0644)    ◀── 通过 WriteFile 函数和
    if err != nil {                                        ReadFile 函数对文件
        panic(err)                                         进行写入和读取
    }
    read1, _ := ioutil.ReadFile("data1")
    fmt.Print(string(read1))

    file1, _ := os.Create("data2")                  ◀── 通过 File 结构对文件进行
    defer file1.Close()                                  写入和读取

    bytes, _ := file1.Write(data)
    fmt.Printf("Wrote %d bytes to file\n", bytes)

    file2, _ := os.Open("data2")
    defer file2.Close()

    read2 := make([]byte, len(data))
    bytes, _ = file2.Read(read2)
    fmt.Printf("Read %d bytes from file\n", bytes)
    fmt.Println(string(read2))
}
```

为了减少需要展示的代码，代码清单 6-2 中的程序使用了空白标识符来省略各个函数可能会返回的错误。

在这个代码清单里面，程序使用了两种不同的方法来对文件进行写入和读取。第一种方法非常简单直接，它使用的是 ioutil 包中的 WriteFile 函数和 ReadFile 函数：在写入文件时，程序会将文件的名字、需要写入的数据以及一个用于设置文件权限的数字用作参数调用 WriteFile 函数；而在读取文件时，程序只需要将文件的名字用作参数，然后调用 ReadFile 函数即可。此外，无论是传递给 WriteFile 的数据，还是 ReadFile 返回的数据，都是一个由字节组成的切片。

比起前一种方法，使用 File 结构读写文件会显得更为麻烦一些，但这种做法的灵活性更高。

在使用这种方法实现文件写入时，程序需要先调用 os 包的 Create 函数，并通过向该函数传入文件名来创建文件。使用 defer 关闭文件是一种值得提倡的做法，因为它杜绝了用户在使用文件之后忘记关闭文件的问题。defer 语句可以将给定的函数调用推入到一个栈里面，保存在栈中的调用会在包含 defer 语句的函数返回之后执行。对我们的例子来说，这意味着 file1 和 file2 将会在 main 函数执行完毕之后关闭。在拥有了 File 结构之后，程序就可以通过它的 Write 方法对文件进行写入。除了 Write 方法之外，File 结构还提供了其他几个用于写入文件的方法。

使用 File 结构读取文件的方法跟写入文件的方法类似：程序需要使用 os 包的 Open 函数打开文件，然后使用 File 结构提供的 Read 方法或者其他读取方法来读取文件中的数据。因为 File 结构提供了一些方法，它们允许用户定位并读取文件中的指定部分，所以使用 File 结构来读取文件比起单纯地调用 ReadFile 函数拥有更大的灵活性。

执行代码清单 6-2 所示的程序会创建 data1 和 data2 两个文件，它们都包含文本 "Hello World!"。

6.2.1 读取和写入 CSV 文件

CSV 格式是一种文件格式，它可以让文本编辑器非常方便地读写由文本和数字组成的表格数据。CSV 的应用非常广泛，包括微软的 Excel 和苹果的 Numbers 在内的绝大多数电子表格程序都支持 CSV 格式，因此包括 Go 在内的很多编程语言都提供了能够生成和处理 CSV 文件数据的函数库。

对 Go 语言来说，CSV 文件可以通过 encoding/csv 包进行操作，代码清单 6-3 展示了如何通过这个包来读写 CSV 文件。

代码清单 6-3 读写 CSV 文件

```go
package main

import (
    "encoding/csv"
    "fmt"
    "os"
    "strconv"
)

type Post struct {
    Id      int
    Content string
    Author  string
}
func main() {
    csvFile, err := os.Create("posts.csv")        ←── 创建一个 CSV 文件
    if err != nil {
        panic(err)
    }
```

```
    defer csvFile.Close()

    allPosts := []Post{
        Post{Id: 1, Content: "Hello World!", Author: "Sau Sheong"},
        Post{Id: 2, Content: "Bonjour Monde!", Author: "Pierre"},
        Post{Id: 3, Content: "Hola Mundo!", Author: "Pedro"},
        Post{Id: 4, Content: "Greetings Earthlings!", Author: "Sau Sheong"},
    }

    writer := csv.NewWriter(csvFile)
    for _, post := range allPosts {
        line := []string{strconv.Itoa(post.Id), post.Content, post.Author}
        err := writer.Write(line)
        if err != nil {
            panic(err)
        }
    }
    writer.Flush()

    file, err := os.Open("posts.csv")          ← 打开一个 CSV 文件
    if err != nil {
        panic(err)
    }
    defer file.Close()

    reader := csv.NewReader(file)
    reader.FieldsPerRecord = -1
    record, err := reader.ReadAll()
    if err != nil {
        panic(err)
    }

    var posts []Post
    for _, item := range record {
        id, _ := strconv.ParseInt(item[0], 0, 0)
        post := Post{Id: int(id), Content: item[1], Author: item[2]}
        posts = append(posts, post)
    }
    fmt.Println(posts[0].Id)
    fmt.Println(posts[0].Content)
    fmt.Println(posts[0].Author)
}
```

　　首先让我们来了解一下如何对 CSV 文件执行写操作。在一开始，程序会创建一个名为
posts.csv 的文件以及一个名为 csvFile 的变量，而后续代码的目标则是将 allPosts 变量
中的所有帖子都写入这个文件。为了完成这一目标，程序会使用 NewWriter 函数创建一个新的
写入器（writer），并把文件用作参数，将其传递给写入器。在此之后，程序会为每个待写入的帖
子都创建一个由字符串组成的切片。最后，程序调用写入器的 Write 方法，将一系列由字符串
组成的切片写入之前创建的 CSV 文件。

　　如果程序进行到这一步就结束并退出，那么前面提到的所有数据都会被写入文件，但由于程

序在接下来的代码中立即就要对写入的 posts.csv 文件进行读取，而刚刚写入的数据有可能还滞留在缓冲区中，所以程序必须调用写入器的 Flush 方法来保证缓冲区中的所有数据都已经被正确地写入文件里面了。

读取 CSV 文件的方法和写入文件的方法类似。首先，程序会打开文件，并通过将文件传递给 NewReader 函数来创建出一个读取器（reader）。接着，程序会将读取器的 FieldsPer Record 字段的值设置为负数，这样的话，即使读取器在读取时发现记录（record）里面缺少了某些字段，读取进程也不会被中断。反之，如果 FieldsPerRecord 字段的值为正数，那么这个值就是用户要求从每条记录里面读取出的字段数量，当读取器从 CSV 文件里面读取出的字段数量少于这个值时，Go 就会抛出一个错误。最后，如果 FieldsPerRecord 字段的值为 0，那么读取器就会将读取到的第一条记录的字段数量用作 FieldsPerRecord 的值。

在设置好 FieldsPerRecord 字段之后，程序会调用读取器的 ReadAll 方法，一次性地读取文件中包含的所有记录；但如果文件的体积较大，用户也可以通过读取器提供的其他方法，以每次一条记录的方式读取文件。ReadAll 方法将返回一个由一系列切片组成的切片作为结果，程序会遍历这个切片，并为每条记录创建对应的 Post 结构。如果我们运行代码清单 6-3 所示的程序，那么程序将创建一个名为 posts.csv 的 CSV 文件，该文件将包含以下多个由逗号分隔的文本行：

```
1,Hello World!,Sau Sheong
2,Bonjour Monde!,Pierre
3,Hola Mundo!,Pedro
4,Greetings Earthlings!,Sau Sheong
```

除此之外，这个程序还会读取 posts.csv 文件，并打印出该文件第一行的内容：

```
1
Hello World!
Sau Sheong
```

6.2.2 gob 包

encoding/gob 包用于管理由 gob 组成的流（stream），这是一种在编码器（encoder）和解码器（decoder）之间进行交换的二进制数据，这种数据原本是为序列化以及数据传输而设计的，但它也可以用于对数据进行持久化，并且为了让用户能够方便地对文件进行读写，编码器和解码器一般都会分别包裹起程序的写入器以及读取器。代码清单 6-4 展示了如何使用 gob 包去创建二进制数据文件，以及如何去读取这些文件。

代码清单 6-4　使用 gob 包读写二进制数据

```
package main

import (
    "bytes"
```

```
        "encoding/gob"
        "fmt"
        "io/ioutil"
)

type Post struct {
        Id      int
        Content string
        Author string
}

func store(data interface{}, filename string) {    ◄────── 存储数据
        buffer := new(bytes.Buffer)
        encoder := gob.NewEncoder(buffer)
        err := encoder.Encode(data)
        if err != nil {
            panic(err)
        }
        err = ioutil.WriteFile(filename, buffer.Bytes(), 0600)
        if err != nil {
            panic(err)
        }
}

func load(data interface{}, filename string) {    ◄────── 载入数据
        raw, err := ioutil.ReadFile(filename)
        if err != nil {
            panic(err)
        }
        buffer := bytes.NewBuffer(raw)
        dec := gob.NewDecoder(buffer)
        err = dec.Decode(data)
        if err != nil {
            panic(err)
        }
}

func main() {
        post := Post{Id: 1, Content: "Hello World!", Author: "Sau Sheong"}
        store(post, "post1")
        var postRead Post
        load(&postRead, "post1")
        fmt.Println(postRead)
}
```

　　跟前面展示的程序一样，代码清单 6-4 所示的程序也会用到 Post 结构，并且也包含了相应的 store 方法和 load 方法，但是跟之前不一样的是，这次的 store 方法会将帖子存储为二进制数据，而 load 方法则会通过读取这些二进制数据来获取帖子。

　　首先来分析一下 store 函数，这个函数的第一个参数是一个空接口，而第二个参数则是被存储的二进制文件的名字。虽然空接口参数能够接受任意类型的数据作为值，但是在这个函数里面，它接受的将是一个 Post 结构。在接受了相应的参数之后，store 函数会创建一个

bytes.Buffer 结构，这个结构实际上就是一个拥有 Read 方法和 Write 方法的可变长度（variable-sized）字节缓冲区，换句话说，bytes.Buffer 既是读取器也是写入器。

在此之后，store 函数会把缓冲区传递给 NewEncoder 函数，以此来创建出一个 gob 编码器，接着调用编码器的 Encode 方法将数据（也就是 Post 结构）编码到缓冲区里面，最后再将缓冲区中已编码的数据写入文件。

程序在调用 store 函数时，会将一个 Post 结构和一个文件名作为参数，而这个函数则会创建出一个名为 post1 的二进制数据文件。

接下来，让我们来研究一下 load 函数，这个函数从二进制数据文件中载入数据的步骤跟创建并写入这个文件的步骤正好相反：首先，程序会从文件里面读取出未经处理的原始数据；接着，程序会根据这些原始数据创建一个缓冲区，并借此为原始数据提供相应的 Read 方法和 Write 方法；在此之后，程序会调用 NewDecoder 函数，为缓冲区创建相应的解码器，然后使用解码器去解码从文件中读取的原始数据，并最终得到之前写入的 Post 结构。

在 main 函数里面，程序定义了一个名为 postRead 的 Post 结构，并将这个结构的引用以及二进制数据文件的名字传递给了 load 函数，而 load 函数则会把读取二进制文件所得的数据载入给定的 Post 结构。

当我们运行代码清单 6-4 所示的程序时，将创建出一个包含二进制数据的 post1 文件——因为这个文件包含的是二进制数据，所以如果直接打开这个文件，将会看到一些似乎毫无意义的数据。除创建 post1 文件之外，程序还会读取文件中的数据并将其载入 Post 结构里面，然后在控制终端打印出这个结构：

```
{1 Hello World! Sau Sheong}
```

好了，关于使用文件存储数据的介绍到此就结束了，本章接下来的内容将会讨论如何将数据存储到一种名为数据库服务器的特殊服务器端程序里面。

6.3　Go 与 SQL

在内存和文件系统上存储和访问数据虽然非常有用，但如果你希望在一个健壮并且可扩展的环境里面存储数据，就需要转向使用数据库服务器（database server）。数据库服务器是一种程序，它可以让其他程序通过客户端-服务器模型（client-server model）来访问数据，并且这种访问只能通过数据库服务器实现，而其他形式的访问则会被拒绝。在通常情况下，数据库服务器的客户端既可以是一个函数库，也可以是另一个程序，这个客户端会与数据库服务器进行连接，然后通过结构化查询语言（structured query language，SQL）对数据进行访问。数据库服务器通常会作为系统的一部分，出现在数据库管理系统（database management system）中。

关系数据库管理系统（relational database management system，RDBMS）也许是最常见也最流行的数据库管理系统了，这种系统使用的是基于数据的关系模型构建的关系数据库。在绝大多数情况下，关系数据库服务器都是通过 SQL 来访问关系数据库的。

关系数据库和 SQL 是人们在实现可扩展并且易于使用的数据存储方法时最为常见的手段。本书曾经在第 2 章对关系数据库以及 SQL 做过简单的介绍，而我们接下来要做的是更加深入地了解这两项技术。

6.3.1　设置数据库

在开始学习本节介绍的知识之前，读者首先要做的就是对数据库进行设置。本书在第 2 章就曾经介绍过安装并设置 Postgres 的具体方法，因为本节还会继续用到 Postgres 数据库，所以如果你尚未安装或者设置好这个数据库，那么请根据第 2 章介绍的方法进行设置。

在启动并设置好数据库之后，我们还需要执行以下 3 个步骤：

（1）创建数据库用户；

（2）为用户创建数据库；

（3）运行安装脚本，创建执行相关操作所需的表。

首先，我们可以通过在命令行执行以下命令来创建数据库用户：

```
createuser -P -d gwp
```

这一命令会创建出一个名为 gwp 的 Postgres 数据库用户，其中-P 选项会让 createuser 程序在执行时弹出一个提示符，只需要在提示符出现之后输入相应的字符串，就可以将其设置为 gwp 用户的密码，而-d 选项则会赋予 gwp 用户创建数据库所需的权限。

接着，我们需要为 gwp 用户创建数据库。通过在命令行执行以下命令，我们就可以创建一个名为 gwp 的数据库：

```
createdb gwp
```

注意，这个数据库的名字跟我们刚刚创建的数据库用户的名字是一样的，都是 gwp。虽然数据库用户也可以创建与自己名字不同的数据库，但这样做需要额外的权限设置，所以为了让事情尽可能简单，我们这里将使用默认的数据库命名方式，也就是，为数据库用户创建一个与之同名的数据库。

在拥有了数据库之后，我们还需要创建一个表，这个表也是接下来的内容中我们唯一需要使用的表。首先，我们需要创建一个名为 setup.sql 的文件，并将代码清单 6-5 所示的内容键入该文件中。

代码清单 6-5　用于创建表的脚本

```
create table posts (
  id     serial primary key,
  content text,
  author  varchar(255)
);
```

接着，我们还需要在命令行执行以下命令：

```
psql -U gwp -f setup.sql -d gwp
```

这样的话，我们就把接下来要用到的数据库设置好了。注意，在每次执行后续展示的代码之前，你可能都需要重复执行一次这条命令，以便清理并设置数据库。

在创建并设置好数据库之后，现在是时候来连接这个数据库了。代码清单 6-6 展示了一个名为 store.go 的文件，文件中的代码对 Postgres 执行了一系列操作，而接下来的小节将会逐一地分析这些操作的实现原理。

代码清单 6-6 使用 Go 对 Postgres 执行 CRUD 操作

```go
package main

import (
    "database/sql"
    "fmt"
    _ "github.com/lib/pq"
)

type Post struct {
    Id      int
    Content string
    Author  string
}
var Db *sql.DB
func init() {
    var err error
    Db, err = sql.Open("postgres", "user=gwp dbname=gwp password=gwp
    ⮡sslmode=disable")          ◀────┐    连接到数据库
    if err != nil {
        panic(err)
    }
}

func Posts(limit int) (posts []Post, err error) {
    rows, err := Db.Query("select id, content, author from posts limit $1",
    ⮡limit)
    if err != nil {
        return
    }
    for rows.Next() {
        post := Post{}
        err = rows.Scan(&post.Id, &post.Content, &post.Author)
        if err != nil {
            return
        }
        posts = append(posts, post)
    }
    rows.Close()
    return
}
                                              获取单独一篇帖子
func GetPost(id int) (post Post, err error) {  ◀────
```

```
    post = Post{}
    err = Db.QueryRow("select id, content, author from posts where id =
    ➥$1", id).Scan(&post.Id, &post.Content, &post.Author)
    return
}
```

创建一篇新帖子

```
func (post *Post) Create() (err error) {                        ◄
    statement := "insert into posts (content, author) values ($1, $2)
    ➥returning id"
    stmt, err := Db.Prepare(statement)
    if err != nil {
        return
    }
    defer stmt.Close()
    err = stmt.QueryRow(post.Content, post.Author).Scan(&post.Id)
    return
}

func (post *Post) Update() (err error) {
    _, err = Db.Exec("update posts set content = $2, author = $3 where id =
    ➥$1", post.Id, post.Content, post.Author)      ◄  更新帖子
    return
}
```

删除一篇帖子

```
func (post *Post) Delete() (err error) {           ◄
    _, err = Db.Exec("delete from posts where id = $1", post.Id)
    return
}

func main() {
    post := Post{Content: "Hello World!", Author: "Sau Sheong"}
                                                  ◄  {0 Hello World! Sau Sheong}
    fmt.Println(post)
    post.Create()
    fmt.Println(post)                  ◄  {1 Hello World! Sau Sheong}

    readPost, _ := GetPost(post.Id)
    fmt.Println(readPost)                     ◄  {1 Hello World! Sau Sheong}

    readPost.Content = "Bonjour Monde!"
    readPost.Author = "Pierre"
    readPost.Update()

    posts, _ := Posts()
    fmt.Println(posts)                ◄  [{1 Bonjour Monde! Pierre}]

    readPost.Delete()
}
```

6.3.2　连接数据库

程序在对数据库执行任何操作之前，都需要先与数据库进行连接，代码清单 6-7 展示了实现

这一动作的具体过程：程序首先使用 Db 变量定义了一个指向 sql.DB 结构的指针，然后使用 init()函数来初始化这个变量（Go 语言的每个包都会自动调用定义在包内的 init()函数）。

代码清单 6-7 用于创建数据库句柄的函数

```
var Db *sql.DB

func init() {
    var err error
    Db, err = sql.Open("postgres", "user=gwp dbname=gwp password=gwp
        sslmode=disable")
    if err != nil {
            panic(err)
    }
}
```

sql.DB 结构是一个数据库句柄（handle），它代表的是一个包含了零个或任意多个数据库连接的连接池（pool），这个连接池由 sql 包管理。程序可以通过调用 Open 函数，并将相应的数据库驱动名字（driver name）以及数据源名字（data source name）传递给该函数来建立与数据库的连接。比如，在上面展示的例子中，程序使用的是 postgres 驱动。数据源名字是一个特定于数据库驱动的字符串，它会告诉驱动应该如何与数据库进行连接。Open 函数在执行之后会返回一个指向 sql.DB 结构的指针作为结果。

需要注意的是，Open 函数在执行时并不会真正地与数据库进行连接，它甚至不会检查用户给定的参数：Open 函数的真正作用是设置好连接数据库所需的各个结构，并以惰性的方式，等到真正需要时才建立相应的数据库连接。

此外，因为 sql.DB 只是一个句柄而不是实际的连接，而这个句柄代表的是一个会自动对连接进行管理的连接池，所以尽管用户可以手动关闭 sql.DB，但是在实际中通常并不需要这样做。在上面展示的例子中，程序通过全局定义的 Db 变量在各个 CRUD 方法以及函数中使用 sql.DB 结构；但除此之外，我们也可以选择在创建 sql.DB 结构之后，通过向方法或者函数传递这个结构的方式来使用它。

到目前为止，我们讨论的都是 Open 函数，这个函数接受数据库驱动名字和数据源名字作为参数，然后返回一个 sql.DB 结构作为结果。那么程序本身又是如何获取数据库驱动的呢？一般来说，程序都会向 Register 函数提供一个数据库驱动名字以及一个实现了 driver.Driver 接口的结构，以此来注册将要用到的数据库驱动，就像这样：

```
sql.Register("postgres", &drv{})
```

这个例子中的 postgres 就是数据库驱动的名字，而 drv 则是实现了 Driver 接口的结构。你也许已经注意到了，前面展示的数据库程序并没有包含类似的注册代码，这是因为程序使用的第三方 Postgres 驱动在被导入的时候已经自行实现了注册：

```
import (
    "fmt"
```

```
    "database/sql"
    _ "github.com/lib/pq"
)
```

上面这段代码中的 github.com/lib/pq 包就是程序导入的 Postgres 驱动，在导入这个包之后，包内定义的 init 函数就会被调用，并对其自身进行注册。因为 Go 语言没有提供任何官方数据库驱动，所以 Go 语言的所有数据库驱动都是第三方函数库，并且这些库必须遵守 sql.driver 包中定义的接口。注意，因为程序在操作数据库的时候只需要用到 database/sql，而不需要直接使用数据库驱动，所以程序在导入 Postgres 数据库驱动的时候将这个包的名字设置成了下划线（ _ ）。这种引用数据库驱动的方式可以让用户在不修改代码的情况下升级驱动，或者修改驱动实现。

至于安装驱动这一操作，则可以通过在命令行里执行以下命令来完成：

```
go get "github.com/lib/pq"
```

这一命令会从代码库中获取驱动的具体代码，并将这些代码放置到包库（package repository）里面，当需要用到这个驱动时，编译器就会把驱动代码与用户编写的代码一同编译。

6.3.3　创建帖子

在完成了数据库的初步设置之后，现在是时候创建我们的首条数据库记录了。本节还会用到之前几节展示过的 Post 结构，跟之前不一样的是，这次展示的程序将不会再把 Post 结构包含的信息存储到内存或者文件中，而是把这些信息存储到 Postgres 数据库中，并在需要的时候从数据库中获取这些信息。

前面的示例程序向我们展示了如何使用不同的函数执行数据的创建、获取、更新和删除操作，而在这一节，我们将会了解到使用 Create 函数创建新帖子的更多细节。在仔细研究 Create 函数的代码之前，让我们先来了解一下创建帖子的具体步骤。

创建帖子首先要做的是创建一个 Post 结构，并为该结构的 Content 字段和 Author 字段设置值。需要注意的是，因为结构的 Id 字段的值通常是由数据库的自增主键自动生成的，所以我们并不需要为这个字段设置值。

```
post := Post{Content: "Hello World!", Author: "Sau Sheong"}
```

如果我们现在使用一个 fmt.Println 语句打印这个结构，会看到 Id 字段的值被初始化成了 0：

```
fmt.Println(post)                    ◀── {0 Hello World! Sau Sheong}
```

现在，我们可以通过执行 Post 结构的 Create 方法，把结构中包含的数据存储到数据库的记录（record）里面：

```
post.Create()
```

Create 方法在发生故障时会返回一个错误，但为了让代码保持简单，我们这里暂且先省略相应的错误处理代码。现在，再次打印这个 Post 结构：

```
fmt.Println(post)                    ◄—{1 Hello World! Sau Sheong}
```

从打印的结果可以看到，Id 字段的值现在被设置成了 1。在了解了使用 Create 函数创建新帖子的具体步骤之后，现在是时候来看看代码清单 6-8，了解一下它的具体实现代码了。

代码清单 6-8　创建一篇帖子

```
func (post *Post) Create() (err error) {
    statement := "insert into posts (content, author) values ($1, $2)
    ➥returning id "
    stmt, err := db.Prepare(statement)
    if err != nil {
        return
    }
    defer stmt.Close()
    err = stmt.QueryRow(post.Content, post.Author).Scan(&post.Id)
    if err != nil {
        return
    }
    return
}
```

Create 函数是 Post 结构的一个方法，这一点可以通过 Create 函数的定义看出：在 func 关键字和函数名 Create 之间，有一个指向 Post 结构的引用，这个名为 post 的引用也被称为方法的接收者（receiver），接收者可以不使用 & 符号，直接在方法内部对结构进行引用。

Create 方法做的第一件事是定义一条 SQL 预处理语句，一条预处理语句（prepared statement）就是一个 SQL 语句模板，这种语句通常用于重复执行指定的 SQL 语句，用户在执行预处理语句时需要为语句中的参数提供实际值。

比如，在创建数据库记录的时候，Create 函数就会使用实际值去替换以下语句中的 $1 和 $2：

```
statement := "insert into posts (content, author) values ($1, $2) returning id"
```

除了在数据库里面创建记录之外，这个语句还会要求数据库返回 id 列的值，本文稍后就会说明这样做的具体原因。

为了创建预处理语句，程序使用了 sql.DB 结构的 Prepare 方法：

```
stmt, err := db.Prepare(statement)
```

这行代码会创建一个指向 sql.Stmt 接口的引用，这个引用就是上面提到的预处理语句。sql.Stmt 接口的定义位于 sql.Driver 包当中，而具体的结构则由数据库驱动实现。

之后，程序会调用预处理语句的 QueryRow 方法，并把来自接收者的数据传递给该方法，以此来执行预处理语句：

```
err = stmt.QueryRow(post.Content, post.Author).Scan(&post.Id)
```

我们之所以在这里使用 QueryRow 方法，是因为我们只想要获取一个指向 sql.Row 结构的引用：如果 QueryRow 发现被执行的 SQL 语句返回了多于一个 sql.Row，那么它只会返回结果中的第一个 sql.Row，并丢弃剩余的所有 sql.Row。因为 QueryRow 方法的返回值只有一个 sql.Row 结构，它不会返回任何错误，所以 QueryRow 方法通常会跟 Row 结构的 Scan 方法搭配使用，并由 Scan 方法把行中的值复制到程序为其提供的参数里面。正如上面的代码所示，Scan 方法会把 SQL 查询语句返回的 id 列的值设置为 post 接收者的 Id 字段的值，这也是我们前面在编写预处理语句时，要求 SQL 查询语句返回 id 列的值的原因。很明显，因为接收者的 Content 字段和 Author 字段都已经有值了，所以程序最后要做的就是将接收者的 Id 字段的值设置成数据库生成的自增整数。现在，正如你所料，因为 post 变量的 Id 字段也已经设置了值，所以程序得到的将是一个完整地进行了设置的 Post 结构，并且该结构包含的数据与数据库记录的数据完全一致。

6.3.4 获取帖子

在学会如何创建帖子之后，我们很自然地就要学习如何获取帖子了。跟前面一样，在编写获取帖子的函数之前，我们需要先了解一下获取帖子的具体步骤。因为程序在尝试获取帖子的时候是没有现成的 Post 结构可用的，所以它自然也无法通过为 Post 结构定义方法来获取帖子了。为此，程序需要定义一个 GetPost 函数，这个函数接受帖子的 Id 作为参数，并返回一个包含了完整帖子数据的 Post 结构作为结果：

```
readPost, _ := GetPost(1)
fmt.Println(readPost)          ◀——{1 Hello World! Sau Sheong}
```

这段代码没有像之前展示过的代码清单那样，向 GetPost 函数传递 post.Id 变量，而是直接向 GetPost 函数传递了帖子的 ID 值 1，以此来强调函数是通过帖子 ID 来获取帖子的。代码清单 6-9 展示了 GetPost 函数的具体实现代码。

代码清单 6-9 获取一篇帖子

```
func GetPost(id int) (post Post, err error) {
    post = Post{}
    err = Db.QueryRow("select id, content, author from posts where id =
    $1", id).Scan(&post.Id, &post.Content, &post.Author)
    return
}
```

GetPost 函数首先创建了一个空的 Post 结构，然后在对结构进行设置之后，将其用作函数的返回值：

```
post = Post{}
```

跟之前一样，程序通过串联 QueryRow 方法和 Scan 方法，将执行查询所得的数据复制到空的 Post 结构里面。需要注意的是，因为获取单个帖子无需重复执行相同的 SQL 语句，所以程序使用的是 sql.DB 结构的 QueryRow 方法而不是 sql.Stmt 结构的 QueryRow 方法。实际上，`Create` 方法和 `GetPost` 函数既可以使用 `sql.DB` 来实现，也可以使用 `sql.Stmt` 来实现，在这里使用 `sql.DB` 而不是沿用 `sql.Stmt` 只是为了展示另一种可行的做法。

在将数据库包含的数据填充到空的 `Post` 结构之后，`GetPost` 就会将这个结构返回给调用函数。

6.3.5 更新帖子

在学会如何获取帖子之后，我们接下来要做的就是学习如何对数据库记录中的信息进行更新。假设现在程序已经通过获取操作把帖子保存到了 `readPost` 变量里面，那么它应该可以对帖子进行修改，并通过更新操作将这些修改反映至数据库：

```
readPost.Content = "Bonjour Monde!"
readPost.Author = "Pierre"
readPost.Update()
```

更新操作可以通过为 `Post` 结构添加 `Update` 方法来实现，代码清单 6-10 展示了这个方法的具体实现代码。

代码清单 6-10　更新一篇帖子

```
func (post *Post) Update() (err error) {
    _, err = Db.Exec("update posts set content = $2, author = $3 where id =
$1", post.Id, post.Content, post.Author)
    return
}
```

跟创建帖子时的做法不同，这次展示的更新操作没有使用预处理语句，而是直接调用 `sql.DB` 结构的 `Exec` 方法。这是因为程序既不需要对接收者进行任何更新，也不需要对方法返回的结果进行扫描（scan），所以它才会选择使用速度更快的 `Exec` 方法来执行查询：

```
_, err = Db.Exec(post.Id, post.Content, post.Author)
```

`Exec` 方法会返回一个 `sql.Result` 和一个可能出现的错误，其中 `sql.Result` 记录的是受查询影响的行的数量以及可能会出现的最后插入 id。因为更新操作对 `sql.Result` 记录的这两项信息都不感兴趣，所以程序会通过将 `sql.Result` 赋值给下划线（_）来忽略它。如果一切顺利，没有出现错误，当 `Exec` 执行完毕时，给定的帖子就会被更新。

6.3.6 删除帖子

到目前为止，我们已经学习了如何创建、获取和更新帖子，那么接下来要考虑的就是如何在不需要这些帖子的时候删除它们了。比如说，假设程序已经通过获取操作将一篇帖子存储到了 `readPost` 变量里面，那么接下来就可以通过调用 `readPost` 变量的 `Delete` 方法来删除帖子：

```
readPost.Delete()
```

Delete 方法的用法非常简单, 代码清单 6-11 展示了这个方法的具体定义, 里面使用的都是前面已经介绍过的技术。

代码清单 6-11　删除一篇帖子

```
func (post *Post) Delete() (err error) {
    _, err = Db.Exec("delete from posts where id = $1", post.Id)
    return
}
```

跟前面更新帖子时一样, Delete 方法直接通过调用 sql.DB 结构的 Exec 方法来执行 SQL查询, 并且因为 Delete 方法也对 Exec 方法返回的结果不感兴趣, 所以它也会把 Exec 返回的结果赋值给了下划线 (_)。

也许你已经注意到了, 与 Post 结构有关的各个方法以及函数都是以一种非常随意的方式进行定义的, 所以在需要的时候, 你也可以根据自己的想法来修改这些方法和函数。举个例子,除了 "先修改已有的 Post 结构, 然后再调用 Update 方法将更新反映到数据库里面" 这种更新方法之外, 你还可以考虑直接将需要修改的内容当作参数传递给 Update 方法; 又或者说,你也可以考虑创建更多不同的获取函数, 然后通过特定的列或者特定的过滤器来获取你想要的帖子。

6.3.7　一次获取多篇帖子

根据给定的最大帖子数量, 一次从数据库里面获取多篇帖子, 是一种非常常见的做法。换句话说, 程序可以通过执行以下命令, 从数据库里面获取前十篇帖子, 并将它们放入到一个切片里面:

```
posts, _ := Posts(10)
```

代码清单 6-12 展示了完成这一操作的 Posts 函数的具体定义。

代码清单 6-12　一次获取多篇帖子

```
func Posts(limit int) (posts []Post, err error) {
    rows, err := Db.Query("select id, content, author from posts limit $1",
    limit)
    if err != nil {
        return
    }
    for rows.Next() {
        post := Post{}
        err = rows.Scan(&post.Id, &post.Content, &post.Author)
        if err != nil {
            return
        }
        posts = append(posts, post)
```

```
        }
        rows.Close()
        return
}
```

Posts 函数使用了 `sql.DB` 结构的 `Query` 方法来执行查询，这个方法会返回一个 `Rows` 接口。`Rows` 接口是一个迭代器，程序可以通过重复调用它的 `Next` 方法来对其进行迭代并获得相应的 `sql.Row`；当所有行都被迭代完毕时，`Next` 方法将返回 `io.EOF` 作为结果。

Posts 函数在每次进行迭代的时候都会创建一个 Post 结构，并将行包含的数据扫描到结构里面，然后再将这个结构追加到 posts 切片的末尾。当所有行都被迭代完毕之后，Posts 函数就会将这个包含了多个 Post 结构的 posts 切片返回给调用者。

6.4　Go 与 SQL 的关系

关系数据库之所以能够成为一种流行的数据存储手段，其中一个原因就是它可以在表与表之间建立关系，从而使不同的数据能够以一种一致且易于理解的方式互相进行关联。基本上，有 4 种方法可以把一项记录与其他记录关联起来：

- 一对一关联，也被称为"有一个"（has one）关系，比如一个用户必然会拥有一个个人简介；
- 一对多关联，也被称为"有多个"（has many）关系，比如一个用户可能会拥有多篇论坛帖子；
- 多对一关联，也被称为"属于"（belongs to）关系，比如多篇论坛帖子可能会同属于某一个用户；
- 多对多关联，比如一个用户可能会参与论坛里面多篇帖子的讨论，而一篇帖子里面也会有多个用户在发表评论。

在前面的内容中，我们已经学习了如何对单个数据库表执行标准的 CRUD 操作，但我们还不知道如何才能对两个相关联的表执行相同的操作。因此，在这一节，我们将要学习如何通过一对多关系为一篇论坛帖子构建多篇评论。与此同时，因为一对多关系跟多对一关系实际上就是一体两面的两个东西，所以除了一对多关系之外，我们还会学习如何使用多对一关系。

6.4.1　设置数据库

在正式开始之前，我们需要再次对数据库进行设置，不过跟上次只创建一个表的做法不同，这一次我们将会创建两个表。此外，这次设置需要用到的命令跟上一次设置使用的命令完全一样，只是被执行的 setup.sql 脚本跟之前的有所不同，代码清单 6-13 展示了新脚本的具体定义。

代码清单 6-13　创建两个相关联的表

```
drop table posts cascade if exists;
drop table comments if exists;
```

```
create table posts (
  id      serial primary key,
  content text,
  author  varchar(255)
);

create table comments (
  id      serial primary key,
  content text,
  author  varchar(255),
  post_id integer references posts(id)
);
```

这次的脚本除了会创建 posts 表之外，还会创建 comments 表，comments 表的大部分列都跟 posts 表一样，主要区别在于 comments 表多了一个额外的 post_id 列：这个 post_id 会作为外键（foreign key），对 posts 表的主键 id 进行引用。此外，因为 posts 表和 comments 表现在已经通过主键和外键建立起了关联，所以用户在删除 posts 表的同时也需要将 comments 表一并删除；否则，由于 comments 表对 posts 表的依赖关系，删除 posts 表这一操作将无法正常执行。

设置好相应的数据库表之后，现在让我们来看看如何使用 Go 语言实现一对多以及多对一关系。代码清单 6-14 展示了具体的实现代码，这些代码都存储在一个名为 store.go 的文件里面。

代码清单 6-14　使用 Go 语言实现一对多以及多对一关系

```go
package main

import (
    "database/sql"
    "errors"
    "fmt"
    _ "github.com/lib/pq"
)

type Post struct {
    Id      int
    Content string
    Author string
  Comments []Comment
}

type Comment struct {
    Id      int
    Content string
    Author  string
    Post    *Post
}

var Db *sql.DB
```

```go
func init() {
    var err error
    Db, err = sql.Open("postgres", "user=gwp dbname=gwp password=gwp
    ⟹sslmode=disable")
    if err != nil {
        panic(err)
    }
}

func (comment *Comment) Create() (err error) {        ◄─┐创建一条评论
    if comment.Post == nil {
        err = errors.New("Post not found")
        return
    }
    err = Db.QueryRow("insert into comments (content, author, post_id)
    ⟹values ($1, $2, $3) returning id", comment.Content, comment.Author,
    ⟹comment.Post.Id).Scan(&comment.Id)
    return
}

func GetPost(id int) (post Post, err error) {
    post = Post{}
      post.Comments = []Comment{}
    err = Db.QueryRow("select id, content, author from posts where id =
    ⟹$1", id).Scan(&post.Id, &post.Content, &post.Author)

    rows, err := Db.Query("select id, content, author from comments")
    if err != nil {
        return
    }
    for rows.Next() {
        comment := Comment{Post: &post}
        err = rows.Scan(&comment.Id, &comment.Content, &comment.Author)
        if err != nil {
            return
        }
        post.Comments = append(post.Comments, comment)
    }
    rows.Close()
    return
}

func (post *Post) Create() (err error) {
    err = Db.QueryRow("insert into posts (content, author) values ($1, $2)
    ⟹returning id", post.Content, post.Author).Scan(&post.Id)
    return
}

func main() {
    post := Post{Content: "Hello World!", Author: "Sau Sheong"}
    post.Create()

    comment := Comment{Content: "Good post!", Author: "Joe", Post: &post}
```

```
    comment.Create()
    readPost, _ := GetPost(post.Id)
```
                                                    {1 Hello World! Sau Sheong
                                                    [{1 Good post! Joe 0xc20802a1c0}]}
```
fmt.Println(readPost)
fmt.Println(readPost.Comments)
fmt.Println(readPost.Comments[0].Post)
}
```
                                                    [{1 Goodpost! Joe0xc20802a1c0}
                                                    &{1 Hello World! Sau Sheong
                                                    [{1 Good post! Joe 0xc20802a1c0}]}

6.4.2　一对多关系

我们首先需要考虑的是如何使用 Post 和 Comment 这两个结构来构建一对多关系：

```
type Post struct {
    Id       int
    Content  string
    Author   string
    Comments []Comment
}

type Comment struct {
    Id      int
    Content string
    Author  string
    Post    *Post
}
```

注意，Post 结构新增了一个 Comments 字段，这个字段是一个由任意多个 Comment 结构组成的切片；与此同时，Comment 结构也新增了一个 Post 字段，这个字段是一个指向 Post 结构的指针。初看上去，程序似乎会把多个 Comment 结构存储到一个 Post 结构里面，然后让 Comment 结构通过指针引用 Post 结构。但是实际上，因为切片也是一个指向数组的指针，所以 Post 结构和 Comment 结构在构建关系时使用的都是指针：这种做法可以确保程序获取到的都是同一个 Post 结构或者 Comment 结构，而不是这些结构的副本。

在设定好 Post 结构和 Comment 结构之间的关系之后，我们接下来要考虑的就是如何实际地构建这些关系。正如前面所说，一对多关系实际上就是多对一关系，所以这两个结构在定义一对多关系的同时，也定义了多对一关系。当程序创建一条新评论的时候，它就会在评论和被评论的帖子之间建立起以上提到的这两种关系：

```
comment := Comment{Content: "Good post!", Author: "Joe", Post: &post}
comment.Create()
```

跟之前的做法一样，程序首先会创建一个 Comment 结构，然后通过调用该结构的 Create 方法来创建评论，并借此建立起评论与帖子之间的关系。代码清单 6-15 展示了 Comment 结构的 Create 方法的具体定义。

代码清单 6-15　创建评论，并建立评论与帖子之间的关系

```
func (comment *Comment) Create() (err error) {
    if comment.Post == nil {
```

```
        err = errors.New("Post not found")
        return
    }
    err = Db.QueryRow("insert into comments (content, author, post_id)
➡ values ($1, $2, $3) returning id", comment.Content, comment.Author,
➡ comment.Post.Id).Scan(&comment.Id)
    return
}
```

在为评论和帖子建立关系之前，`Create` 方法会先检查给定的帖子是否存在，并在帖子不存在时返回一个错误。除了"通过 post_id 建立关系"这一细节没有提及之外，`Create` 方法的其余代码的行为跟我们之前描述的一模一样。

在建立起评论和帖子之间的关系之后，我们接下来要考虑的就是如何修改 `GetPost` 函数，让它可以在获取帖子的同时，一并获取与帖子相关联的评论。比如说，程序在执行完以下代码之后，应该可以通过访问 `readPost` 变量的 `Comments` 字段来查看帖子已有的评论：

```
readPost, _ := GetPost(post.Id)
```

代码清单 6-16 展示了修改之后的 `GetPost` 函数的定义。

代码清单 6-16　获取帖子及其评论

```
func GetPost(id int) (post Post, err error) {
    post = Post{}
      post.Comments = []Comment{}
    err = Db.QueryRow("select id, content, author from posts where id =
➡ $1", id).Scan(&post.Id, &post.Content, &post.Author)

    rows, err := Db.Query("select id, content, author from comments where
➡ post_id = $1", id)
    if err != nil {
        return
    }
    for rows.Next() {
        comment := Comment{Post: &post}
        err = rows.Scan(&comment.Id, &comment.Content, &comment.Author)
        if err != nil {
            return
        }
        post.Comments = append(post.Comments, comment)
    }
    rows.Close()
    return
}
```

`GetPost` 函数首先会初始化 `Post` 结构中的 `Comments` 字段，并从数据库里面获取帖子的具体数据。在此之后，程序会从数据库里面获取与当前帖子关联的所有评论，接着迭代这些评论，为每个评论都创建一个 `Comment` 结构并将其追加到 `Comments` 切片里面。当所有评论都被迭代完毕之后，`GetPost` 函数就会将包含了评论的 `Post` 结构返回给调用者。正如上述内容所示，在多个表之间建立关系并不困难，但是这一行为在 Web 应用变得越来越庞大的同时就会变得越来越麻烦。为了解决这个问题，我们将在接下来的一节中学习如何通过关系映射器来简化关系的构建方法。

虽然本节展示了所有数据库应用都会用到的 CRUD 操作，但这些操作充其量只是使用 Go 访问 SQL 数据库的基本知识，如果你有兴趣了解更多相关的知识，那么可以去读一下 Go 的官方文档。

6.5　Go 与关系映射器

初看上去，将数据存储到关系数据库里面似乎并不是一件轻松的事情，有非常多的工作要做。对不少语言来说，这一判断是正确的，然而在实际中，SQL 与应用之间通常存在着一些第三方库，这些库在面向对象编程语言中一般称为对象-关系映射器（object-relational mapper，ORM）。诸如 Java 的 Hibernate 以及 Ruby 的 ActiveRecord 之类的 ORM 都会把关系数据库中的表映射为编程语言中的对象，但为表创建映射并不是面向对象编程语言的特权，很多其他编程语言也拥有类似的映射器，比如，Scala 有 Activate 框架，Haskell 有 Groundhog 库。

Go 同样也拥有类似的关系映射器（relational mapper），本节接下来将介绍其中一些映射器（因为 ORM 这一术语对于 Go 来说并不是特别准确，所以我们将使用 "关系映射器" 而不是 "ORM" 来称呼接下来提到的 Go 映射器）。

6.5.1　Sqlx

Sqlx 是一个第三方库，它为 database/sql 包提供了一系列非常有用的扩展功能。因为 Sqlx 和 database/sql 包使用的是相同的接口，所以 Sqlx 能够很好地兼容使用 database/sql 包的程序，除此之外，Sqlx 还提供了以下这些额外的功能：

- 通过结构标签（struct tag）将数据库记录（即行）封装为结构、映射或者切片；
- 为预处理语句提供具名参数支持。

代码清单 6-17 展示了如何使用 Sqlx 及其提供的 StructScan 方法来对论坛程序进行简化。另外别忘了，在使用 Sqlx 库之前，需要先通过执行以下命令来获取这个库：

```
go get "github.com/jmoiron/sqlx"
```

代码清单 6-17　使用 Sqlx 重新实现论坛程序

```
package main

import (
    "fmt"
    "github.com/jmoiron/sqlx"
    _ "github.com/lib/pq"
)

type Post struct {
```

```
    Id      int
    Content string
    AuthorName string `db: author`
}


var Db *sqlx.DB

func init() {
    var err error
    Db, err = sqlx.Open("postgres", "user=gwp dbname=gwp password=gwp
    sslmode=disable")
    if err != nil {
        panic(err)
    }
}

func GetPost(id int) (post Post, err error) {
    post = Post{}
    err = Db.QueryRowx("select id, content, author from posts where id =
    $1", id).StructScan(&post)
    if err != nil {
        return
    }
    return
}

func (post *Post) Create() (err error) {
    err = Db.QueryRow("insert into posts (content, author) values ($1, $2)
    returning id", post.Content, post.AuthorName).Scan(&post.Id)
    return
}

func main() {
    post := Post{Content: "Hello World!", AuthorName: "Sau Sheong"}
    post.Create()
    fmt.Println(post)                    ◄—{1 Hello World! Sau Sheong}}
}
```

代码清单中的加粗代码展示了使用 Sqlx 与使用 database/sql 之间的区别，而其余的则是一些我们之前已经看到过的代码。首先，程序现在不再导入 database/sql 包，而是导入 github.com/jmoiron/sqlx 包。在默认情况下，StructScan 会根据结构字段名的英文小写体，将结构中的字段映射至表中的列。为了演示如何将指定的表列映射至指定的结构字段，代码清单 6-17 将原来的 Author 字段修改成了 AuthorName 字段，然后通过结构标签来指示 Sqlx 应该从 author 列里面获取 AuthorName 字段的数据。本书将在第 7 章对结构标签做进一步的说明。

程序现在也会使用 sqlx.DB 结构来代替之前的 sql.DB 结构，这两种结构非常相似，只不过 sqlx.DB 包含了诸如 Queryx 以及 QueryRowx 等额外的方法。

修改之后的 GetPost 函数也使用 QueryRowx 代替了之前的 QueryRow。QueryRowx 在

执行之后将返回 Rowx 结构,这种结构拥有 StructScan 方法,该方法可以将列自动地映射到相应的字段里面。另一方面,对于 Create 方法,我们还是跟之前一样,使用 QueryRow 方法进行查询。

除了这里提到的特性之外,Sqlx 还拥有其他一些有趣的特性,感兴趣的读者可以自行了解。

Sqlx 是一个有趣并且有用的 database/sql 扩展,但它支持的特性并不多。与此相反,我们接下来要学习的 Gorm 库不仅把 database/sql 包隐藏了起来,它还提供了一个完整且强大的 ORM 机制来代替 database/sql 包。

6.5.2　Gorm

Gorm 的开发者声称 Gorm 是最棒的 Go 语言 ORM,他们的确所言非虚。Gorm 是 "Go-ORM" 一词的缩写,这个项目是一个使用 Go 实现的 ORM,它遵循的是与 Ruby 的 ActiveRecord 以及 Java 的 Hibernate 一样的道路。更确切地说,Gorm 遵循的是数据映射器模式(Data-Mapper pattern),该模式通过提供映射器来将数据库中的数据映射为结构。(在 6.3 节介绍关系数据库时,使用的就是 ActiveRecord 模式。)

Gorm 的能力非常强大,它允许程序员定义关系、实施数据迁移、串联多个查询以及执行其他很多高级的操作。除此之外,Gorm 还能够设置回调函数,这些函数可以在特定的数据事件发生时执行。因为详尽地描述 Gorm 的各个特性可能会花掉整整一章的篇幅,所以我们在这里只会讨论它的基本特性。代码清单 6-18 展示了使用 Gorm 重新实现论坛程序的方法,跟之前一样,这次的代码也是存储在 store.go 文件里面。

代码清单 6-18　使用 Gorm 实现论坛程序

```go
package main

import (
    "fmt"
    "github.com/jinzhu/gorm"
    _ "github.com/lib/pq"
    "time"
)

type Post struct {
    Id       int
    Content  string
    Author   string `sql:"not null"`
    Comments []Comment
    CreatedAt time.Time
}

type Comment struct {
    Id       int
```

```
    Content    string
    Author     string `sql:"not null"`
    PostId     int    `sql:"index"`
    CreatedAt  time.Time
}

var Db gorm.DB

func init() {
    var err error
    Db, err = gorm.Open("postgres", "user=gwp dbname=gwp password=gwp
    sslmode=disable")
    if err != nil {
        panic(err)
    }
    Db.AutoMigrate(&Post{}, &Comment{})
}
```

{0 Hello World! Sau Sheong []
0001-01-01 00:00:00 +0000 UTC}

```
func main() {
    post := Post{Content: "Hello World!", Author: "Sau Sheong"}
    fmt.Println(post)
```

创建一 ◄── 篇帖子

```
    Db.Create(&post)
    fmt.Println(post)
```

{1 Hello World! Sau Sheong []
2015-04-12 11:38:50.91815604 +0800 SGT}

```
    comment := Comment{Content: "Good post!", Author: "Joe"}
    Db.Model(&post).Association("Comments").Append(comment)
```

◄── 添加一条评论

```
    var readPost Post
    Db.Where("author = $1", "Sau Sheong").First(&readPost)
      var comments []Comment
      Db.Model(&readPost).Related(&comments)
    fmt.Println(comments[0])
}
```

◄── 通过帖子获取评论

{1 Good post! Joe 1 2015-04-13
11:38:50.920377 +0800 SGT}

这个新程序创建数据库句柄的方法跟我们之前创建数据库句柄的方法基本相同。另外需要注意的一点是，因为 Gorm 可以通过自动数据迁移特性来创建所需的数据库表，并在用户修改相应的结构时自动对数据库表进行更新，所以这个程序无需使用 setup.sql 文件来设置数据库表：当我们运行这个程序时，程序所需的数据库表就会自动生成。为了正确地运行这个程序，并让程序能够正常地创建数据库表，我们在执行这个程序之前必须先将之前创建的数据库表全部删除：

```
func init() {
    var err error
    Db, err = gorm.Open("postgres", "user=gwp dbname=gwp password=gwp sslmode=disable")
    if err != nil {
        panic(err)
    }
    Db.AutoMigrate(&Post{}, &Comment{})
}
```

负责执行数据迁移操作的 AutoMigrate 方法是一个变长参数方法，这种类型的方法和函

数能够接受一个或多个参数作为输入。在上面展示的代码中，`AutoMigrate` 方法接受的是 `Post`
结构和 `Comment` 结构。得益于自动数据迁移特性的存在，当用户向结构里面添加新字段的时候，
Gorm 就会自动在数据库表里面添加相应的新列。

上面的 Gorm 程序使用了下面所示的 `Comment` 结构：

```
type Comment  struct {
    Id        int
    Content   string
    Author    string `sql:"not null"`
    PostId    int
    CreatedAt time.Time
}
```

`Comment` 结构里面出现了一个类型为 `time.Time` 的 `CreatedAt` 字段，包含这样一个字
段意味着 Gorm 每次在数据库里创建一条新记录的时候，都会自动对这个字段进行设置。

此外，`Comment` 结构的其中一些字段还用到了结构标签，以此来指示 Gorm 应该如何创建
和映射相应的字段。比如，`Comment` 结构的 `Author` 字段就使用了结构标签 `` `sql: "not
null"` ``，以此来告知 Gorm，该字段对应列的值不能为 `null`。

跟前面展示过的程序的另一个不同之处在于，这个程序没有在 `Comment` 结构里设置 `Post`
字段，而是设置了一个 `PostId` 字段。Gorm 会自动把这种格式的字段看作是外键，并创建所需
的关系。

在了解了 `Post` 结构和 `Comment` 结构的新定义之后，现在，让我们来看看程序是如何创建
并获取帖子及其评论的。首先，程序会使用以下语句来创建新的帖子：

```
post := Post{Content: "Hello World!", Author: "Sau Sheong"}
Db.Create(&post)
```

这段代码没有什么难懂的地方，它跟之前展示过的代码的最主要区别在于——程序这
次遵循了数据映射器模式：它在创建帖子时会使用数据库句柄 `gorm.DB` 作为构造器，而不
是像之前遵循 ActiveRecord 模式时那样，通过直接调用 `Post` 结构自有的 `Create` 方法来
创建帖子。

如果直接查看数据库内部，应该会看到 `created_at` 这个时间戳列在帖子创建出来的同时
已经自动被设置好了。

在创建出帖子之后，程序使用了以下语句来为帖子添加评论：

```
comment := Comment{Content: "Good post!", Author: "Joe"}
Db.Model(&post).Association("Comments").Append(comment)
```

这段代码会先创建出一条评论，然后通过串联 `Model` 方法、`Association` 方法和 `Append`
方法来将评论添加到帖子里面。注意，在创建评论的过程中，我们无需手动对 `Comment` 结构的
`PostId` 字段执行任何操作。

最后，程序使用了以下代码来获取帖子及其评论：

```
var readPost Post
Db.Where("author = $1", "Sau Sheong").First(&readPost)
var comments []Comment
Db.Model(&readPost).Related(&comments)
```

这段代码跟之前展示过的代码有些类似，它使用了 `gorm.DB` 的 `Where` 方法来查找第一条作者名为"`Sau Sheong`"的记录，并将这条记录存储在了 `readPost` 变量里面，而这条记录就是我们刚刚创建的帖子。之后，程序首先调用 `Model` 方法获取帖子的模型，接着调用 `Related`方法获取帖子的评论，并在最后将这些评论存储到 `comments` 变量里面。

正如之前所说，本节展示的特性只是 Gorm 这个 ORM 库众多特性的一小部分，如果你对这个库感兴趣，可以通过 https://github.com/jinzhu/gorm 了解更多相关信息。

Gorm 并不是 Go 语言唯一的 ORM 库。除 Gorm 之外，Go 还拥有不少同样具备众多特性的 ORM 库，比如，Beego 的 ORM 库以及 GORP（GORP 并不完全是一个 ORM，但它与 ORM 相去不远）。

在本章中，我们了解了构建 Web 应用所需的基本组件，而在接下来的一章中，我们将要开始讨论如何构建 Web 服务。

6.6 小结

- 通过使用结构将数据存储在内存里面，以此来构建数据缓存机制并提高响应速度。
- 通过使用 CSV 或者 gob 二进制格式将数据存储在文件里面，可以对用户提交的文件进行处理，或者为缓存数据提供备份。
- 通过使用 `database/sql` 包，可以对关系数据库执行 CRUD 操作，并在不同的数据之间建立起相应的关系。
- 通过 Sqlx 和 Gorm 这样的第三方数据访问库，可以使用威力更强大的工具去操纵数据库中的数据。

第三部分

实战演练

在上一个部分，我们学习了如何编写基本的服务器端 Web 应用，但这些知识只不过是 Web 应用开发中的沧海一粟。绝大多数现代化的 Web 应用早已超越了简单的请求-响应模型，并以多种不同的形式在不断地演进当中。比如，单页应用（Single Page Application，SPA）和移动应用（无论是原生的还是混合的）就能够在获取 Web 服务中的数据的同时，快速地与用户进行交互。

在本书的最后一部分，我们将会学习如何使用 Go 语言编写能够为单页应用、移动应用以及其他 Web 应用提供服务的 Web 服务。除此之外，我们还会深入了解 Go 语言强大的并发特性，并学习如何通过并发提高 Web 应用的性能。之后，我们会了解 Go 提供的几个测试工具，并使用这些工具对 Web 应用进行测试。

在本书的最后，我们将会学习如何以多种不同的方式部署 Web 应用，其中包括只需要将可执行二进制文件复制到目标服务器的简单部署方法，以及需要执行一系列步骤才能将 Web 应用推送到云端的高级部署方法。

第 7 章　Go Web 服务

本章主要内容
- 使用 REST 风格的 Web 服务
- 使用 Go 创建和分析 XML
- 使用 Go 创建和分析 JSON
- 编写 Go Web 服务

正如本书第 1 章所言，Web 服务就是一个向其他软件程序提供服务的程序。本章将扩展这一定义，并展示如何使用 Go 语言来编写或使用 Web 服务。因为 XML 和 JSON 是 Web 服务最常使用的数据格式，所以我们首先会学习如何创建以及分析这两种数据格式，接着我们将会讨论 SOAP 风格的服务以及 REST 风格的服务，并在之后学习如何创建一个使用 JSON 传输数据的简单的 Web 服务。

7.1　Web 服务简介

通过 Go 语言编写的 Web 服务向其他 Web 服务或应用提供服务和数据，是 Go 语言的一种常见的用法。所谓的 Web 服务，一言以蔽之，就是一种与其他软件程序进行交互的软件程序。这也就是说，Web 服务的终端用户（end user）不是人类，而是软件程序。正如 "Web 服务" 这一名字所暗示的那样，这种软件程序是通过 HTTP 进行通信的，如图 7-1 所示。

有趣的是，虽然 Web 应用并没有一个确切的定义，但 Web 服务的定义却可以在 W3C 工作组发布的《Web 服务架构》（Web Service Architecture）文

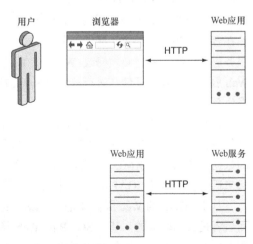

图 7-1　Web 应用与 Web 服务的不同之处

档中找到：

> 　　Web 服务是一个软件系统，它的目的是为网络上进行的可互操作机器间交互（interoperable machine-to-machine interaction）提供支持。每个 Web 服务都拥有一套自己的接口，这些接口由一种名为 Web 服务描述语言（web service description language，WSDL）的机器可处理格式描述。其他系统需要根据 Web 服务的描述，使用 SOAP 消息与 Web 服务交互。为了与其他 Web 相关标准实现协作，SOAP 消息通常会被序列化为 XML 并通过 HTTP 传输。
>
> 　　　　　　　　　　　　　　　　　　——《Web 服务架构》，2004 年 2 月 11 日

　　从这一定义来看，似乎所有 Web 服务都应该基于 SOAP 来实现，但实际中却存在着多种不同类型的 Web 服务，其中包括基于 SOAP 的、基于 REST 的以及基于 XML-RPC 的，而基于 REST 的和基于 SOAP 的 Web 服务又是其中最为流行的。企业级系统大多数都是基于 SOAP 的 Web 服务实现的，而公开可访问的 Web 服务则更青睐基于 REST 的 Web 服务，本章稍后将会对此进行讨论。

　　基于 SOAP 的 Web 服务和基于 REST 的 Web 服务都能够完成相同的功能，但它们各自也拥有不同的长处。基于 SOAP 的 Web 服务出现的时间较早，W3C 工作组已经对其进行了标准化，与之相关的文档和资料也非常丰富。除此之外，很多企业都对基于 SOAP 的 Web 服务提供了强有力的支持，并且基于 SOAP 的 Web 服务还拥有数量颇丰的扩展可用（因为这些扩展的名字绝大多数都是像 WS-Security 和 WS-Addressing 这样以 WS 为前缀的，所以这些扩展被统称为 WS-*）。基于 SOAP 的服务不仅健壮、能够使用 WSDL 进行明确的描述、拥有内置的错误处理机制，而且还可以通过 UUDI（Universal Description, Discovery, and Integration，统一描述、发现和集成）（一种目录服务）规范发布。

　　在拥有以上众多优点的同时，SOAP 的缺点也是非常明显的：它不仅笨重，而且过于复杂。SOAP 的 XML 报文可能会变得非常冗长，导致难以调试，使用户只能通过其他工具对其进行管理，而基于 SOAP 的 Web 服务可能会因为额外的资源损耗而无法高效地运行。此外，WSDL 虽然在客户端和服务器之间提供了坚实的契约，但这种契约有时候也会变成一种累赘：为了对 Web 服务进行更新，用户必须修改 WSDL，而这种修改又会引起 SOAP 客户端发生变化，最终导致 Web 服务的开发者即使在进行最细微的修改时，也不得不使用版本锁定（version lock-in）以防止发生意外。

　　跟基于 SOAP 的 Web 服务比起来，基于 REST 的 Web 服务就显得灵活多了。REST 本身并不是一种结构，而是一种设计理念。很多基于 REST 的 Web 服务都会使用像 JSON 这样较为简单的数据格式而不是 XML，从而使 Web 服务可以更高效地运行，并且基于 REST 的 Web 服务实现起来通常会比基于 SOAP 的 Web 服务简单得多。

　　基于 SOAP 的 Web 服务和基于 REST 的 Web 服务的另一个区别在于，前者是功能驱动的，而后者是数据驱动的。基于 SOAP 的 Web 服务往往是 RPC（Remote Procedure Call，远程过程调用）风格的；但是，正如之前所说，基于 REST 的 Web 服务关注的是资源，而 HTTP 方法则是

对这些资源执行操作的动词。

　　ProgrammableWeb 是一个流行的 API 检测网站，它会对互联网上公开可用的 API 进行检测。在编写本书的时候，ProgrammableWeb 的数据库搜集了 12 987 个公开可用的 API，其中 2 061 个（占比 16%）为基于 SOAP 的 API，而 6 967 个（占比 54%）为基于 REST 的 API。可惜的是，因为企业很少会对外发布与内部 Web 服务有关的信息，所以想要调查清楚各种 Web 服务在企业中的使用情况是非常困难的。

　　为了满足不同的需求，很多开发者和公司最终还是会同时使用基于 SOAP 的 Web 服务和基于 REST 的 Web 服务。在这种情况下，SOAP 将用于实现内部应用的企业集成（enterprise integration），而 REST 则用于服务外部以及第三方的开发者。这一策略的优势在于，它最大限度地利用了 REST（速度快并且构建简单）以及 SOAP（安全并且健壮）这两种技术的优点。

7.2　基于 SOAP 的 Web 服务简介

　　SOAP 是一种协议，用于交换定义在 XML 里面的结构化数据，它能够跨越不同的网络协议并在不同的编程模型中使用。SOAP 原本是 Simple Object Access Protocol（简单对象访问协议）的首字母缩写，但这实际上是一个名不符实的名字，因为这种协议处理的并不是对象，并且时至今日它也已经不再是一种简单的协议了。在最新版的 SOAP 1.2 规范中，这种协议的官方名称仍然为 SOAP，但它已经不再代表 Simple Object Access Protocol 了。

　　因为 SOAP 不仅高度结构化，而且还需要严格地进行定义，所以用于传输数据的 XML 可能会变得非常复杂。WSDL 是客户端与服务器之间的契约，它定义了服务提供的功能以及提供这些功能的方式，服务的每个操作以及输入/输出都需要由 WSDL 明确地定义。

　　虽然本章主要关注的是基于 REST 的 Web 服务，但出于对比需要，我们也会了解一下基于 SOAP 的 Web 服务的运作机制。

　　SOAP 会将它的报文内容放入到信封（envelope）里面，信封相当于一个运输容器，并且它还能够独立于实际的数据传输方式存在。因为本书只会对 SOAP Web 服务进行考察，所以我们将通过 HTTP 协议来说明被传输的 SOAP 报文。

　　下面是一个经过简化的 SOAP 请求报文示例：

```
POST /GetComment HTTP/1.1
Host: www.chitchat.com
Content-Type: application/soap+xml; charset=utf-8

<?xml version="1.0"?>
<soap:Envelope
xmlns:soap="http://www.w3.org/2001/12/soap-envelope"
soap:encodingStyle="http://www.w3.org/2001/12/soap-encoding">
<soap:Body xmlns:m="http://www.chitchat.com/forum">
  <m:GetCommentRequest>
```

```
      <m:CommentId>123</m:CommentId>
    </m:GetCommentRequest >
  </soap:Body>
</soap:Envelope>
```

因为前面已经介绍过 HTTP 报文的首部，所以这里给出的 HTTP 首部对你来说应该不会感到陌生。需要注意的是，Content-Type 的值被设置成了 application/ soap+xml，而 HTTP 请求的主体就是 SOAP 报文本身，至于 SOAP 报文的主体则包含了请求报文。在这个例子中，报文请求的是 ID 为 123 的评论：

```
<m:GetCommentRequest>
  <m:CommentId>123</m:CommentId>
</m:GetCommentRequest >
```

这条 SOAP 报文示例经过了简化，实际的 SOAP 请求通常会复杂得多。下面展示的则是一条简化后的 SOAP 响应报文示例：

```
HTTP/1.1 200 OK
Content-Type: application/soap+xml; charset=utf-8

<?xml version="1.0"?>
<soap:Envelope
xmlns:soap="http://www.w3.org/2001/12/soap-envelope"
soap:encodingStyle="http://www.w3.org/2001/12/soap-encoding">
<soap:Body xmlns:m="http://www.example.org/stock">
  <m:GetCommentResponse>
    <m:Text>Hello World!</m:Text>
  </m:GetCommentResponse>
</soap:Body>
</soap:Envelope>
```

跟请求报文一样，响应报文也被包含在了 SOAP 报文的主体里面，它的内容为文本“Hello World!”：

```
<m:GetCommentResponse>
  <m:Text>Hello World!</m:Text>
</m:GetCommentResponse>
```

正如上面的例子所示，与报文有关的所有数据都会被包含在信封里面。对基于 SOAP 的 Web 服务来说，这意味着它传输的所有信息都会被包裹在 SOAP 信封里面，然后再发送。顺带一提，虽然 SOAP 1.2 允许通过 HTTP 的 GET 方法发送 SOAP 报文，但大多数基于 SOAP 的 Web 服务都是通过 HTTP 的 POST 方法发送 SOAP 报文的。

下面展示的是一个 WSDL 报文示例，这种报文不仅详细，而且还很冗长，即使对简单的服务来说也是如此。基于 SOAP 的 Web 服务之所以没有基于 REST 的 Web 服务那么流行，其中一部分原因就与此有关——一个基于 SOAP 的 Web 服务越复杂，它对应的 WSDL 报文就越冗长。

```xml
<?xml version="1.0" encoding="UTF-8"?>
<definitions   name ="ChitChat"
  targetNamespace="http://www.chitchat.com/forum.wsdl"
  xmlns:tns="http://www.chitchat.com/forum.wsdl"
  xmlns:soap="http://schemas.xmlsoap.org/wsdl/soap/"
  xmlns:xsd="http://www.w3.org/2001/XMLSchema"
  xmlns="http://schemas.xmlsoap.org/wsdl/">
  <message name="GetCommentRequest">
    <part name="CommentId" type="xsd:string"/>
  </message>
  <message name="GetCommentResponse">
    <part name="Text" type="xsd:string"/>
  </message>
  <portType name="GetCommentPortType">
    <operation name="GetComment">
      <input message="tns:GetCommentRequest"/>
      <output message="tns:GetCommentResponse"/>
    </operation>
  </portType>
  <binding name="GetCommentBinding" type="tns:GetCommentPortType">
    <soap:binding style="rpc"
      transport="http://schemas.xmlsoap.org/soap/http"/>
    <operation name="GetComment">
      <soap:operation soapAction="getComment"/>
      <input>
        <soap:body use="literal"/>
      </input>
      <output>
        <soap:body use="literal"/>
      </output>
    </operation>
  </binding>
  <service name="GetCommentService" >
    <documentation>
      Returns a comment
    </documentation>
    <port name="GetCommentPortType" binding="tns:GetCommentBinding">
      <soap:address location="http://localhost:8080/GetComment"/>
    </port>
  </service>
</definitions>
```

位于报文开头的是报文对自身的定义，该定义给出了报文各个部分的名字，以及这些部分的类型：

```xml
<message name="GetCommentRequest">
  <part name="CommentId" type="xsd:string"/>
</message>
<message name="GetCommentResponse">
  <part name="Text" type="xsd:string"/>
</message>
```

在此之后，报文通过 GetComment 操作定义了 GetCommentPortType 端口，该操作的输入报文为 GetCommentRequest，而输出报文则为 GetCommentResponse：

```
<portType name="GetCommentPortType">
  <operation name="GetComment">
    <input message="tns:GetCommentRequest"/>
    <output message="tns:GetCommentResponse"/>
  </operation>
</portType>
```

最后，报文在位置 http://localhost:8080/GetComment 定义了一个 `GetCommentService` 服务，并将它与 `GetCommentPortType` 端口以及 `GetCommentsBinding` 地址进行绑定：

```
<service name="GetCommentService" >
  <documentation>
    Returns a comment
  </documentation>
  <port name="GetCommentPortType" binding="tns:GetCommentBinding">
    <soap:address location="http://localhost:8080/GetComment"/>
  </port>
</service>
```

在实际中，SOAP 请求报文通常会由 WSDL 生成的 SOAP 客户端负责生成；同样地，SOAP 响应报文通常也是由 WSDL 生成的 SOAP 服务器负责生成。具体语言的客户端（如一个 Go SOAP 客户端）通常也会由 WSDL 负责生成，而其他代码则会通过使用这个客户端与服务器进行交互。这样做的结果是，只要 WSDL 是明确定义的，那么它生成的 SOAP 客户端通常也会是健壮的；与此同时，这种做法的缺陷是，开发人员每次修改服务器，即使是修改返回值的类型这样微小的修改，客户端都需要重新生成。重复生成客户端的过程通常都是冗长而乏味的，这也解释了为什么 SOAP Web 服务通常很少会出现大量的修改——因为对大型的 SOAP Web 服务来说，频繁的修改将是一场噩梦。

本章接下来不会再对基于 SOAP 的 Web 服务做进一步的介绍，但我们会学习如何使用 Go 语言创建以及分析 XML。

7.3 基于 REST 的 Web 服务简介

REST（Representational State Transfer，具象状态传输）是一种设计理念，用于设计那些通过标准的几个动作来操纵资源，并以此来进行相互交流的程序（很多 REST 使用者都会把操纵资源的动作称为"动词"，也就是 verb）。

在大多数编程范型里面，程序员都是通过定义函数然后在主程序中有序地调用这些函数来完成工作的。在面向对象编程（OOP）范型中，程序员要做的事情也是类似的，主要的区别在于，程序员通过创建称为对象（object）的模型来表示事物，然后定义称为方法（method）的函数并将它们附着到模型之上。REST 是以上思想的进化版，但它并不是把函数暴露（expose）为可调用的服务，而是以资源（resource）的名义把模型暴露出来，并允许人们通过少数几个称为动词的动作来操纵这些资源。

在使用 HTTP 协议实现 REST 服务时，URL 将用于表示资源，而 HTTP 方法则会用作操纵资源的动词，具体如表 7-1 所示。

表 7-1　使用 HTTP 方法与 Web 服务进行通信

HTTP 方法	作用	使用示例
POST	在一项资源尚未存在的情况下创建该资源	POST /users
GET	获取一项资源	GET /users/1
PUT	重新给定 URL 上的资源	PUT /users/1
DELETE	删除一项资源	DELETE /users/1

刚开始学习 REST 的程序员在第一次看到 REST 使用的 HTTP 方法与数据库的 CRUD 操作之间的映射关系时，常常会对此感到非常惊奇。需要注意的是，这种映射并不是一对一映射，而且这种映射也不是唯一的。比如说，在创建一项新的资源时用户既可以使用 POST，也可以使用 PUT，这两种做法都符合 REST 风格。

POST 和 PUT 的主要区别在于，在使用 PUT 时需要准确地知道哪一项资源将会被替换，而使用 POST 只会创建出一项新资源以及一个新 URL。换句话说，POST 用于创建一项全新的资源，而 PUT 则用于替换一项已经存在的资源。

正如第 1 章所言，PUT 方法是幂等的，无论同一个调用重复执行多少次，服务器的状态都不会发生任何变化。无论是使用 PUT 创建一项资源，还是使用 PUT 修改一项已经存在的资源，给定的 URL 上面都只会有一项资源被创建出来。相反地，因为 POST 并不是幂等的，所以每调用 POST 一次，它就会创建一项新资源以及一个新 URL。

对刚开始学习 REST 的程序员来说，另一个需要注意的地方是，REST 并不是只能通过表 7-1 提到的 4 个 HTTP 方法实现，比如，不太常见的 PATCH 方法就可以用于对一项资源进行部分更新。

下面是一个 REST 请求示例：

```
GET /comment/123 HTTP/1.1
```

注意，这个 GET 请求并没有与之相关联的主体，而与这个 GET 请求相对应的 SOAP 请求则正好相反：

```
POST /GetComment HTTP/1.1
Host: www.chitchat.com
Content-Type: application/soap+xml; charset=utf-8

<?xml version="1.0"?>
<soap:Envelope
xmlns:soap="http://www.w3.org/2001/12/soap-envelope"
soap:encodingStyle="http://www.w3.org/2001/12/soap-encoding">
<soap:Body xmlns:m="http://www.chitchat.com/forum">
  <m:GetCommentRequest>
    <m:CommentId>123</m:CommentId>
  </m:GetCommentRequest >
```

```
</soap:Body>
</soap:Envelope>
```

这是因为在发送第一个请求的时候，我们使用了 HTTP 的 GET 方法作为动词来获取资源（在这个例子中，资源就是一条博客评论）。对于这个 GET 请求，即使 Web 服务返回一个 SOAP 响应，它也会被认为是一个 REST 风格的响应：这是因为 REST 跟 SOAP 不同，前者关注的是 API 的设计，而后者关注的则是被发送报文的格式。不过，因为 SOAP 报文构建起来非常麻烦，所以人们在使用 REST API 的时候通常都是返回 JSON，或者返回一些比 SOAP 报文要简单得多的 XML，而很少会返回 SOAP 报文。

正如 WSDL 跟 SOAP 的关系一样，基于 REST 的 Web 服务也拥有相应的 WADL（Web Application Description Language，Web 应用描述语言），这种语言可以对基于 REST 的 Web 服务进行描述，甚至能够生成访问这些服务的客户端。但是跟 WSDL 不同的是，WADL 没有得到广泛的使用，也没有进行标准化。此外，WADL 也拥有 Swagger、RAML（Restful API Modeling Language，REST 风格 API 建模语言）和 JSON-home 这样的同类竞争产品。

在刚开始接触 REST 的时候，你可能会意识到这种设计理念非常适用于那些只执行简单的 CRUD 操作的应用，但 REST 是否适用于更为复杂的服务呢？除此之外，它又是如何对过程或者动作进行建模的呢？

举个例子，在使用 REST 设计的情况下，一个应用要如何才能激活一个用户的账号呢？因为 REST 只允许用户使用指定的几个 HTTP 方法操纵资源，而不允许用户对资源执行任意的动作，所以应用是无法发送像下面这样的请求的：

```
ACTIVATE /user/456 HTTP/1.1
```

有一些办法可以绕过这个问题，下面是最常用的两种方法：

（1）把过程具体化[①]，或者把动作转换成名词，然后将其用作资源；

（2）将动作用作资源的属性。

7.3.1　将动作转换为资源

对于上面列举的例子，我们可以把对用户的激活动作转换为对资源的激活动作，然后通过向资源发送 HTTP 方法来执行激活动作，这样一来，我们就可以通过以下方法激活指定的用户：

```
POST /user/456/activation HTTP/1.1

{ "date": "2015-05-15T13:05:05Z" }
```

这段代码将创建一个被激活的资源（activation resource），以此来表示用户的激活状态。这种做法的另一个好处是，它可以为被激活的资源添加额外的属性。比如，在上面展示的例子中，我们就将一个日期附加给了被激活的资源。

---

① 具体化指的是将抽象的概念转换为实际的数据模型或对象。——译者注

7.3.2 将动作转换为资源的属性

如果用户的激活与否可以通过用户账号的一个状态来确定，那么我们只需要将激活动作用作资源的属性，然后通过 HTTP 的 PATCH 方法对该资源进行部分更新即可，就像这样：

```
PATCH /user/456 HTTP/1.1

{ "active" : "true" }
```

这段代码将把用户资源的 active 属性设置为 true。

7.4 通过 Go 分析和创建 XML

在对 SOAP 风格的 Web 服务和 REST 风格的 Web 服务有了基本的了解之后，接下来就让我们看看 Go 语言是如何实现这两种服务的。首先，本节会介绍如何创建和处理 SOAP Web 服务会用到的 XML 数据，而下一节则会介绍如何创建和处理 REST Web 服务会用到的 JSON 数据。

XML 可以以结构化的形式表示数据，它跟本书前面提到的 HTML 一样，都是一种流行的标记语言。XML 可能是在表示、发送和接收结构化数据方面使用最广泛的一种格式，这种格式获得了 W3C 组织的正式推荐，W3C 发布的 XML 1.0 规范中给出了这一格式的具体定义。

因为我们经常会用到其他人提供的 Web 服务，或者需要处理诸如 RSS 这样基于 XML 的数据源，所以无论你最终是否会编写或使用 Web 服务，学习如何创建和分析 XML 都是一项非常重要的技能。即使你不需要开发自己的 XML Web 服务，学会如何使用 Go 与 XML 进行交互也是非常有用的一件事。比如说，你可能会需要从一个 RSS 新闻源里面获取数据，并将其用作自己的数据源之一。在这种情况下，你必须懂得如何分析 XML 并从中提取出自己想要获取的信息。

无论是使用 XML、JSON 还是其他格式，使用 Go 语言分析结构化数据的方法都是相似的。对 XML 和 JSON 进行操作需要分别用到 encoding 库中的 XML 子包和 JSON 子包，现在，就让我们来看看 encoding/xml 子包的使用方法。

7.4.1 分析 XML

因为分析 XML 是刚开始接触 XML 时经常会做的一件事，所以我们就以学习如何分析 XML 为开始。在 Go 语言里面，用户首先需要将 XML 的分析结果存储到一些结构里面，然后通过访问这些结构来获取 XML 记录的数据。下面是分析 XML 时常见的两个步骤：

（1）创建一些用于存储 XML 数据的结构；

（2）使用 xml.Unmarshal 将 XML 数据解封（unmarshal）到结构里面，如图 7-2 所示。

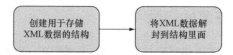

图 7-2 使用 Go 对 XML 进行分析：将 XML 解封至结构

代码清单 7-1 展示了一个简单的 XML 文件 post.xml。

代码清单 7-1 一个简单的 XML 文件 post.xml

```
<?xml version="1.0" encoding="utf-8"?>
<post id="1">
  <content>Hello World!</content>
  <author id="2">Sau Sheong</author>
</post>
```

代码清单 7-2 展示了分析这个 XML 所需的代码，这些代码存储在文件 xml.go 里。

代码清单 7-2 对 XML 进行分析

```
package main

import (
  "encoding/xml"
  "fmt"
  "io/ioutil"
  "os"
)
                                       定义一些结构，用于表示数据
type Post struct {        //#A
  XMLName xml.Name `xml:"post"`
  Id      string   `xml:"id,attr"`
  Content string   `xml:"content"`
  Author  Author   `xml:"author"`
  Xml     string   `xml:",innerxml"`
}

type Author struct {
  Id   string `xml:"id,attr"`
  Name string `xml:",chardata"`
}

func main() {
  xmlFile, err := os.Open("post.xml")
  if err != nil {
    fmt.Println("Error opening XML file:", err)
    return
  }
  defer xmlFile.Close()
  xmlData, err := ioutil.ReadAll(xmlFile)
  if err != nil {
    fmt.Println("Error reading XML data:", err)
    return
```

```
}

var post Post
xml.Unmarshal(xmlData, &post)          ◄────── 将 XML 数据解封到结构里面
fmt.Println(post)
}
```

分析程序定义了用于表示数据的 Post 结构和 Author 结构。因为程序想要在获取作者信息的同时也获取作者信息所在元素的 id 属性，所以程序使用了单独的 Author 结构来表示帖子的作者，但并没有使用单独的 Content 结构来表示帖子的内容。如果我们不打算获取作者信息的 id 属性，也可以定义一个下面这样的 Post 结构，并直接使用字符串来表示帖子的作者信息（代码中的加粗行）：

```
type Post struct {
  XMLName xml.Name `xml:"post"`
  Id      string   `xml:"id,attr"`
  Content string   `xml:"content"`
  Author string    `xml:"author"`
  Xml string       `xml: ",innerxml"`
}
```

Post 结构中每个字段的定义后面都带有一段使用反引号（`）包围的信息，这些信息被称为结构标签（struct tag），Go 语言使用这些标签来决定如何对结构以及 XML 元素进行映射，如图 7-3 所示。

结构标签是一些跟在字段后面，使用字符串表示的键值对：它的键是一个不能包含空格、引号（"）或者冒号（:）的字符串，而值则是一个被双引号（""）包围的字符串。在处理 XML 时，结构标签的键总是为 xml。

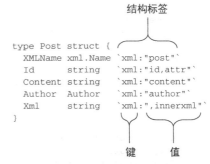

```
type Post struct {
  XMLName xml.Name `xml:"post"`
  Id      string   `xml:"id,attr"`
  Content string   `xml:"content"`
  Author  Author   `xml:"author"`
  Xml     string   `xml:",innerxml"`
}
```

结构标签

键   值

图 7-3 结构标签用于定义 XML 和结构之间的映射

为什么使用反引号来包围结构标签

因为 Go 语言使用双引号（""）和反引号（`）来包围字符串，使用单引号（'）来包围 rune（一种用于表示 Unicode 码点的 int32 类型），并且因为结构标签内部已经使用了双引号来包围键的值，所以为了避免进行转义，Go 语言就使用了反引号来包围结构标签。

出于创建映射的需要，xml 包要求被映射的结构以及结构包含的所有字段都必须是公开的，也就是，它们的名字必须以大写的英文字母开头。以上面展示的代码为例，结构的名字必须为 Post 而不能是 post，至于字段的名字则必须为 Content 而不能是 content。

下面是 XML 结构标签的其中一些使用规则。

（1）通过创建一个名字为 XMLName、类型为 xml.Name 的字段，可以将 XML 元素的名字存储在这个字段里面（在一般情况下，结构的名字就是元素的名字）。

（2）通过创建一个与 XML 元素属性同名的字段，并使用 `xml:"<name>,attr"` 作为该字段的结构标签，可以将元素的<name>属性的值存储到这个字段里面。

（3）通过创建一个与 XML 元素标签同名的字段，并使用 `xml:",chardata"` 作为该字段的结构标签，可以将 XML 元素的字符数据存储到这个字段里面。

（4）通过定义一个任意名字的字段，并使用 `xml:",innerxml"` 作为该字段的结构标签，可以将 XML 元素中的原始 XML 存储到这个字段里面。

（5）没有模式标志（如, attr、, chardata 或者, innerxml）的结构字段将与同名的 XML 元素匹配。

（6）使用 `xml:"a>b>c"` 这样的结构标签可以在不指定树状结构的情况下直接获取指定的 XML 元素，其中 a 和 b 为中间元素，而 c 则是想要获取的节点元素。

要一下子了解这么多规则并不容易，特别是对最后几条规则来说更是如此，所以我们最好还是来看一些实际应用这些规则的例子。

代码清单 7-3 给出了表示帖子 XML 元素的 post 变量及其对应的 Post 结构。

代码清单 7-3　用于表示帖子的简单的 XML 元素

```
<post id="1">
  <content>Hello World!</content>
  <author id="2">Sau Sheong</author>
</post>
```

而下面是 post 元素对应的 Post 结构：

```
type Post struct {
  XMLName  xml.Name  `xml:"post"`
  Id       string    `xml:"id,attr"`
  Content  string    `xml:"content"`
  Author   Author    `xml:"author"`
  Xml      string    `xml:",innerxml"`
}
```

分析程序定义了与 XML 元素 post 同名的 Post 结构，虽然这种做法非常常见，但是在某些时候，结构的名字与 XML 元素的名字可能并不相同，这时用户就需要一种方法来获取元素的名字。为此, xml 包提供了一种机制，使用户可以通过定义一个名为 XMLName、类型为 xml.Name 的字段，并将该字段映射至元素自身来获取 XML 元素的名字。在 Post 结构的例子中，这一映射就是通过 `xml:"post"` 结构标签来完成的。根据规则 1——"使用 XMLName 字段存储元素的名字"，分析程序将元素的名字 post 存储到了 Post 结构的 XMLName 字段里面。

XML 元素 post 拥有一个名为 id 的属性，根据规则 2——"使用结构标签 `xml:"<name>,attr"` 存储属性的值"，分析程序通过结构标签 `xml:"id,attr"` 将 id 属性的值存储到了 Post 结构的 Id 字段里面。

post 元素包含了一个 content 子元素，这个子元素没有属性，但它包含了字符数据 Hello World!，根据规则 5——"没有模式标志的结构字段将与同名的 XML 元素进行匹配"，分析程序通过结构标签 `xml:"content"` 将 content 子元素包含的字符数据存储到了 Post 结构的 Content 字段里面。

根据规则 4——"使用结构标签`xml:",innerxml"`可以获取原始 XML",分析程序定义了一个 Xml 字段,并使用`xml:",innerxml"`作为该字段的结构标签,以此来获得被 post 元素包含的原始 XML:

```
<content>Hello World!</content>
<author id="2">Sau Sheong</author>
```

子元素 author 拥有 id 属性,并且包含字符数据 Sau Sheong,为了正确地构建映射,分析程序专门定义了 Author 结构:

```
type Author struct {
  Id    string `xml:"id,attr"`
  Name  string `xml:",chardata"`
}
```

根据规则 5,author 子元素被映射到了带有`xml:"author"`结构标签的 Author 字段。在 Author 结构中,属性 id 的值被映射到了带有`xml:"id,attr"`结构标签的 Id 字段,而字符数据 Sau Sheong 则被映射到了带有`xml:",chardata"`结构标签的 Name 字段。

俗话说,百闻不如一见。在详细了解了整个分析程序之后,接下来就让我们实际运行一下这个程序。在终端里面执行以下命令:

```
go run xml.go
```

如果一切正常,这一命令应该会返回以下结果:

```
{{ post} 1 Hello World! {2 Sau Sheong}
  <content>Hello World!</content>
  <author id="2">Sau Sheong</author>
}
```

让我们逐一地分析这些结果。首先,因为 post 变量是 Author 结构的一个实例,所以整个结果都被包围在了一对大括号({})里面。post 结构的第一个字段是另一个类型为 xml.Name 的结构,这个结构在结果中表示为{ post }。在此之后展示的数字 1 为 Id 字段的值,而"Hello World!"则是 Content 字段的值。再之后展示的是存储在 Author 结构里面的内容,{2 Sau Sheong}。结果最后展示的是 XML 元素 post 内部包含的原始 XML。

前面的内容列举了规则 1 至规则 5 的使用示例,现在让我们来看看规则 6 是如何运作的。规则 6 声称,使用结构标签`xml:"a>b>c"`,可以在不指定树状结构的情况下,越过中间元素 a 和 b 直接访问节点元素 c。

代码清单 7-4 展示的是另一个 XML 示例,这个 XML 也存储在名为 post.xml 的文件中。

代码清单 7-4　带有嵌套元素的 XML 文件

```
<?xml version="1.0" encoding="utf-8"?>
<post id="1">
  <content>Hello World!</content>
  <author id="2">Sau Sheong</author>
  <comments>
```

```
  <comment id="1">
    <content>Have a great day!</content>
    <author id="3">Adam</author>
  </comment>
  <comment id="2">
    <content>How are you today?</content>
    <author id="4">Betty</author>
  </comment>
 </comments>
</post>
```

这个 XML 文件的前半部分内容跟之前展示的 XML 文件是相同的，而加粗显示的则是新出现的代码，这些新代码定义了一个名为 comments 的 XML 子元素，并且这个元素本身也包含多个 comment 子元素。这一次，分析程序需要获取帖子的评论列表，但为此专门创建一个Comments 结构可能会显得有些小题大做了。为了简化实现代码，分析程序将根据规则 6 对comments 这个 XML 子元素进行跳跃式访问。代码清单 7-5 展示了经过修改的 Post 结构，修改后的 Post 结构带有新增的字段以及实现跳跃式访问所需的结构标签。

代码清单 7-5　带有 comments 结构字段的 Post 结构

```
type Post struct {
  XMLName   xml.Name `xml:"post"`
  Id        string   `xml:"id,attr"`
  Content   string   `xml:"content"`
  Author    Author   `xml:"author"`
  Xml       string   `xml:",innerxml"`
  Comments []Comment `xml:"comments>comment"`
}
```

正如代码中的加粗行所示，分析程序为了获取帖子的评论列表，在 Post 结构中增加了类型为 Comment 结构切片的 Comments 字段，并通过结构标签`xml:"comments>comment"`将这个字段映射至名为 comment 的 XML 子元素。根据规则 6，这一结构标签将允许分析程序跳过XML 中的 comments 元素，直接访问 comment 子元素。

Comment 结构和 Post 结构非常相似，它的具体定义如下：

```
type Comment struct {
  Id      string `xml:"id,attr"`
  Content string `xml:"content"`
  Author  Author `xml:"author"`
}
```

在定义了进行语法分析所需的结构以及映射关系之后，现在是时候将 XML 数据解封到这些结构里面了。因为负责执行解封操作的 Unmarshal 函数只接受字节切片（也就是字符串）作为参数，所以分析程序首先要做的就是将 XML 文件转换为字符串，这一操作可以通过以下代码来实现（在执行这些代码时，XML 文件必须与 Go 文件处于同一目录之下）：

```
xmlFile, err := os.Open("post.xml")
if err != nil {
```

```
  fmt.Println("Error opening XML file:", err)
  return
}
defer xmlFile.Close()
xmlData, err := ioutil.ReadAll(xmlFile)
if err != nil {
  fmt.Println("Error reading XML data:", err)
  return
}
```

在将 XML 文件的内容读取到 xmlData 变量里面之后，分析程序可以通过执行以下代码来解封 XML 数据：

```
var post Post
xml.Unmarshal(xmlData, &post)
```

如果你曾经使用其他编程语言分析过 XML，那么你应该会知道，这种做法虽然能够很好地处理体积较小的 XML 文件，但是却无法高效地处理以流（stream）方式传输的 XML 文件以及体积较大的 XML 文件。为了解决这个问题，我们需要使用 Decoder 结构来代替 Unmarshal 函数，通过手动解码 XML 元素的方式来解封 XML 数据，这个过程如图 7-4 所示。

图 7-4 使用 Go 分析 XML：将 XML 解码至结构

代码清单 7-6 展示了如何使用 Decoder 分析前面提到的 XML 文件。

代码清单 7-6 使用 Decoder 分析 XML

```
package main

import (
  "encoding/xml"
  "fmt"
  "io"
  "os"
)
type Post struct {
  XMLName  xml.Name  `xml:"post"`
  Id       string    `xml:"id,attr"`
  Content  string    `xml:"content"`
  Author   Author    `xml:"author"`
  Xml      string    `xml:",innerxml"`
  Comments []Comment `xml:"comments>comment"`
}

type Author struct {
  Id   string `xml:"id,attr"`
  Name string `xml:",chardata"`
```

```
}

type Comment struct {
  Id       string `xml:"id,attr"`
  Content string `xml:"content"`
  Author  Author `xml:"author"`
}

func main() {
  xmlFile, err := os.Open("post.xml")
  if err != nil {
    fmt.Println("Error opening XML file:", err)
    return
  }
  defer xmlFile.Close()

  decoder := xml.NewDecoder(xmlFile)     ◀── 根据给定的 XML 数据
                                              生成相应的解码器
  for {                                  ◀── 每迭代一次解码器中的所有 XML 数据
    t, err := decoder.Token()            ◀── 每进行一次迭代，就从解
    if err == io.EOF {                       码器里面获取一个 token
      break
    }
    if err != nil {
      fmt.Println("Error decoding XML into tokens:", err)
      return
    }

    switch se := t.(type) {              ◀── 检查 token 的类型
    case xml.StartElement:
      if se.Name.Local == "comment" {
        var comment Comment
        decoder.DecodeElement(&comment, &se)  ◀── 将 XML 数据解
      }                                            码至结构
    }
  }
}
```

　　虽然这段代码只演示了如何解码 comment 元素，但这种解码方式同样可以应用于 XML 文件中的其他元素。这个新的分析程序会通过 Decoder 结构，一个元素接一个元素地对 XML 进行解码，而不是像之前那样，使用 Unmarshal 函数一次将整个 XML 解封为字符串。

　　对 XML 进行解码首先需要创建一个 Decoder，这一点可以通过调用 NewDecoder 并向其传递一个 io.Reader 来完成。在上面展示的代码清单中，程序就把 os.Open 打开的 xmlFile 文件传递给了 NewDecoder。

　　在拥有了解码器之后，程序就会使用 Token 方法来获取 XML 流中的下一个 token：在这种情景下，token 实际上就是一个表示 XML 元素的接口。为了从解码器里面取出所有 token，程序使用一个无限 for 循环包裹起了从解码器里面获取 token 的相关动作。当解码器包含的所有 token 都已被取出时，Token 方法将返回一个表示文件数据或数据流已被读取完毕的 io.EOF 结构作为结果，并将返回值中的 err 变量的值设置为 nil。

分析程序从解码器里取出 token 之后会对该 token 进行检查以确认其是否为 StartElement，也就是，判断该 token 是否为 XML 元素的起始标签。如果是的话，那么程序会继续对这个 token 进行检查，看它是否就是 XML 中的 comment 元素。在确认了自己遇到的是 comment 元素之后，程序就会将整个 token 解码至 Comment 结构，从而得到与解封 XML 元素相同的结果。

因为手动解码 XML 文件需要做更多工作，所以这种方法并不适用于处理小型的 XML 文件。但如果程序面对的是流式 XML 数据，或者体积非常庞大的 XML 文件，那么解码将是从 XML 里提取数据唯一可行的办法。

在结束本小节并转向讨论如何创建 XML 之前，还有一点需要说明一下，那就是：本节介绍的分析规则只是 XML 分析规则的一部分，如果你想要更详细地了解这些规则，可以去查看 xml 库的文档，或者直接阅读 xml 库的源码。

7.4.2 创建 XML

在上一节中，我们花了不少时间学习如何分析 XML，幸运的是，因为创建 XML 正好就是分析 XML 的逆操作，所以上一节介绍的知识在本节也是适用的。在上一节中，我们学习的是怎样把 XML 解封到结构里面，而这一节我们要学习的则是怎样把 Go 结构封装（marshal）至 XML；同样，上一节我们学习的是怎样把 XML 解码至 Go 结构，而本节我们要学习的则是怎样把 Go 结构编码至 XML，这个过程如图 7-5 所示。

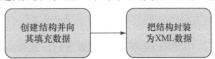

图 7-5　使用 Go 创建 XML：创建结构并将其封装至 XML

首先让我们来看看封装操作是如何进行的。代码清单 7-7 展示了文件 xml.go 包含的代码，这些代码会创建一个名为 post.xml 的 XML 文件。

代码清单 7-7　使用 Marshal 函数生成 XML 文件

```go
package main

import (
    "encoding/xml"
    "fmt"
    "io/ioutil"
)

type Post struct {
    XMLName xml.Name `xml:"post"`
    Id      string   `xml:"id,attr"`
    Content string   `xml:"content"`
    Author  Author   `xml:"author"`
}

type Author struct {
```

```
    Id    string `xml:"id,attr"`
    Name string `xml:",chardata"`
}

func main() {
  post := Post{
    Id:      "1",
    Content: " Hello World!",          ◀ 创建结构并向里面填
    Author: Author{                       充数据
      Id:   "2",
      Name: "Sau Sheong",
    },
  }

  output, err := xml.Marshal(&post)
  if err != nil {                        ◀ 把结构封装为由字节切片
    fmt.Println("Error marshalling to XML:", err)   组成的 XML 数据
    return
  }
  err = ioutil.WriteFile("post.xml", output, 0644)
  if err != nil {
    fmt.Println("Error writing XML to file:", err)
    return
  }

}
```

正如代码所示，封装 XML 和解封 XML 时使用的结构以及结构标签是完全相同的：封装操作只不过是把处理过程反转了过来，然后根据结构创建相应的 XML 罢了。封装程序首先需要创建表示帖子的 post 结构，并向结构里面填充数据，然后只要调用 Marshal 函数，就可以根据 Post 结构创建相应的 XML 了。作为例子，下面就是 Marshal 函数根据 Post 结构创建出的 XML 数据，这些数据包含在了 post.xml 文件里面：

```
<post id="1"><content>Hello World!</content><author id="2">Sau Sheong</author></post>
```

虽然样子并不是特别好看，但函数生成出来的的的确确就是一段 XML。如果想要让程序生成更好看的 XML，那么可以使用 MarshalIndent 函数代替 Marshal 函数：

```
output, err := xml.MarshalIndent(&post, "", "\t")
```

MarshalIndent 函数跟 Marshal 函数一样，都接受一个指向结构的指针作为自己的第一个参数，但除此之外，MarshalIndent 函数还接受两个额外的参数，这两个参数分别用于指定添加到每个输出行前面的前缀以及缩进，其中缩进的数量会随着元素的嵌套层次增加而增加。在处理相同的 Post 结构时，MarshalIndent 函数将产生以下更为美观的输出：

```
<post id="1">
  <content>Hello World!</content>
  <author id="2">Sau Sheong</author>
</post>
```

因为这段 XML 缺少了 XML 声明，所以从格式上来说这段 XML 并不完全正确。虽然 xml

库不会自动为 `Marshal` 或者 `MarshalIndent` 生成的 XML 添加 XML 声明，但用户可以很轻易地通过 `xml.Header` 常量将 XML 声明添加到封装输出之前：

```
err = ioutil.WriteFile("post.xml", []byte(xml.Header + string(output)), 0644)
```

通过把 `xml.Header` 添加到输出结果之前，并将这些内容全部写入 `post.xml` 文件，我们就得到了一段带有 XML 声明的 XML：

```
<?xml version="1.0" encoding="UTF-8"?>
<post id="1">
    <content>Hello World!</content>
    <author id="2">Sau Sheong</author>
</post>
```

正如我们可以手动将 XML 解码到 Go 结构里面一样，我们同样可以手动将 Go 结构编码到 XML 里面，图 7-6 展示了这个过程，代码清单 7-8 则展示了一个简单的编码示例。

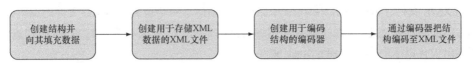

图 7-6　使用 Go 创建 XML：通过使用编码器来将结构编码至 XML

代码清单 7-8　手动将 Go 结构编码至 XML

```
package main

import (
  "encoding/xml"
  "fmt"
  "os"
)

type Post struct {
  XMLName xml.Name `xml:"post"`
  Id      string   `xml:"id,attr"`
  Content string   `xml:"content"`
  Author  Author   `xml:"author"`
}

type Author struct {
  Id   string `xml:"id,attr"`
  Name string `xml:",chardata"`
}

func main() {
  post := Post{
    Id:      "1",
    Content: "Hello World!",
    Author: Author{
      Id:   "2",
      Name: "Sau Sheong",
```

创建结构并向
里面填充数据

```
    },
  }

  xmlFile, err := os.Create("post.xml")          ◀━━━ 创建用于存储数据
  if err != nil {                                      的 XML 文件
    fmt.Println("Error creating XML file:", err)
    return
  }                                               ◀━━━ 根据给定的 XML 文件,
  encoder := xml.NewEncoder(xmlFile)                   创建出相应的编码器
  encoder.Indent("", "\t")
  err = encoder.Encode(&post)                     ◀━━━ 把结构编码至文件
  if err != nil {
    fmt.Println("Error encoding XML to file:", err)
    return
  }
}
```

　　跟之前一样,程序首先创建了将要被编码的 `Post` 结构,接着通过 `os.Create` 创建出了将要写入的 XML 文件,然后使用 `NewEncoder` 函数创建了一个包裹着 XML 文件的编码器。在设置好相应的前缀和缩进之后,程序就会使用编码器的 `Encode` 方法对传入的 `Post` 结构进行编码,最终创建出包含以下内容的 `post.xml` 文件:

```
<post id="1">
  <content>Hello World!</content>
  <author id="2">Sau Sheong</author>
</post>
```

　　通过这一节的学习,读者应该已经了解了如何分析和创建 XML。需要注意的是,本节讨论的只是分析和创建 XML 的基础知识,如果想要知道关于这方面的更多信息,可查看相应的文档以及源码(别担心,阅读源码并没有想象中那么可怕)。

7.5　通过 Go 分析和创建 JSON

　　JSON(JavaScript Object Notation)是衍生自 JavaScript 语言的一种轻量级的文本数据格式,这种格式的主要设计理念是既能够轻易地被人类读懂,又能够简单地被机器读取。JSON 最初由 Douglas Crockford 定义,现在则由 RFC 7159 和 ECMA-404 描述。虽然接受和返回 JSON 数据并不是实现 REST Web 服务的唯一选择,但大多数 REST Web 服务都是这样做的。

　　在与 REST Web 服务打交道的时候,我们常常会以某种形式与 JSON 不期而遇,要么就是为了创建 JSON,要么就是为了处理 JSON,又或者两者皆有。处理 JSON 在 Web 应用中非常常见:无论是从 Web 服务里面获取数据,还是通过第三方身份验证服务登录 Web 应用,又或者对其他服务进行控制,通常都需要处理 JSON 数据。

　　跟处理 JSON 一样,创建 JSON 也非常常见:Go 语言经常会被用于创建为前端应用提供服务的 Web 服务后端,其中就包括基于 JavaScript 的前端应用,而这些应用常常会运行着 React.js 和 Angular.js 这样的 JavaScript 库。除此之外,Go 语言还会被用于为物联网以及诸如智能手表这

样的可穿戴设备创建 Web 服务。因为在很多情况下，这些前端应用都是基于 JSON 开发的，所以它们与后端进行交互最自然的方式当然也是使用 JSON。

正如 Go 语言提供对 XML 的支持一样，Go 语言也通过 `encoding/json` 库提供对 JSON 的支持。和上一节一样，我们首先会学习如何分析 JSON，然后再学习如何创建 JSON 数据。

7.5.1 分析 JSON

分析 JSON 的步骤和分析 XML 的步骤基本相同——分析程序首先要做的就是把 JSON 的分析结果存储到一些结构里面，然后通过访问这些结构来提取数据。下面是分析 JSON 的两个常见步骤（这个过程如图 7-7 所示）：

（1）创建一些用于包含 JSON 数据的结构；

（2）通过 `json.Unmarshal` 函数，把 JSON 数据解封到结构里面。

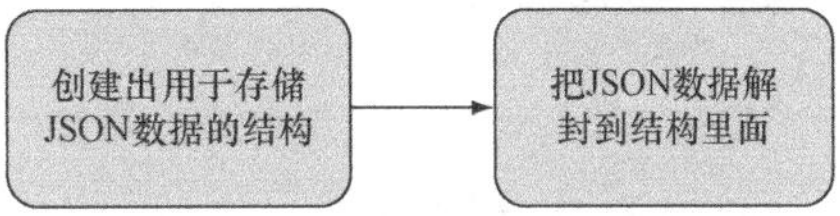

图 7-7　使用 Go 分析 JSON：
创建结构并将 JSON 解封到结构里面

跟映射 XML 相比，把结构映射至 JSON 要简单得多，后者只有一条通用的规则：对于名字为<name>的 JSON 键，用户只需要在结构里创建一个任意名字的字段，并将该字段的结构标签设置为`json:"<name>"`，就可以把 JSON 键<name>的值存储到这个字段里面。接下来，就让我们来看一个实际的例子。

代码清单 7-9 展示了一个名为 post.json 的 JSON 文件，我们接下来就要对这个文件进行分析。因为这个 JSON 文件包含的数据跟之前分析的 XML 文件包含的数据是相同的，所以这些数据对你来说应该不会感到陌生。

代码清单 7-9　要分析的 JSON 文件

```json
{
  "id" : 1,
  "content" : "Hello World!",
  "author" : {
    "id" : 2,
    "name" : "Sau Sheong"
  },
  "comments" : [
    {
      "id" : 3,
      "content" : "Have a great day!",
      "author" : "Adam"
    },
    {
      "id" : 4,
      "content" : "How are you today?",
      "author" : "Betty"
    }
  ]
}
```

　　代码清单 7-10 展示了 `json.go` 文件包含的代码, 这些代码会分析 `post.json` 文件, 并将其包含的 JSON 数据解封至相应的结构。需要注意的是, 除了结构标签之外, 这个程序使用的结构跟之前分析 XML 时使用的结构并无不同。

代码清单 7-10　JSON 分析程序

```go
package main

import (
  "encoding/json"
  "fmt"
  "io/ioutil"
  "os"
)

type Post struct {                              // 定义一些结构, 用
  Id       int         `json:"id"`              // 于表示数据
  Content  string      `json:"content"`
  Author   Author      `json:"author"`
  Comments []Comment   `json:"comments"`
}

type Author struct {
  Id   int    `json:"id"`
  Name string `json:"name"`
}

type Comment struct {
  Id      int    `json:"id"`
  Content string `json:"content"`
  Author  string `json:"author"`
}

func main() {
  jsonFile, err := os.Open("post.json")
  if err != nil {
    fmt.Println("Error opening JSON file:", err)
    return
  }
  defer jsonFile.Close()
  jsonData, err := ioutil.ReadAll(jsonFile)
  if err != nil {
    fmt.Println("Error reading JSON data:", err)
    return
  }

  var post Post                                 // 将 JSON 数据解封
  json.Unmarshal(jsonData, &post)               // 至结构
  fmt.Println(post)
}
```

　　为了将 JSON 键 `id` 的值映射到 `Post` 结构的 `Id` 字段, 程序将该字段的结构标签设置成了

`json:"id"`，这种设置基本上就是将结构映射至 JSON 数据所需完成的全部工作。跟分析 XML 时一样，分析程序通过切片来嵌套多个结构，从而使一篇帖子可以包含零个或多个评论。除此之外，JSON 的解封操作也跟 XML 的解封操作一样，都可以通过调用 Unmarshal 函数来完成。

我们可以通过执行以下命令来运行这个 JSON 分析程序：

```
go run json.go
```

如果一切正常，应该会看到以下结果：

```
{1 Hello World! {2 Sau Sheong} [{3 Have a great day! Adam} {4 How are you today? Betty}]}
```

跟分析 XML 时一样，用户除了可以使用 Unmarshal 函数来解封 JSON，还可以使用 Decoder 手动地将 JSON 数据解码到结构里面，以此来处理流式的 JSON 数据，图 7-8 以及代码清单 7-11 展示了这个过程的具体实现。

图 7-8　使用 Go 分析 JSON：将 JSON 解码至结构

代码清单 7-11　使用 Decoder 对 JSON 进行语言分析

```
jsonFile, err := os.Open("post.json")
if err != nil {
  fmt.Println("Error opening JSON file:", err)
  return
}
defer jsonFile.Close()

decoder := json.NewDecoder(jsonFile)        根据给定的 JSON 文件，
for {                                        创建出相应的解码器
  var post Post
  err := decoder.Decode(&post)              遍历 JSON 文件，直
  if err == io.EOF {                        到遇见 EOF 为止
    break
  }                                         将 JSON 数据解码至结构
  if err != nil {
    fmt.Println("Error decoding JSON:", err)
    return
  }
  fmt.Println(post)
}
```

通过调用 NewDecoder 并传入一个包含 JSON 数据的 io.Reader，程序创建出了一个新的解码器。在把指向 Post 结构的引用传递给解码器的 Decode 方法之后，被传入的结构就会填充上相应的数据，然后这些数据就可以为程序所用了。当所有 JSON 数据都被解码完毕时，Decode

方法将会返回一个 EOF，而程序则会在检测到这个 EOF 之后退出 for 循环。

我们可以通过执行以下命令来运行这个 JSON 解码器：

```
go run json.go
```

如果一切正常，将会看到以下结果：

```
{1 Hello World! {2 Sau Sheong} [{1 Have a great day! Adam} {2 How are you today? Betty}]}
```

最后，在面对 JSON 数据时，我们可以根据输入决定使用 Decoder 还是 Unmarshal：如果 JSON 数据来源于 io.Reader 流，如 http.Request 的 Body，那么使用 Decoder 更好；如果 JSON 数据来源于字符串或者内存的某个地方，那么使用 Unmarshal 更好。

7.5.2　创建 JSON

正如上一个小节所示，分析 JSON 的方法和分析 XML 的方法是非常相似的。同样地，如图 7-9 所示，创建 JSON 的方法和创建 XML 的方法也是相似的。

代码清单 7-12 展示了把 Go 结构封装为 JSON 数据的具体代码。

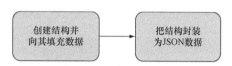

图 7-9　使用 Go 创建 JSON：创建结构并将其封装为 JSON 数据

代码清单 7-12　将结构封装为 JSON

```
package main

import (
  "encoding/json"
  "fmt"
  "io/ioutil"
)

type Post struct {                    ◀── 创建结构并向
  Id       int        `json:"id"`          里面填充数据
  Content  string     `json:"content"`
  Author   Author     `json:"author"`
  Comments []Comment  `json:"comments"`
}

type Author struct {
  Id   int    `json:"id"`
  Name string `json:"name"`
}

type Comment struct {
  Id      int    `json:"id"`
  Content string `json:"content"`
  Author  string `json:"author"`
}
```

```go
func main() {
  post := Post{
    Id:        1,
    Content: "Hello World!",
    Author: Author{
      Id:    2,
      Name: "Sau Sheong",
    },
    Comments: []Comment{
      Comment{
        Id:        3,
        Content: "Have a great day!",
        Author:  "Adam",
      },
      Comment{
        Id:        4,
        Content: "How are you today?",
        Author:  "Betty",
      },
    },
  }
  output, err := json.MarshalIndent(&post, "", "\t\t")   ◄── 把结构封装为由字节切
  if err != nil {                                              片组成的 JSON 数据
    fmt.Println("Error marshalling to JSON:", err)
    return
  }
  err = ioutil.WriteFile("post.json", output, 0644)
  if err != nil {
    fmt.Println("Error writing JSON to file:", err)
    return
  }
}
```

跟处理 XML 时的情况一样，这个封装程序使用的结构和之前分析 JSON 时使用的结构是相同的。程序首先会创建一些结构，然后通过调用 MarshalIndent 函数将结构封装为由字节切片组成的 JSON 数据（ json 库的 MarshalIndent 函数和 xml 库的 MarshalIndent 函数的作用是类似的）。最后，程序会将封装所得的 JSON 数据存储到指定的文件中。

正如我们可以通过编码器手动创建 XML 一样，我们也可以通过编码器手动将 Go 结构编码为 JSON 数据，图 7-10 展示了这个过程。

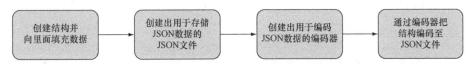

图 7-10　使用 Go 创建 JSON 数据：通过编码器把结构编码为 JSON

代码清单 7-13 展示了 json.go 文件中包含的代码，这些代码可以根据给定的 Go 结构创建

相应的 JSON 文件。

代码清单 7-13　使用 Encoder 把结构编码为 JSON

```
package main

import (
  "encoding/json"
  "fmt"
  "io"
  "os"
)

type Post struct {
  Id       int        `json:"id"`
  Content  string     `json:"content"`
  Author   Author     `json:"author"`
  Comments []Comment  `json:"comments"`
}

type Author struct {
  Id   int    `json:"id"`
  Name string `json:"name"`
}

type Comment struct {
  Id      int    `json:"id"`
  Content string `json:"content"`
  Author  string `json:"author"`
}

func main() {

  post := Post{
    Id:      1,
    Content: "Hello World!",
    Author: Author{
      Id:   2,
      Name: "Sau Sheong",
    },
    Comments: []Comment{
      Comment{
        Id:      3,
        Content: "Have a great day!",
        Author:  "Adam",
      },
      Comment{
        Id:      4,
        Content: "How are you today?",
        Author:  "Betty",
      },
    },
  },
```

创建结构并向里
面填充数据 ◀——

```
    jsonFile, err := os.Create("post.json")
    if err != nil {
      fmt.Println("Error creating JSON file:", err)
      return
  }
    encoder := json.NewEncoder(jsonFile)
    err = encoder.Encode(&post)
    if err != nil {
      fmt.Println("Error encoding JSON to file:", err)
      return
  }
}
```

◄─ 创建用于存储数据的 JSON 文件

◄─ 根据给定的 JSON 文件创建出相应的编码器

把结构编码到 JSON 文件里面

跟之前一样，程序会创建一个用于存储 JSON 数据的 JSON 文件，并通过把这个文件传递给 NewEncoder 函数来创建一个编码器。接着，程序会调用编码器的 Encode 方法，并向其传递一个指向 Post 结构的引用。在此之后，Encode 方法会从结构里面提取数据并将其编码为 JSON 数据，然后把这些 JSON 数据写入创建编码器时给定的 JSON 文件里面。

关于分析和创建 XML 和 JSON 的介绍到这里就结束了。虽然最近这两节介绍的内容可能会因为模式相似而显得有些乏味，但这些基础知识对于接下来的一节学习如何创建 Go Web 服务是不可或缺的，因此花时间学习和掌握这些知识是非常值得的。

7.6　创建 Go Web 服务

创建 Go Web 服务并不是一件困难的事情：如果你仔细地阅读并理解了前面各个章节介绍的内容，那么掌握接下来要介绍的知识对你来说应该是轻而易举的。

本节将要构建一个简单的基于 REST 的 Web 服务，它允许我们对论坛帖子执行创建、获取、更新以及删除操作。具体来说，我们将会使用第 6 章介绍过的 CRUD 函数来包裹起一个 Web 服务接口，并通过 JSON 格式来传输数据。除了本章之外，后续的章节也会沿用这个 Web 服务作为例子，对其他概念进行介绍。

代码清单 7-14 展示了实现 Web 服务需要用到的数据库操作，这些操作和 6.4 节介绍过的操作基本相同，只是做了一些简化。这些代码定义了 Web 服务需要对数据库执行的所有操作，它们都隶属于 main 包，并且被放置到了 data.go 文件中。

代码清单 7-14　使用 data.go 访问数据库

```
package main

import (
  "database/sql"
  _ "github.com/lib/pq"
)

var Db *sql.DB
```

```go
func init() {                                    ← 连接到数据库
  var err error
  Db, err = sql.Open("postgres", "user=gwp dbname=gwp password=gwp sslmode=
   disable")
  if err != nil {
    panic(err)
  }
}

func retrieve(id int) (post Post, err error) {   ← 获取指定的帖子
  post = Post{}
  err = Db.QueryRow("select id, content, author from posts where id = $1",
   id).Scan(&post.Id, &post.Content, &post.Author)
  return
}

func (post *Post) create() (err error) {         ← 创建一篇新帖子
  statement := "insert into posts (content, author) values ($1, $2) returning
   id"
  stmt, err := Db.Prepare(statement)
  if err != nil {
    return
  }
  defer stmt.Close()
  err = stmt.QueryRow(post.Content, post.Author).Scan(&post.Id)
  return
}

func (post *Post) update() (err error) {         ← 更新指定的帖子
  _, err = Db.Exec("update posts set content = $2, author = $3 where id =
   $1", post.Id, post.Content, post.Author)
  return
}

func (post *Post) delete() (err error) {         ← 删除指定的帖子
  _, err = Db.Exec("delete from posts where id = $1", post.Id)
  return
}
```

正如所见，这些代码跟前面代码清单 6-6 展示过的代码非常相似，只是在函数名和方法名上稍有区别，因此我们在这里就不再一一解释了。如果你需要重温一下这些代码的作用，那么可以去复习一下 6.4 节。

在拥有了对数据库执行 CRUD 操作的能力之后，让我们来学习一下如何实现真正的 Web 服务。代码清单 7-15 展示了整个 Web 服务的实现代码，这些代码保存在文件 server.go 中。

代码清单 7-15　定义在 server.go 文件内的 Go Web 服务

```go
package main

import (
  "encoding/json"
  "net/http"
```

```
    "path"
    "strconv"
)

type Post struct {
    Id      int    `json:"id"`
    Content string `json:"content"`
    Author  string `json:"author"`
}

func main() {
    server := http.Server{
        Addr: "127.0.0.1:8080",
    }
    http.HandleFunc("/post/", handleRequest)
    server.ListenAndServe()
}

func handleRequest(w http.ResponseWriter, r *http.Request) {
    var err error
    switch r.Method {
    case "GET":
        err = handleGet(w, r)
    case "POST":
        err = handlePost(w, r)
    case "PUT":
        err = handlePut(w, r)
    case "DELETE":
        err = handleDelete(w, r)
    }
    if err != nil {
        http.Error(w, err.Error(), http.StatusInternalServerError)
        return
    }
}

func handleGet(w http.ResponseWriter, r *http.Request) (err error) {
    id, err := strconv.Atoi(path.Base(r.URL.Path))
    if err != nil {
        return
    }
    post, err := retrieve(id)
    if err != nil {
        return
    }
    output, err := json.MarshalIndent(&post, "", "\t\t")
    if err != nil {
        return
    }
    w.Header().Set("Content-Type", "application/json")
    w.Write(output)
    return
}
```

多路复用器负责将请
求转发给正确的处理
器函数

获取指定
的帖子

```go
func handlePost(w http.ResponseWriter, r *http.Request) (err error) {
  len := r.ContentLength
  body := make([]byte, len)
  r.Body.Read(body)
  var post Post
  json.Unmarshal(body, &post)
  err = post.create()
  if err != nil {
    return
  }
  w.WriteHeader(200)
  return
}
```
创建新的
帖子

```go
func handlePut(w http.ResponseWriter, r *http.Request) (err error) {
  id, err := strconv.Atoi(path.Base(r.URL.Path))
  if err != nil {
    return
  }
  post, err := retrieve(id)
  if err != nil {
    return
  }
  len := r.ContentLength
  body := make([]byte, len)
  r.Body.Read(body)
  json.Unmarshal(body, &post)
  err = post.update()
  if err != nil {
    return
  }
  w.WriteHeader(200)
  return
}
```
更新指定的帖子

```go
func handleDelete(w http.ResponseWriter, r *http.Request) (err error) {
  id, err := strconv.Atoi(path.Base(r.URL.Path))
  if err != nil {
    return
  }
  post, err := retrieve(id)
  if err != nil {
    return
  }
  err = post.delete()
  if err != nil {
    return
  }
  w.WriteHeader(200)
  return
}
```
删除指定的帖子

　　这段代码的结构非常直观：handleRequest 多路复用器会根据请求使用的 HTTP 方法，把请求转发给相应的 CRUD 处理器函数，这些函数都接受一个 ResponseWriter 和一个 Request

作为参数, 并返回可能出现的错误作为函数的执行结果; `handleRequest` 会检查这些函数的执行结果, 并在发现错误时通过 `StatusInternalServerError` 返回一个 500 状态码。

接下来, 让我们首先从帖子的创建操作开始, 对 Go Web 服务的各个部分进行详细的解释, `handlePost` 函数如代码清单 7-16 所示。

代码清单 7-16   用于创建帖子的函数

```
func handlePost(w http.ResponseWriter, r *http.Request) (err error) {
  len := r.ContentLength
  body := make([]byte, len)          ← 读取请求主体, 并将其       ← 创建一个
  r.Body.Read(body)                    存储在字节切片中            字节切片
  var post Post
  json.Unmarshal(body, &post)                              ← 把切片存储的数据解
  err = post.create()              ← 创建数据库记录             封至 Post 结构
  if err != nil {
    return
  }
  w.WriteHeader(200)
  return
}
```

`handlePost` 函数首先会根据内容的长度创建出一个字节切片, 然后将请求主体记录的 JSON 字符串读取到字节切片里面。之后, 函数会声明一个 Post 结构, 并将字节切片存储的内容解封到这个结构里面。这样一来, 函数就拥有了一个填充了数据的 Post 结构, 于是它调用结构的 Create 方法, 把记录在结构中的数据存储到了数据库里面。

为了调用 Web 服务, 我们需要用到第 3 章介绍过的 cURL, 并在终端中执行以下命令:

```
curl -i -X POST -H "Content-Type: application/json"  -d '{"content":"My first
post","author":"Sau Sheong"}' http://127.0.0.1:8080/post/
```

这个命令首先会把 `Content-Type` 首部设置为 `application/json`, 然后通过 `POST` 方法, 向地址 `http://127.0.0.1/post/` 发送一条主体为 JSON 字符串的 HTTP 请求。如果一切顺利, 应该会看到以下结果:

```
HTTP/1.1 200 OK
Date: Sun, 12 Apr 2015 13:32:14 GMT
Content-Length: 0
Content-Type: text/plain; charset=utf-8
```

不过这个结果只能证明处理器函数在处理这个请求的时候没有发生任何错误, 却无法说明帖子真的已经创建成功了。为了验证这一点, 我们需要通过执行以下 SQL 查询来检视一下数据库:

```
psql -U gwp -d gwp -c "select * from posts;"
```

如果帖子创建成功了, 应该会看到以下结果:

```
 id |    content    |   author
----+---------------+------------
  1 | My first post | Sau Sheong
```

(1 row)

除了 handlePost 函数之外，我们的 Web 服务的每个处理器函数都会假设目标帖子的 id 已经包含在了 URL 里面。比如说，当用户想要获取一篇帖子时，Web 服务接收到的请求应该指向以下 URL：

/post/<id>

而这个 URL 中的<id>记录的就是帖子的 id。代码清单 7-17 展示了函数是如何通过这一机制来获取帖子的。

代码清单 7-17　用于获取帖子的函数

```go
func handleGet(w http.ResponseWriter, r *http.Request) (err error) {
  id, err := strconv.Atoi(path.Base(r.URL.Path))
  if err != nil {
    return
  }
  post, err := retrieve(id)          ◀── 从数据库里获取数据，并
  if err != nil {                           将其填充到 Post 结构中
    return
  }
  output, err := json.MarshalIndent(&post, "", "\t\t")   ◀── 把 Post 结构封装为
  if err != nil {                                              JSON 字符串
    return
  }
  w.Header().Set("Content-Type", "application/json")   ◀── 把 JSON 数据写入
  w.Write(output)                                            ResponseWriter
  return
}
```

handleGet 函数首先通过 path.Base 函数，从 URL 的路径中提取出字符串格式的帖子 id，接着使用 strconv.Atoi 函数把这个 id 转换成整数格式，然后通过把这个 id 传递给 retrivePost 函数来获得填充了帖子数据的 Post 结构。

在此之后，程序通过 json.MarshalIndent 函数，把 Post 结构转换成了 JSON 格式的字节切片。最后，程序把 Content-Type 首部设置成了 application/json，并把字节切片中的 JSON 数据写入 ResponseWriter，以此来将 JSON 数据返回给调用者。

为了观察 handleGet 函数是如何工作的，我们需要在终端里面执行以下命令：

curl -i -X GET http://127.0.0.1:8080/post/1

这条命令会向给定的 URL 发送一个 GET 请求，尝试获取 id 为 1 的帖子。如果一切正常，那么这条命令应该会返回以下结果：

```
HTTP/1.1 200 OK
Content-Type: application/json
Date: Sun, 12 Apr 2015 13:32:18 GMT
Content-Length: 69
```

```
{
    "id": 1,
    "content": "My first post",
    "author": "Sau Sheong"
}
```

在更新帖子的时候，程序同样需要先获取帖子的数据，具体细节如代码清单 7-18 所示。

代码清单 7-18　用于更新帖子的函数

```
func handlePut(w http.ResponseWriter, r *http.Request) (err error) {
id, err := strconv.Atoi(path.Base(r.URL.Path))
  if err != nil {
    return
  }
  post, err := retrieve(id)          从数据库里获取指定帖子的数
  if err != nil {                    据，并将其填充至 Post 结构
    return
  }
  len := r.ContentLength             从请求主体中读
  body := make([]byte, len)          取 JSON 数据          把 JSON 数据解封
  r.Body.Read(body)                                         至 Post 结构
  json.Unmarshal(body, &post)
  err = post.update()                对数据库
  if err != nil {                    进行更新
    return
  }
  w.WriteHeader(200)
  return
}
```

在更新帖子时，handlePut 函数首先会获取指定的帖子，然后再根据 PUT 请求发送的信息对帖子进行更新。在获取了帖子对应的 Post 结构之后，程序会读取请求的主体，并将主体中的内容解封至 Post 结构，最后通过调用 Post 结构的 update 方法更新帖子。

通过在终端里面执行以下命令，我们可以对之前创建的帖子进行更新：

```
curl -i -X PUT -H "Content-Type: application/json" -d '{"content":"Updated
post","author":"Sau Sheong"}' http://127.0.0.1:8080/post/1
```

需要注意的是，跟使用 POST 方法创建帖子时不一样，这次我们需要通过 URL 来指定被更新帖子的 ID。如果一切正常，这条命令应该会返回以下结果：

```
HTTP/1.1 200 OK
Date: Sun, 12 Apr 2015 14:29:39 GMT
Content-Length: 0
Content-Type: text/plain; charset=utf-8
```

现在，我们可以通过再次执行以下 SQL 查询来确认更新是否已经成功：

```
psql -U gwp -d gwp -c "select * from posts;"
```

如无意外，应该会看到以下内容：

```
id |  content  |  author
----+------------+------------
 1 | Updated post | Sau Sheong
(1 row)
```

代码清单 7-19 展示了 Web 服务的帖子删除操作的实现代码,这些代码会先获取指定的帖子,
然后通过调用 delete 方法来删除帖子。

代码清单 7-19   用于删除帖子的函数

```go
func handleDelete(w http.ResponseWriter, r *http.Request) (err error) {
  id, err := strconv.Atoi(path.Base(r.URL.Path))
  if err != nil {
    return
  }
  post, err := retrieve(id)          ◀——  从数据库里获取指定帖子的数据,
  if err != nil {                          并将其填充至 Post 结构
    return
  }
  err = post.delete()                ◀——  从数据库里删除
  if err != nil {                          这个帖子
    return
  }
  w.WriteHeader(200)
  return
}
```

注意,无论是更新帖子还是删除帖子,Web 服务在操作执行成功时都会返回 200 状态码。但
是,如果处理器函数在处理请求时出现了任何错误,那么该错误将被返回至 handleRequest
多路复用器,然后由多路复用器向客户端返回一个 500 状态码。

通过执行下面的 cURL 调用,我们可以删除前面创建的帖子:

```
curl -i -X DELETE http://127.0.0.1:8080/post/1
```

如果一切正常,那么这个 cURL 调用将返回以下结果:

```
HTTP/1.1 200 OK
Date: Sun, 12 Apr 2015 14:38:59 GMT
Content-Length: 0
Content-Type: text/plain; charset=utf-8
```

现在,如果我们再次执行之前的 SQL 查询,就会发现之前创建的帖子已经不复存在了:

```
id | content | author
----+---------+--------
(0 rows)
```

7.7   小结

- 编写 Web 服务是 Go 语言目前非常常见的用途之一,了解如何构建 Web 服务是一项非常

有价值的技能。

- Web 服务主要分为两种类型——一种是基于 SOAP 的 Web 服务，而另一种则是基于 REST 的 Web 服务。

  - SOAP 是一种协议，它能够对定义在 XML 中的结构化数据进行交换。但是，因为 SOAP 的 WSDL 报文有可能会变得非常复杂，所以基于 SOAP 的 Web 服务没有基于 REST 的 Web 服务那么流行。

  - 基于 REST 的 Web 服务通过 HTTP 协议向外界公开自己拥有的资源，并允许外界通过 HTTP 协议对这些资源执行指定的动作。

- 创建和分析 XML 以及 JSON 的步骤都是相似的，用户要么根据指定的结构去生成 XML 或者 JSON，要么从指定的结构里面提取数据到 XML 或者 JSON 里面，前一种操作称为封装，而后一种操作则称为解封。

第 8 章　应用测试

本章主要内容
- Go 语言的 testing 库
- 单元测试
- HTTP 测试
- 使用依赖注入进行测试
- 使用第三方测试库

　　测试是编程工作中非常重要的一环，但很多人却忽视了这一点，又或者只是把测试看作是一种可有可无的补充手段。Go 语言提供了一些基本的测试功能，这些功能初看上去可能会显得非常原始，但正如本章将要介绍的那样，这些工具实际上已经能够满足程序员对自动测试的需要了。除了 Go 语言内置的 testing 包之外，本章还会介绍 check 和 Ginkgo 这两个流行的 Go 测试包，它们提供的功能比 testing 包更为丰富。

　　跟前面章节介绍过的 Web 应用编程库一样，Go 语言的测试库也只提供了基本的工具，而程序员要做的就是在这些工具的基础上，构建出能够满足自己需求的测试。

8.1　Go 与测试

　　Go 的标准库提供了几个与测试有关的库，其中最主要的是 testing 包，本章介绍的绝大部分测试功能都来源于这个包。net/http/httptest 包是另一个与 Web 应用编程有关的库，这个库是基于 testing 库实现的。正如它的名字所示，httptest 包是一个用于测试 Web 应用的库。

　　因为 testing 包提供了在 Go 中实现基本的自动测试的能力，所以本章会先介绍 testing 包，等读者了解了 testing 包之后，再学习 httptest 包就会有事半功倍的效果。

　　testing 包需要与 go test 命令以及源代码中所有以 _test.go 后缀结尾的测试文件一同使用。尽管 Go 并没有强制要求，但一般来说，测试文件的名字都会与被测试源码文件的名字相对应。

举个例子，对于源码文件 server.go，我们可以创建出一个名为 server_test.go 的测试文件，这个测试文件包含我们想对 server.go 进行的所有测试。另外需要注意的一点是，被测试的源码文件和测试文件必须位于同一个包之内。

为了测试源代码，用户需要在测试文件中创建具有以下格式的测试函数，其中 *Xxx* 可以是任意英文字母以及数字的组合，但是首字符必须是大写的英文字母：

```
func TestXxx(*testing.T) { ... }
```

在测试函数的内部，用户可以使用 Error、Fail 等一系列方法表示测试失败。当用户在终端里面执行 go test 命令的时候，所有符合上述格式的测试函数就会被执行。如果一个测试在执行时没有出现任何失败，那么我们就说函数通过了测试。接下来，就让我们实际地学习如何使用 testing 包进行测试。

8.2 使用 Go 进行单元测试

顾名思义，单元测试（unit test），就是一种为验证单元的正确性而设置的自动化测试，一个单元就是程序中的一个模块化部分。一般来说，一个单元通常会与程序中的一个函数或者一个方法相对应，但这并不是必须的。程序中的一个部分能否独立地进行测试，是评判这个部分能否被归纳为"单元"的一个重要指标。一个单元通常会接受数据作为输入并返回相应的输出，而单元测试用例要做的就是向单元传入数据，然后检查单元产生的输出是否符合预期。单元测试通常会以测试套件（test suite）的形式运行，后者是为了验证特定行为而创建的单元测试用例集合。

Go 的单元测试会按照功能分组，并放置在以 _test.go 为后缀的文件当中。作为例子，我们接下来要考虑的是如何对代码清单 8-1 所示的 main.go 文件中的 decode 函数进行测试。

代码清单 8-1　一个 JSON 数据解码程序

```
package main

import (
    "encoding/json"
    "fmt"
    "os"
)

type Post struct {
    Id       int         `json:"id"`
    Content  string      `json:"content"`
    Author   Author      `json:"author"`
    Comments []Comment   `json:"comments"`
}

type Author struct {
    Id   int    `json:"id"`
```

```
    Name string `json:"name"`
  }

  type Comment struct {
    Id        int    `json:"id"`
    Content string `json:"content"`
    Author  string `json:"author"`
  }

  func decode(filename string) (post Post, err error) {  ◄──┐
    jsonFile, err := os.Open(filename)                      │
    if err != nil {                                         │
      fmt.Println("Error opening JSON file:", err)          │
      return                                                │
    }                                                       │
    defer jsonFile.Close()                                  │
                                                            │  将负责解码的代码重构
    decoder := json.NewDecoder(jsonFile)                    │  到单独的解码函数中
    err = decoder.Decode(&post)                             │
    if err != nil {                                         │
      fmt.Println("Error decoding JSON:", err)              │
      return                                                │
    }                                                       │
    return                                                  │
  }                                                         │
                                                            │
  func main() {                                             │
    _, err := decode("post.json")          ◄────────────────┘
    if err != nil {
      fmt.Println("Error:", err)
    }
  }
```

　　这个程序复用了之前在代码清单 7-8 和代码清单 7-9 中展示过的 JSON 解码程序，但是它并没有像旧程序那样把所有逻辑都放到 main 函数里面，而是将旧程序中负责打开文件并对其进行解码的部分重构到了单独的 decode 函数里面，然后再在 main 函数中调用 decode 函数。需要注意的是，虽然程序员在大部分时间里关注的都是如何编写代码从而实现特性并交付功能，但写出可测试的代码同样也是非常重要的。为了做到这一点，程序员通常需要在编写程序之前对程序的设计进行思考，并把测试看作是软件开发的重要一环，本章稍后将对这一点进行更详细的说明。

　　代码清单 8-2 展示了我们将要解码的 JSON 文件，它跟第 7 章中被解码的 JSON 文件是完全一样的。

代码清单 8-2　被解码的 `post.json` 文件

```
{
  "id" : 1,
  "content" : "Hello World!",
  "author" : {
    "id" : 2,
```

```
      "name" : "Sau Sheong"
    },
    "comments" : [
      {
        "id" : 3,
        "content" : "Have a great day!",
        "author" : "Adam"
      },
      {
        "id" : 4,
        "content" : "How are you today?",
        "author" : "Betty"
      }
    ]
  }
```

代码清单 8-3 展示了负责测试 main.go 文件的 main_test.go 文件。

代码清单 8-3　对 main.go 进行测试的 main_test.go 文件

```
package main                          测试文件与被测试的源代
                                      码文件位于同一个包内
import (
  "testing"
)

func TestDecode(t *testing.T) {       调用被测试的
  post, err := decode("post.json")    函数
  if err != nil {
    t.Error(err)
  }
  if post.Id != 1 {                   检查结果是否和预期的
    t.Error("Wrong id, was expecting 1 but got", post.Id)   一样,如果不一样就显示
  }                                   一条出错信息
  if post.Content != "Hello World!" {
    t.Error("Wrong content, was expecting 'Hello World!' but got",
    post.Content)
  }
}
func TestEncode(t *testing.T) {       暂时跳过对编码
  t.Skip("Skipping encoding for now") 函数的测试
}
```

这个测试文件与被测试的源码文件位于同一个包内,它唯一导入并使用的包为 testing 包。函数 TestDecode 是一个测试用例,它代表的是对 decode 函数的单元测试。TestDecode 接受一个指向 testing.T 结构的指针作为参数,该结构是 testing 包中两个主要结构之一,当被测试函数的输出结果未如预期时,用户就可以使用这个结构来产生相应的失败(failure)以及错误(error)。

testing.T 结构拥有几个非常有用的函数:

■ Log——将给定的文本记录到错误日志里面,与 fmt.Println 类似;

- Logf——根据给定的格式，将给定的文本记录到错误日志里面，与 fmt.Printf 类似；
- Fail——将测试函数标记为"已失败"，但允许测试函数继续执行；
- FailNow——将测试函数标记为"已失败"并停止执行测试函数。

除以上 4 个函数之外，testing.T 结构还提供了图 8-1 所示的一些便利函数（convenience function），这些便利函数都是由以上 4 个函数组合而成的。

	Log	Logf
Fail	Error	Errorf
FailNow	Fatal	Fatalf

图 8-1 testing.T 结构提供的各个函数，每个格子都表示一个函数，其中位于白色格子
内的函数为便利函数，它们由位于灰色格子内的函数组合而成。例如，Error 函数是 Log
函数和 Fail 函数的组合函数，它在被调用时，会先调用 Log 函数，然后再调用 Fail 函数

在图 8-1 中，组合函数 Error 将会先后调用 Log 函数和 Fail 函数，而组合函数 Fatal 则会先后调用 Log 函数和 FailNow 函数。

在测试函数 TestDecode 内部，程序会正常地调用 decode 函数，然后对函数返回的结果进行检查。如果函数返回的结果和预期的结果不一致，那么程序就可以根据情况调用 Fail、FailNow、Error、Errorf 或者 Fatalf 等函数。正如之前所说，Fail 函数在把一个测试用例标记为"已失败"之后，会允许这个测试用例继续执行，但 FailNow 函数则会更严格一些——它在把一个测试用例标记为"已失败"之后会立即退出，不再执行这个测试用例的剩余代码。无论是 Fail 还是 FailNow，它们都只会对自己所处的测试用例产生影响，比如，在上面的例子中，TestDecode 调用的 Error 函数就只会对 TestDecode 本身产生影响。

为了运行 TestDecode 测试用例，我们需要在测试文件 main_test.go 所在的目录中执行以下命令：

```
go test
```

这条命令会执行当前目录中名字以 _test.go 为后缀的所有文件。当我们在名为 unit_testing 的目录中执行这个命令时，它将产生以下结果：

```
PASS
ok    unit_testing  0.004s
```

可惜的是，这个结果并没有给出多少有用的信息。为此，我们可以使用具体（verbose）标志 -v 来获得更详细的信息，并通过覆盖率标志-cover 来获知测试用例对代码的覆盖率：

```
go test -v -cover
```

执行这条命令将得到以下结果：

```
=== RUN TestDecode
--- PASS: TestDecode (0.00s)
```

```
=== RUN TestEncode
--- SKIP: TestEncode (0.00s)
  main_test.go:23: Skipping encoding for now
PASS
coverage: 46.7% of statements
ok    unit_testing  0.004s
```

8.2.1 跳过测试用例

代码清单 8-3 在同一个测试文件里包含了两个测试用例，第一个是前面已经介绍过的 TestDecode，而另一个则是 TestEncode。因为代码清单 8-1 中的程序并未实现相应的编码方法，所以 TestEncode 并没有做任何实际的行为。程序员在进行测试驱动开发（test-driven development, TDD）的时候，通常会让测试用例持续地失败，直到函数被真正地实现出来为止；但是，为了避免测试用例在函数尚未实现之前一直打印烦人的失败信息，用户也可以使用 testing.T 结构提供的 Skip 函数，暂时跳过指定的测试用例。此外，如果某个测试用例的执行时间非常长，我们也可以在实施完整性检查（sanity check）的时候，使用 Skip 函数跳过该测试用例。

除了可以直接跳过整个测试用例，用户还可以通过向 go test 命令传入短暂标志-short，并在测试用例中使用某些条件逻辑来跳过测试中的指定部分。注意，这种做法跟在 go test 命令中通过选项来选择性地执行指定的测试不一样：选择性执行只会执行指定的测试，并跳过其他所有测试，而-short 标志则会根据用户编写测试代码的方式，跳过测试中的指定部分或者跳过整个测试用例。

作为例子，让我们来看一下如何通过-short 标志来避免执行一个长时间运行的测试用例。首先，在 main_test.go 文件中导入 time 包，并创建一个新的测试用例：

```go
func TestLongRunningTest(t *testing.T) {
  if testing.Short() {
    t.Skip("Skipping long-running test in short mode")
  }
  time.Sleep(10 * time.Second)
}
```

如果用户给定了-short 标志，测试用例 TestLongRunningTest 将被跳过；相反，如果用户没有给定-short 标志，那么 TestLongRunningTest 用例将被执行，并因此导致测试过程休眠 10 s。现在，首先让我们来看一下测试用例在一般情况下是如何运行的：

```
=== RUN TestDecode
--- PASS: TestDecode (0.00s)
=== RUN TestEncode
--- SKIP: TestEncode (0.00s)
  main_test.go:24: Skipping encoding for now
=== RUN TestLongRunningTest
--- PASS: TestLongRunningTest (10.00s)
PASS
coverage: 46.7% of statements
ok    unit_testing  10.004s
```

正如我们所料，测试花了 10 s 来执行 TestLongRunningTest 测试用例。现在，我们使用以下命令再次运行测试：

```
go test -v -cover -short
```

这次运行测试将得出以下结果：

```
=== RUN TestDecode
--- PASS: TestDecode (0.00s)
=== RUN TestEncode
--- SKIP: TestEncode (0.00s)
  main_test.go:24: Skipping encoding for now
=== RUN TestLongRunningTest
--- SKIP: TestLongRunningTest (0.00s)
  main_test.go:29: Skipping long-running test in short mode
PASS
coverage: 46.7% of statements
ok      unit_testing  0.004s
```

正如结果所示，长时间运行的测试用例 TestLongRunningTest 在这次测试中被跳过了。

8.2.2　以并行方式运行测试

正如之前所说，单元测试的目的是独立地进行测试。尽管有些时候，测试套件会因为内部存在依赖关系而无法独立地进行单元测试，但是只要单元测试可以独立地进行，用户就可以通过并行地运行测试用例来提升测试的速度了，本节的内容将向我们展示如何在 Go 中实现这一点。

首先，在 main_test.go 文件所在的目录中创建一个名为 parallel_test.go 的文件，并在文件中键入代码清单 8-4 所示的代码。

代码清单 8-4　并行测试

```
package main

import (
  "testing"
  "time"
)

func TestParallel_1(t *testing.T) {          ◀─── 模拟需要耗时一秒钟运行的任务
  t.Parallel()                               ◀─── 调用 Parallel 函数，以并行方式
  time.Sleep(1 * time.Second)                     运行测试用例
}

func TestParallel_2(t *testing.T) {          ◀─── 模拟需要耗时 2 秒运行的任务
  t.Parallel()
  time.Sleep(2 * time.Second)
}

func TestParallel_3(t *testing.T) {          ◀─── 模拟需要耗时 3 秒运行的任务
  t.Parallel()
```

```
        time.Sleep(3 * time.Second)
}
```

这个程序利用 `time.Sleep` 函数，以 3 个测试用例分别模拟了 3 个需要耗时 1s、2s 和 3s 来运行的任务，并且为了让这些测试用例能够以并行的方式运行，程序还在每个测试用例的开头调用了 `testing.T` 结构的 `Parallel` 函数。

现在，我们只要在终端中执行以下命令，Go 就会以并行的方式运行测试：

```
go test -v -short -parallel 3
```

这条命令中的并行标志-parallel 用于指示 Go 以并行方式运行测试用例，而参数 3 则表示我们希望最多并行运行 3 个测试用例。另外，这条命令还使用了-short 标志，以便跳过 `main_test.go` 测试文件中需要长时间运行的测试用例。以下是这个命令的执行结果：

```
=== RUN TestDecode
--- PASS: TestDecode (0.00s)
=== RUN TestEncode
--- SKIP: TestEncode (0.00s)
  main_test.go:24: Skipping encoding for now
=== RUN TestLongRunningTest
--- SKIP: TestLongRunningTest (0.00s)
  main_test.go:30: Skipping long-running test in short mode
=== RUN TestParallel_1
=== RUN TestParallel_2
=== RUN TestParallel_3
--- PASS: TestParallel_1 (1.00s)
--- PASS: TestParallel_2 (2.00s)
--- PASS: TestParallel_3 (3.00s)
PASS
ok    unit_testing   3.006s
```

从这个结果我们可以看到，`main_test.go` 文件和 `parallel_test.go` 文件中的所有测试用例都被执行了，更为重要的是，`parallel_test.go` 文件中的 3 个并行测试用例被同时执行了：尽管这 3 个并行测试用例的运行时长各有不同，但由于它们是同时运行的，所以这 3 个测试用例最终都在运行时长最长的测试用例 `TestParallel_3` 的执行过程中结束了，这也是整个测试最终耗费了 3.006 s 的原因——其中 0.006 s 用于执行 `main_test.go` 中的前几个测试用例，而 3 s 则用于执行 `parallel_test.go` 中运行时间最长的测试用例 `TestParallel_3`。

8.2.3 基准测试

Go 的 `testing` 包支持两种类型的测试，一种是用于检验程序功能性的功能测试（functional testing），而另一种则是用于查明任务单元性能的基准测试（benchmarking）。在上一节学习过如何进行功能测试之后，这一节我们将要学习如何进行基准测试。

跟单元测试一样，基准测试用例也需要放置到以_test.go 为后缀的文件中，并且每个基准测试函数都需要符合以下格式：

```
func BenchmarkXxx(*testing.B) { ... }
```

作为例子，代码清单 8-5 展示了一个基准测试用例函数，这个函数定义在文件 bench_test.go 里面。

代码清单 8-5 基准测试

```
package main

import (
  "testing"
)

// benchmarking the decode function
func BenchmarkDecode(b *testing.B) {
  for i := 0; i < b.N; i++ {          ◀── 循环执行解码函数，以便对其
    decode("post.json")                      进行 b.N 次基准测试
  }
}
```

正如代码所示，在 Go 语言中进行基准测试是非常直观的：测试程序要做的就是将被测试的代码执行 b.N 次，以便准确地检测出代码的响应时间，其中 b.N 的值将根据被执行的代码而改变。比如，在上面展示的基准测试例子中，测试程序就将 decode 函数执行了 b.N 次。

为了运行基准测试用例，用户需要在执行 go test 命令时使用基准测试标志-bench，并将一个正则表达式用作该标志的参数，从而标识出自己想要运行的基准测试文件。当我们需要运行目录下的所有基准测试文件时，只需要把点（.）用作-bench 标志的参数即可：

```
go test -v -cover -short -bench .
```

下面是这条命令的执行结果：

```
=== RUN TestDecode
--- PASS: TestDecode (0.00s)
=== RUN TestEncode
--- SKIP: TestEncode (0.00s)
main_test.go:38: Skipping encoding for now
=== RUN TestLongRunningTest
--- SKIP: TestLongRunningTest (0.00s)
main_test.go:44: Skipping long-running test in short mode
PASS
BenchmarkDecode  100000      19480 ns/op
coverage: 42.4% of statements
ok    unit_testing  2.243s
```

结果中的 100000 为测试时 b.N 的实际值，也就是函数被循环执行的次数。在这个例子中，迭代进行了 10 万次，并且每次耗费了 19480 ns，即 0.01948 ms。需要注意的是，在进行基准测试时，测试用例的迭代次数是由 Go 自行决定的，虽然用户可以通过限制基准测试的运行时间达到限制迭代次数的目的，但用户是无法直接指定迭代次数的——测试程序将进行足够多次的迭代，直到获得一个准确的测量值为止。在 Go 1.5 中，test 子命令拥有一个-test.count 标志，

它可以让用户指定每个测试以及基准测试的运行次数，该标志的默认值为 1。

注意，上面的命令既运行了基准测试，也运行了功能测试。如果需要，用户也可以通过运行标志-run 来忽略功能测试。-run 标志用于指定需要被执行的功能测试用例，如果用户把一个不存在的功能测试名字用作-run 标志的参数，那么所有功能测试都将被忽略。比如，如果我们执行以下命令：

```
go test -run x -bench .
```

那么由于我们的测试中不存在任何名字为 x 的功能测试用例，因此所有功能测试都不会被运行。在只执行基准测试的情况下，go test 命令将产生以下结果：

```
PASS
BenchmarkDecode    100000         19714 ns/op
ok    unit_testing  2.150s
```

虽然检测单个函数的运行速度非常有用，但如果我们能够对比两个函数的运行速度，那么事情无疑会变得更加有意义！回想一下，我们在第 7 章曾经学过如何用两种不同的方法把 JSON 数据解封为结构：一种是使用 Decode 函数，另一种则是使用 Unmarshal 函数。因为上面的基准测试已经检测出了 Decode 函数的运行速度，那么接下来就让我们检测一下 Unmarshal 函数的运行速度吧。但是在进行基准测试之前，我们需要像代码清单 8-6 展示的那样，将解封操作的代码重构到 main.go 文件的 unmarshal 函数中。

代码清单 8-6　解封 JSON 数据的函数

```go
func unmarshal(filename string) (post Post, err error) {
  jsonFile, err := os.Open(filename)
  if err != nil {
    fmt.Println("Error opening JSON file:", err)
    return
  }
  defer jsonFile.Close()

  jsonData, err := ioutil.ReadAll(jsonFile)
  if err != nil {
    fmt.Println("Error reading JSON data:", err)
    return
  }
  json.Unmarshal(jsonData, &post)
  return
}
```

之后，我们还需要在基准测试文件 bench_test.go 中添加代码清单 8-7 所示的基准测试用例，以便对 unmarshal 函数进行基准测试。

代码清单 8-7　对 unmarshal 函数进行基准测试

```go
func BenchmarkUnmarshal(b *testing.B) {
  for i := 0; i < b.N; i++ {
```

```
    unmarshal("post.json")
  }
}
```

一切准备就绪之后，再次运行基准测试命令，我们将得到以下结果：

```
PASS
BenchmarkDecode      100000          19577 ns/op
BenchmarkUnmarshal    50000          24532 ns/op
ok    unit_testing  3.628s
```

从上述结果可以看到，Decode 函数每次执行需要耗费 0.019577 ms，而 Unmarshal 函数每次执行需要耗费 0.024532 ms，这说明 Unmarshal 函数比 Decode 函数慢了大约 25%。

8.3　使用 Go 进行 HTTP 测试

因为这是一本关于 Web 编程的书，所以我们除了要学习如何测试普通的 Go 程序，还需要学习如何测试 Go Web 应用。测试 Go Web 应用的方法有很多，但是在这一节中，我们只考虑如何使用 Go 对 Web 应用的处理器进行单元测试。

对 Go Web 应用的单元测试可以通过 testing/httptest 包来完成。这个包提供了模拟一个 Web 服务器所需的设施，用户可以利用 net/http 包中的客户端函数向这个服务器发送 HTTP 请求，然后获取模拟服务器返回的 HTTP 响应。

为了演示 httptest 包的使用方法，我们会复用之前在 7.14 节展示过的简单 Web 服务。正如之前所说，这个简单 Web 服务只拥有一个名为 handleRequest 的处理器，它会根据请求使用的 HTTP 方法，将请求多路复用到相应的处理器函数。举个例子，如果 handleRequest 接收到的是一个 HTTP GET 请求，那么它会把该请求多路复用到 handleGet 函数，代码清单 8-8 展示了这两个函数的具体定义。

代码清单 8-8　负责多路复用请求的处理器以及负责处理请求的 GET 处理器函数

```
func handleRequest(w http.ResponseWriter, r *http.Request) {          ◀── handleRequest 将
  var err error                                                           根据请求使用的
  switch r.Method {                                                       HTTP 方法对其
  case "GET":                                                             进行多路复用
    err = handleGet(w, r)          ◀── 根据请求使用的 HTTP
  case "POST":                          方法,调用相应的处理器
    err = handlePost(w, r)              函数
  case "PUT":
    err = handlePut(w, r)
  case "DELETE":
    err = handleDelete(w, r)
  }
  if err != nil {
    http.Error(w, err.Error(), http.StatusInternalServerError)
    return
  }
```

```
}

func handleGet(w http.ResponseWriter, r *http.Request) (err error) {
  id, err := strconv.Atoi(path.Base(r.URL.Path))
  if err != nil {
    return
  }
  post, err := retrieve(id)
  if err != nil {
    return
  }
  output, err := json.MarshalIndent(&post, "", "\t\t")
  if err != nil {
    return
  }
  w.Header().Set("Content-Type", "application/json")
  w.Write(output)
  return
}
```

代码清单 8-9 展示了一个通过 HTTP GET 请求对简单 Web 服务进行单元测试的例子，而图 8-2 则展示了这个程序的整个执行过程。

代码清单 8-9　使用 GET 请求进行测试

```
package main

import (
  "encoding/json"
  "net/http"
  "net/http/httptest"
  "testing"
)

func TestHandleGet(t *testing.T) {       创建一个用于运行测
  mux := http.NewServeMux()              试的多路复用器
  mux.HandleFunc("/post/", handleRequest)
                                          绑定想要测试     创建记录器，用于获取服
  writer := httptest.NewRecorder()        的处理器        务器返回的 HTTP 响应
  request, _ := http.NewRequest("GET", "/post/1", nil)
  mux.ServeHTTP(writer, request)                         为被测试的处理器创建相
                               向被测试的处              应的请求
  if writer.Code != 200 {     理器发送请求
    t.Errorf("Response code is %v", writer.Code)
  }                                            对记录器记载的响应结果
  var post Post                                进行检查
  json.Unmarshal(writer.Body.Bytes(), &post)
  if post.Id != 1 {
    t.Error("Cannot retrieve JSON post")
  }
}
```

因为每个测试用例都会独立运行并启动各自独有的用于测试的 Web 服务器，所以程序需要创建一

个多路复用器并将 handleRequest 处理器与其进行绑定。除此之外，为了获取服务器返回的 HTTP 响应，程序使用 httptest.New Recorder 函数创建了一个 ResponseRecorder 结构，这个结构可以把响应存储起来以便进行后续的检查。

与此同时，程序还需要调用 http.NewRequest 函数，并将请求使用的 HTTP 方法、被请求的 URL 以及可选的 HTTP 请求主体传递给该函数，从而创建一个 HTTP 请求（在第 3 章和第 4 章，我们讨论的是如何分析一个 HTTP 请求，而创建 HTTP 请求正好就是分析 HTTP 请求的逆操作）。

程序在创建出相应的记录器以及 HTTP 请求之后，就会使用 ServeHTTP 把它们传递给多路复用器。多路复用器 handleRequest 在接收到请求之后，就会把请求转发给 handleGet 函数，然后由 handleGet 函数对请求进行处理，并最终返回一个 HTTP 响应。跟一般服务器不同的是，模拟服务器的多路复用器不会把处理器返回的响应发送至浏览器，而是会把响应推入响应记录器里面，从而使测试程序可以

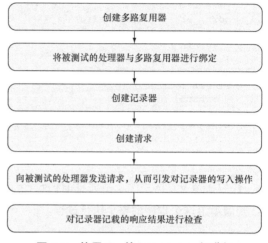

图 8-2　使用 Go 的 httptest 包进行
HTTP 测试的具体步骤

在之后对响应的结果进行验证。测试程序最后的几行代码非常容易看懂，它们要做的就是对响应进行检查，看看处理器返回的结果是否跟预期的一样，并在出现意料之外的结果时，像普通的单元测试那样抛出一个错误。

因为这些操作看上去都非常简单，所以不妨让我们再来看另一个例子——代码清单 8-10 展示了如何为 PUT 请求创建一个测试用例。

代码清单 8-10　对 PUT 请求进行测试

```go
func TestHandlePut(t *testing.T) {
  mux := http.NewServeMux()
  mux.HandleFunc("/post/", handleRequest)

  writer := httptest.NewRecorder()
  json := strings.NewReader(`{"content":"Updated post","author":"Sau
Sheong"}`)
  request, _ := http.NewRequest("PUT", "/post/1", json)
  mux.ServeHTTP(writer, request)

  if writer.Code != 200 {
    t.Errorf("Response code is %v", writer.Code)
  }
}
```

正如代码所示，这次的测试用例除了需要向请求传入 JSON 数据，跟之前展示的测试用例并

没有什么特别大的不同。除此之外你可能会注意到，上述两个测试用例出现了一些完全相同的代码。为了保持代码的简洁性，我们可以把一些重复出现的测试代码以及其他测试夹具（fixture）代码放置到一个预设函数（setup function）里面，然后在运行测试之前执行这个函数。

　　Go 的 testing 包允许用户通过 TestMain 函数，在进行测试时执行相应的预设（setup）操作或者拆卸（teardown）操作。一个典型的 TestMain 函数看上去是下面这个样子的：

```
func TestMain(m *testing.M) {
  setUp()
  code := m.Run()
  tearDown()
  os.Exit(code)
}
```

　　setUp 函数和 tearDown 函数分别定义了测试在预设阶段以及拆卸阶段需要执行的工作。需要注意的是，setUp 函数和 tearDown 函数是为所有测试用例设置的，它们在整个测试过程中只会被执行一次，其中 setUp 函数会在所有测试用例被执行之前执行，而 tearDown 函数则会在所有测试用例都被执行完毕之后执行。至于测试程序中的各个测试用例，则由 testing.M 结构的 Run 方法负责调用，该方法在执行之后将返回一个退出码（exit code），用户可以把这个退出码传递给 os.Exit 函数。

　　代码清单 8-11 展示了测试程序使用 TestMain 函数之后的样子。

代码清单 8-11　使用 httptest 包的 TestMain 函数

```
package main

import (
  "encoding/json"
  "net/http"
  "net/http/httptest"
  "os"
  "strings"
  "testing"
)

var mux *http.ServeMux
var writer *httptest.ResponseRecorder

func TestMain(m *testing.M) {
  setUp()
  code := m.Run()
  os.Exit(code)
}

func setUp() {
  mux = http.NewServeMux()
  mux.HandleFunc("/post/", handleRequest)
  writer = httptest.NewRecorder()
}
```

```
func TestHandleGet(t *testing.T) {
  request, _ := http.NewRequest("GET", "/post/1", nil)
  mux.ServeHTTP(writer, request)

  if writer.Code != 200 {
    t.Errorf("Response code is %v", writer.Code)
  }
  var post Post
  json.Unmarshal(writer.Body.Bytes(), &post)
  if post.Id != 1 {
    t.Errorf("Cannot retrieve JSON post")
  }
}

func TestHandlePut(t *testing.T) {
  json := strings.NewReader(`{"content":"Updated post","author":"Sau
Sheong"}`)
  request, _ := http.NewRequest("PUT", "/post/1", json)
  mux.ServeHTTP(writer, request)

  if writer.Code != 200 {
    t.Errorf("Response code is %v", writer.Code)
  }
}
```

更新后的测试程序把每个测试用例都会用到的全局变量放到了 `setUp` 函数中，这一修改不仅让测试用例函数变得更加紧凑，而且还把所有与测试用例有关的预设操作都集中到了一起。但是，因为这个程序在测试之后不需要进行任何收尾工作，所以它没有配置相应的拆卸函数：当所有测试用例都运行完毕之后，测试程序就会直接退出。

上面展示的代码只测试了 Web 服务的多路复用器以及处理器，但它并没有测试 Web 服务的另一个重要部分。你也许还记得，在本书的第 7 章中，我们曾经从 Web 服务中抽离出了数据层，并将所有数据操作代码都放置到了 `data.go` 文件中。因为测试 `handleGet` 函数需要调用 Post 结构的 `retrieve` 函数，而测试 `handlePut` 函数则需要调用 Post 结构的 `retrieve` 函数以及 `update` 函数，所以上述测试程序在对简单 Web 服务进行单元测试时，实际上是在对数据库中的数据执行获取操作以及修改操作。

因为被测试的操作涉及依赖关系，所以上述单元测试实际上并不是独立进行的，为了解决这个问题，我们需要用到下一节介绍的技术。

8.4 测试替身以及依赖注入

测试替身（test double）是一种能够让单元测试用例变得更为独立的常用方法。当测试不方便使用实际的对象、结构或者函数时，我们就可以使用测试替身来模拟它们。因为测试替身能够提高被测试代码的独立性，所以自动单元测试环境经常会使用这种技术。

测试邮件发送代码是一个需要使用测试替身的场景：很自然地，你并不希望在进行单元测试时发送真正的邮件，而解决这个问题的一种方法，就是创建出能够模拟邮件发送操作的测试替身。同样地，为了对简单 Web 服务进行单元测试，我们需要创建出一些测试替身，并通过这些替身移除单元测试用例对真实数据库的依赖。

测试替身的概念非常直观易懂——程序员要做的就是在进行自动测试时，创建出测试替身并使用它们去代替实际的函数或者结构。然而问题在于，使用测试替身需要在编码之前进行相应的设计：如果你在设计程序时根本没有考虑过使用测试替身，那么你很可能无法在实际测试中使用这一技术。比如，上一节展示的简单 Web 服务的设计就无法在测试中创建测试替身，这是因为对数据库的依赖已经深深地扎根于这些代码之中了。

实现测试替身的一种设计方法是使用依赖注入（dependency injection）设计模式。这种模式通过向被调用的对象、结构或者函数传入依赖关系，然后由依赖关系代替被调用者执行实际的操作，以此来解耦软件中的两个或多个层（layer），而在 Go 语言当中，被传入的依赖关系通常会是一种接口类型。接下来，就让我们来看看，如何在第 7 章介绍的简单 Web 服务中使用依赖注入设计模式。

使用 Go 实现依赖注入

在第 7 章介绍的简单 Web 服务中，handleRequest 处理器函数会将 GET 请求转发给 handleGet 函数，后者会从 URL 中提取文章的 ID，然后通过 data.go 文件中的 retrieve 函数获取与文章 ID 相对应的 Post 结构。当 retrieve 函数被调用时，它会使用全局的 sql.DB 结构去打开一个连接至 PostgreSQL 的数据库连接，并在 posts 表中查找指定的数据。

图 8-3 展示了简单 Web 服务在处理 GET 请求时的函数调用流程。除 retrieve 函数需要通过全局的 sql.DB 实例访问数据库之外，访问数据库对于其他函数来说都是透明的（transparent）。

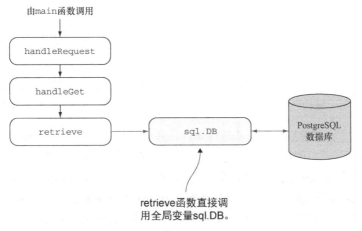

图 8-3 简单 Web 服务在处理 GET 请求时的函数调用流程图

正如图 8-3 所示，handleRequest 和 handleGet 都依赖于 retrieve 函数，而后者最终又依赖于 sql.DB。因为对 sql.DB 的依赖是整个问题的根源，所以我们必须将其移除。

跟很多问题一样，解耦依赖关系也存在着好几种不同的方式：既可以从底部开始，对数据抽象层的依赖关系进行解耦，然后直接获取 sql.DB 结构，也可以从顶部开始，将 sql.DB 注入到 handleRequest 当中。本节要介绍的是后一种方法，也就是以自顶向下的方式解耦依赖关系的方法。

图 8-4 展示了移除对 sql.DB 的依赖并将这种依赖通过主程序注入函数调用流程中的具体方法。注意，问题的关键并不是避免使用 sql.DB，而是避免对它的直接依赖，这样我们才能够在测试时使用测试替身。

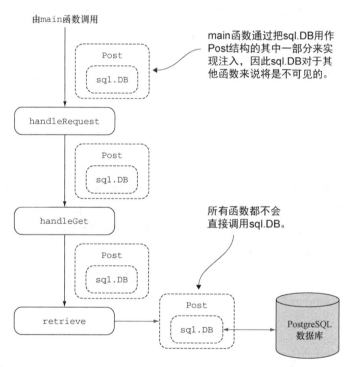

图 8-4　将一个包含 sql.DB 的 Post 结构传递到函数调用流程中，以此来对简单 Web 服务实现依赖注入模式。因为 Post 结构已经包含了 sql.DB，所以调用流程中的所有函数都不再依赖 sql.DB

正如前面所说，为了解耦被调用函数对 sql.DB 的依赖，我们可以将 sql.DB 注入 handleRequest，但是把 sql.DB 实例或者指向 sql.DB 的指针作为参数传递给 handleRequest 对解决问题是没有任何帮助的，因为这样做只不过是将问题推给了控制流的上游。作为替代，我们需要将代码清单 8-12 所示的 Text 接口传递给 handleRequest。当测试程序需要从数据库里面获取一篇文章时，它可以调用 Text 接口的方法，并假设这个方法知道自己应该做什么以及应该返回什么数据。

代码清单 8-12　传递给 handleRequest 的接口

```
type Text interface {
  fetch(id int) (err error)
  create() (err error)
  update() (err error)
  delete() (err error)
}
```

接下来，我们要做的就是让 Post 结构实现 Text 接口，并将它的一个字段设置成一个指向 sql.DB 的指针。为了让 Post 结构实现 Text 接口，我们需要让 Post 结构实现 Text 接口拥有的所有方法，不过由于代码清单 8-12 中定义的 Text 接口原本就是根据 Post 结构拥有的方法定义而来的，所以 Post 结构实际上已经实现了 Text 接口。代码清单 8-13 展示了添加新字段之后的 Post 结构。

代码清单 8-13　添加了新字段之后的 Post 结构

```
type Post struct {
  Db      *sql.DB
  Id      int `json:"id"`
  Content string `json:"content"`
  Author  string `json:"author"`
}
```

这种做法解决了将 sql.DB 直接传递给 handleRequest 的问题：程序并不需要将 sql.DB 传递给被调用的函数，它只需要和之前一样，向被调用的函数传递 Post 结构的实例即可，而 Post 结构的各个方法也会使用结构内部的 sql.DB 指针来代替原本对全局变量的访问。因为 handleRequest 函数还是和以前一样，接受 Post 结构作为参数，所以它的签名不需要做任何修改。在根据新的 Post 结构做相应的修改之后，handleRequest 函数如代码清单 8-14 所示。

代码清单 8-14　修改后的 handleRequest 函数

```
func handleRequest(t Text) http.HandlerFunc {        ◄── 传入 Text 接口
 return func(w http.ResponseWriter, r *http.Request) {  ◄── 返回带有正确签名的函数
   var err error
   switch r.Method {
   case "GET":
     err = handleGet(w, r, t)       ◄── 将 Text 接口传递给实际的
   case "POST":                          处理器
     err = handlePost(w, r, t)
   case "PUT":
     err = handlePut(w, r, t)
   case "DELETE":
     err = handleDelete(w, r, t)
   }
   if err != nil {
     http.Error(w, err.Error(), http.StatusInternalServerError)
     return
```

```
        }
      }
    }
```

正如代码所示，因为 handleRequest 函数已经不再遵循 ServeHTTP 方法的签名规则，所以它已经不再是一个处理器函数了。这使我们无法再使用 HandleFunc 函数把它与一个 URL 绑定在一起了。

为了解决这个问题，程序再次使用了本书第 3 章中介绍过的处理器串联技术，让 handleRequest 返回了一个 http.HandlerFunc 函数。

之后，程序在 main 函数里面将不再绑定 handleRequest 函数到 URL，而是直接调用 handleRequest 函数，让它返回一个 http.HandleFunc 函数。因为被返回的函数符合 HandleFunc 方法的签名要求，所以程序就可以像之前一样，把它用作处理器并与指定的 URL 进行绑定。代码清单 8-15 展示了修改后的 main 函数。

代码清单 8-15　修改后的 main 函数

```
func main() {

  var err error
  db, err := sql.Open("postgres", "user=gwp dbname=gwp password=gwp sslmode=
   disable")
  if err != nil {
    panic(err)
  }

  server := http.Server{
    Addr: ":8080",
  }
  http.HandleFunc("/post/", handleRequest(&Post{Db: db}))
  server.ListenAndServe()
}
```

将 Post 结构传递给 handleRequest 函数，然后绑定函数返回的处理器

注意，程序通过 Post 结构，以间接的方式将指向 sql.DB 的指针传递给了 handleRequest 函数，这就是将依赖关系注入 handleRequest 的方法。代码清单 8-16 展示了同样的依赖关系是如何被注入 handleGet 函数的。

代码清单 8-16　修改后的 handleGet 函数

```
func handleGet(w http.ResponseWriter, r *http.Request, post Text) (err error) {
  id, err := strconv.Atoi(path.Base(r.URL.Path))
  if err != nil {
    return
  }
  err = post.fetch(id)
  if err != nil {
    return
  }
  output, err := json.MarshalIndent(post, "", "\t\t")
```

接受 Text 接口作为参数

获取数据并将其存储到 Post 结构

```
    if err != nil {
      return
    }
    w.Header().Set("Content-Type", "application/json")
    w.Write(output)
    return
}
```

修改后的 handleGet 函数跟之前差不多，主要区别在于现在的 handleGet 函数将直接接受 Post 结构，而不是像以前那样在内部创建 Post 结构。除此之外，handleGet 函数现在会通过调用 Post 结构的 fetch 方法来获取数据，而不必再调用需要访问全局 sql.DB 实例的 retrieve 函数。代码清单 8-17 展示了 Post 结构的 fetch 方法的具体定义。

代码清单 8-17　新的 fetch 方法

```
func (post *Post) fetch(id int) (err error) {
  err = post.Db.QueryRow("select id, content, author from posts where id =
  ➡$1", id).Scan(&post.Id, &post.Content, &post.Author)
  return
}
```

这个 fetch 方法在访问数据库时不需要使用全局的 sql.DB 结构，而是使用被传入的 Post 结构的 Db 字段来访问数据库。如果我们现在编译并运行修改后的简单 Web 服务，那么它将和修改之前的简单 Web 服务一样正常工作。不同的地方在于，修改后的代码已经移除了对全局的 sql.DB 结构的依赖。

只要对数据库的依赖还深埋在代码之中，我们就无法对其进行独立的测试。为此，我们在上面花了不少功夫来移除代码中的依赖，从而使单元测试用例可以变得更为独立。在通过外部代码实现依赖注入之后，我们接下来就可以使用测试替身对程序进行测试了。

因为 handleRequest 函数能够接受任何实现了 Text 接口的结构，所以我们可以创建出一个实现了 Text 接口的测试替身，并把它作为传递给 handleRequest 函数的参数。代码清单 8-18 展示了一个名为 FakePost 的测试替身，以及它为了满足 Text 接口的要求而实现的几个方法。

代码清单 8-18　FakePost 测试替身

```
package main

type FakePost struct {
  Id      int
  Content string
  Author  string
}

func (post *FakePost) fetch(id int) (err error) {
  post.Id = id
```

```
    return
  }

func (post *FakePost) create() (err error) {
    return
  }

func (post *FakePost) update() (err error) {
    return
  }

func (post *FakePost) delete() (err error) {
    return
  }
```

注意，为了进行测试，`fetch` 方法会把所有传递给它的 ID 都设置为 FakePost 结构的 ID。此外，虽然 FakePost 结构的其他方法在测试时都不会用到，但是为了满足 Text 接口的实现要求，程序还是为每个方法都定义了一个没有任何实际用途的空方法。为了保持代码的清晰，这些测试替身代码被放到了 doubles.go 文件里面。

接下来，我们还需要在 server_test.go 文件里为 handleGet 函数加上代码清单 8-19 所示的测试用例。

代码清单 8-19　将测试替身依赖注入到 handleRequest

```
func TestHandleGet(t *testing.T) {
  mux := http.NewServeMux()
   mux.HandleFunc("/post/", handleRequest(&FakePost{}))     ◀──  传入一个 FakePost 结构来
                                                                 代替 Post 结构
  writer := httptest.NewRecorder()
  request, _ := http.NewRequest("GET", "/post/1", nil)
  mux.ServeHTTP(writer, request)

  if writer.Code != 200 {
    t.Errorf("Response code is %v", writer.Code)
  }
  var post Post
  json.Unmarshal(writer.Body.Bytes(), &post)
  if post.Id != 1 {
    t.Errorf("Cannot retrieve JSON post")
  }
}
```

测试用例现在不再向 handleRequest 传递 Post 结构，而是传递一个 FakePost 结构，这个结构就是 handleRequest 所需的一切。除此之外，这个测试用例跟之前的测试用例没有什么不同。

为了验证测试替身是否能正常工作，我们可以在关闭数据库之后再次运行测试用例。在这种情况下，旧的测试用例将会因为无法连接数据库而失败，而使用了测试替身的测试用例则因为不需要实际的数据库而一切如常进行。这也意味着我们在辛苦了这么久之后，终于可以独立地测试

handleGet 函数了。

　　跟之前的测试一样，如果 handleGet 函数运作正常，那么测试就会通过；否则，测试就会失败。需要注意的是，这个测试用例并没有实际测试 Post 结构的 fetch 方法，这是因为实施这种测试需要对 posts 表执行预设操作和拆卸操作，而重复执行这种操作会在测试时耗费大量的时间。这样做的另一个好处是隔离了 Web 服务的各个部分，使程序员可以独立测试每个部分，并在发现问题时更准确地定位出错的部分。因为代码总是在不断地演进和变化当中，所以能够做到这一点是非常重要的。在代码不断衍化的过程中，我们必须保证后续添加的部分不会对前面已有的部分造成破坏。

8.5　第三方 Go 测试库

　　testing 包是一种简单且高效的测试 Go 程序的方法，它甚至还被用于验证 Go 自身的标准库，但是为了满足一些领域渴望拥有更多功能的要求，市面上也出现了不少对 testing 包进行增强的 Go 测试库。本节将对 Gocheck 和 Ginkgo 这两个流行的 Go 测试库进行介绍。Gocheck 是两者中较为简单的一个，它整合并扩展了 testing 包；Ginkgo 能够让用户在 Go 中实现行为驱动开发，但这个库比较复杂，而且学习曲线也比较陡峭。

8.5.1　Gocheck 测试包简介

　　Gocheck 项目提供了 check 包，这个包是基于 testing 包构建的一个测试框架，并且提供了一系列特性来填补标准 testing 包在特性方面的空白，这一系列特性包括：

- 以套件（suite）为单位对测试进行分组；
- 为每个测试套件或者测试用例分别设置测试夹具；
- 带有可扩展检查器接口的断言；
- 更多错误报告辅助函数；
- 与 testing 包紧密集成。

下载并安装 check 包的工作非常简单，可以通过执行以下命令来完成：

```
go get gopkg.in/check.v1
```

代码清单 8-20 展示了使用 check 包测试简单 Web 服务的方法。

代码清单 8-20　使用 check 包的 server_test.go

```
package main

import (
  "encoding/json"
  "net/http"
  "net/http/httptest"
```

```
    "testing"                          ◀── 导入 check 包中的标识符, 使程序可以
    . "gopkg.in/check.v1"                    以不带前缀的方式访问它们
)

type PostTestSuite struct {}           ◀── 创建测试套件

func init() {
  Suite(&PostTestSuite{})            ◀── 注册测试套件
}

func Test(t *testing.T) { TestingT(t) }    ◀── 集成 testing 包

func (s *PostTestSuite) TestHandleGet(c *C) {
  mux := http.NewServeMux()
  mux.HandleFunc("/post/", handleRequest(&FakePost{}))
  writer := httptest.NewRecorder()
  request, _ := http.NewRequest("GET", "/post/1", nil)
  mux.ServeHTTP(writer, request)

  c.Check(writer.Code, Equals, 200)
  var post Post
  json.Unmarshal(writer.Body.Bytes(), &post)    检查语句的执行结果
  c.Check(post.Id, Equals, 1)
}
```

这个测试程序做的第一件事就是导入包。需要特别注意的是, 因为程序是以点（ . ）方式导入 check 包的, 所以包中所有被导出的标识符在测试程序里面都可以以不带前缀的方式访问。

之后, 程序创建了一个测试套件。测试套件将以结构的形式表示, 这个结构既可以像这个例子中展示的一样——只是一个空结构, 也可以在结构中包含其他字段, 这一点在后面将会有更详细的讨论。除了创建测试套件结构之外, 程序还需要把这个结构传递给 Suite 函数, 以便对测试套件进行注册。测试套件中所有遵循 TestXxx 格式的方法都会被看作是一个测试用例, 跟之前一样, 这些测试用例也会在用户运行测试时被执行。

准备工作的最后一步是集成 testing 包, 这一点可以通过创建一个普通的 testing 包测试用例来完成: 程序需要创建一个格式为 TestXxx 的函数, 它接受一个指向 testing.T 的指针作为输入, 然后把这个指针作为参数在函数体内调用 TestingT 函数。

上述集成操作会导致所有用 Suite 函数注册了的测试套件被运行, 而运行的结果则会被回传至 testing 包。在一切预设操作都准备妥当之后, 程序接下来就可以定义自己的测试用例了。在上面展示的测试套件当中, 有一个名为 TestHandleGet 的方法, 它接受一个指向 C 类型的指针作为参数, 这种类型拥有一些非常有趣的方法, 但是由于篇幅的关系, 本节无法详细介绍 C 类型拥有的所有方法, 目前来说, 我们只需要知道它的 Check 方法和 Assert 方法能够验证结果的值就可以了。

例如, 在代码清单 8-20 中, 测试用例会使用 Check 方法检查被返回的 HTTP 代码是否为 200, 如果结果不是 200, 那么这个测试用例将被标记为 "已失败", 但测试用例会继续执行直到结束;

反之，如果程序使用 Assert 来代替 Check，那么测试用例在失败之后将立即返回。

使用 Gocheck 实现的测试程序同样使用 go test 命令执行，但是用户可以使用 check 包专有的特别详细（extra verbose）标志-check.vv 显示更多细节：

```
go test -check.vv
```

下面是这条命令的执行结果：

```
START: server_test.go:19: PostTestSuite.TestGetPost
PASS: server_test.go:19: PostTestSuite.TestGetPost  0.000s
OK: 1 passed
PASS
ok    gocheck    0.007s
```

正如结果所示，带有特别详细标志的命令给我们提供了更多信息，其中包括测试的启动信息。虽然这些信息对于目前这个例子没有太大帮助，但是在之后的例子中，我们将会看到这些信息的重要之处。

为了观察测试程序在出错时的反应，我们可以小小地修改一下 handleGet 函数，把以下这个会抛出 HTTP 404 状态码的语句添加到函数的 return 语句之前：

```
http.NotFound(w, r)
```

现在，再执行 go test 命令，我们将看到以下结果：

```
START: server_test.go:19: PostTestSuite.TestGetPost
server_test.go:29:
    c.Check(post.Id, Equals, 1)
... obtained int = 0
... expected int = 1

FAIL: server_test.go:19: PostTestSuite.TestGetPost

OOPS: 0 passed, 1 FAILED
--- FAIL: Test (0.00s)
FAIL
exit status 1

FAIL  gocheck    0.007s
```

正如结果所示，带有特别详细标志的 go test 命令在测试出错时将给我们提供非常多有价值的信息。

测试夹具（test fixture）是 check 包提供的另外一个非常有用的特性，用户可以通过这些夹具在测试开始之前设置好固定的状态，然后再在测试中对预期的状态进行检查。

check 包为整个测试套件以及每个测试用例分别提供了一系列预设函数和拆卸函数。比如，在套件开始运行之前运行一次的 SetUpSuite 函数，在所有测试都运行完毕之后运行一次的 TearDownSuite 函数，在运行每个测试用例之前都会运行一次的 SetUpTest 函数，以及在运行每个测试用例之后都会运行一次的 TearDownTest 函数。

为了演示这些测试夹具的使用方法，我们需要复用之前展示过的测试程序，并为 PUT 方法添加一个测试用例。如果我们仔细地观察已有的测试用例和新添加的测试用例就会发现，在每个测试用例里面，都出现了以下重复代码：

```
mux := http.NewServeMux()
mux.HandleFunc("/post/", handlePost(&FakePost{}))
writer := httptest.NewRecorder()
```

这个测试程序的每个测试用例都会创建一个多路复用器，并调用多路复用器的 HandleFunc 方法，把一个 URL 和一个处理器绑定起来。在此之后，测试用例还需要创建一个 ResponseRecorder 来记录请求的响应。因为测试套件中的每个测试用例都需要执行这两个步骤，所以我们可以把这两个步骤用作各个测试用例的夹具。

代码清单 8-21 展示了使用夹具之后的 server_test.go。

代码清单 8-21　使用测试夹具实现的测试程序

```
package main

import (
  "encoding/json"
  "net/http"
  "net/http/httptest"
  "testing"
  "strings"
  . "gopkg.in/check.v1"
)
type PostTestSuite struct {            ◀─── 存储在测试套件中的测试
  mux *http.ServeMux                         夹具数据
  post *FakePost
    writer *httptest.ResponseRecorder
}

func init() {
  Suite(&PostTestSuite{})
}

func Test(t *testing.T) { TestingT(t) }

func (s *PostTestSuite) SetUpTest(c *C) {   ◀─── 创建测试夹具
  s.post = &FakePost{}
  s.mux = http.NewServeMux()
  s.mux.HandleFunc("/post/", handleRequest(s.post))
  s.writer = httptest.NewRecorder()
}

func (s *PostTestSuite) TestGetPost(c *C) {
  request, _ := http.NewRequest("GET", "/post/1", nil)
  s.mux.ServeHTTP(s.writer, request)

  c.Check(s.writer.Code, Equals, 200)
  var post Post
```

```
    json.Unmarshal(s.writer.Body.Bytes(), &post)
    c.Check(post.Id, Equals, 1)
}

func (s *PostTestSuite) TestPutPost(c *C) {
    json := strings.NewReader(`{"content":"Updated post","author":"Sau
    Sheong"}`)
    request, _ := http.NewRequest("PUT", "/post/1", json)
    s.mux.ServeHTTP(s.writer, request)

    c.Check(s.writer.Code, Equals, 200)
    c.Check(s.post.Id, Equals, 1)
    c.Check(s.post.Content, Equals, "Updated post")
}
```

　　为了使用测试夹具，程序必须将它的数据存储在某个地方，并让这些数据在测试过程中一直存在。为此，程序需要给测试套件结构 PostTestSuite 添加一些字段，并把想要存储的测试夹具数据记录到这些字段里面。因为测试套件中的每个测试用例实际上都是 PostTestSuite 结构的一个方法，所以这些测试用例将能够非常方便地访问到结构中存储的夹具数据。在存储好夹具数据之后，程序会使用 SetUpTest 函数为每个测试用例设置夹具。

　　在创建夹具的过程中，程序使用了存储在 PostTestSuite 结构中的字段。在设置好夹具之后，我们就可以对测试程序做相应的修改了：需要修改的地方并不多，最主要的工作是移除测试用例中重复出现的语句，并将测试用例中使用的结构修改为测试夹具中设置的结构。在完成修改之后再次执行 go test 命令，我们将得到以下结果：

```
START: server_test.go:31: PostTestSuite.TestGetPost
START: server_test.go:24: PostTestSuite.SetUpTest
PASS: server_test.go:24: PostTestSuite.SetUpTest  0.000s

PASS: server_test.go:31: PostTestSuite.TestGetPost 0.000s

START: server_test.go:41: PostTestSuite.TestPutPost
START: server_test.go:24: PostTestSuite.SetUpTest
PASS: server_test.go:24: PostTestSuite.SetUpTest  0.000s

PASS: server_test.go:41: PostTestSuite.TestPutPost  0.000s

OK: 2 passed
PASS
ok    gocheck    0.007s
```

　　特别详细标志让我们清晰地看到了整个测试套件的运行过程。为了进一步观察整个测试套件的运行顺序，我们可以把以下测试夹具函数添加到测试程序里面：

```
func (s *PostTestSuite) TearDownTest(c *C) {
    c.Log("Finished test - ", c.TestName())
}
```

```
func (s *PostTestSuite) SetUpSuite(c *C) {
  c.Log("Starting Post Test Suite")
}
func (s *PostTestSuite) TearDownSuite(c *C) {
  c.Log("Finishing Post Test Suite")
}
```

再次运行测试将得到以下结果：

```
START: server_test.go:35: PostTestSuite.SetUpSuite
Starting Post Test Suite
PASS: server_test.go:35: PostTestSuite.SetUpSuite    0.000s

START: server_test.go:44: PostTestSuite.TestGetPost
START: server_test.go:24: PostTestSuite.SetUpTest
PASS: server_test.go:24: PostTestSuite.SetUpTest    0.000s

START: server_test.go:31: PostTestSuite.TearDownTest
Finished test - PostTestSuite.TestGetPost
PASS: server_test.go:31: PostTestSuite.TearDownTest    0.000s

PASS: server_test.go:44: PostTestSuite.TestGetPost    0.000s

START: server_test.go:54: PostTestSuite.TestPutPost
START: server_test.go:24: PostTestSuite.SetUpTest
PASS: server_test.go:24: PostTestSuite.SetUpTest    0.000s

START: server_test.go:31: PostTestSuite.TearDownTest
Finished test - PostTestSuite.TestPutPost
PASS: server_test.go:31: PostTestSuite.TearDownTest    0.000s

PASS: server_test.go:54: PostTestSuite.TestPutPost    0.000s

START: server_test.go:39: PostTestSuite.TearDownSuite
Finishing Post Test Suite
PASS: server_test.go:39: PostTestSuite.TearDownSuite    0.000s

OK: 2 passed
PASS
ok    gocheck    0.007s
```

根据测试结果显示，SetUpSuite 和 TearDownSuite 就如我们之前介绍的一样，只会在
测试开始之前和测试结束之后各运行一次，而 SetUpTest 和 TearDownTest 则会作为每个测
试用例的第一行语句和最后一行语句，在测试用例的开头和结尾分别运行一次。

作为 testing 包的增强版本，简单而强大的 Gocheck 为我们的测试 "军火库" 加上了一件
强有力的武器，如果你想要获得比 Gocheck 更强大的功能，可以试一试下一节介绍的 Ginkgo 测
试框架。

8.5.2 Ginkgo 测试框架简介

Ginkgo 是一个行为驱动开发（behavior-driven development, BDD）风格的 Go 测试框架。BDD 是一个非常庞大的主题，想要在小小的一节篇幅里对它进行完整的介绍是不可能的。一言以蔽之，BDD 是测试驱动开发（test-driven development, TDD）的一种延伸，但 BDD 跟 TDD 的不同之处在于，BDD 是一种软件开发方法而不是一种软件测试方法。在 BDD 中，软件由它的目标行为进行定义，这些目标行为通常是一系列业务需求。BDD 的需求是从行为的角度，通过终端用户的语言以及视角来定义的，这些需求在 BDD 中称为用户故事（user story）。下面是通过用户故事对简单 Web 服务进行描述的一个例子。

> **故事**：获取一张帖子
> **为了**向用户显示指定的一张帖子
> **作为**一个被调用的程序
> **我需要**获取用户指定的帖子
>
> **情景 1**：使用一个 ID
> **给定**一个值为 1 的帖子 ID
> **只要**我发送一个带有该 ID 的 GET 请求
> **那么**我就会获得与给定 ID 相对应的一张帖子
>
> **情景 2**：使用一个非整数 ID
> **给定**一个值为"hello"的帖子 ID
> **只要**我发送一个带有该 ID 的 GET 请求
> **那么**我就会获得一个 HTTP 500 响应

在定义了用户故事之后，我们就可以把这些用户故事转换为测试用例。BDD 中的测试用例跟 TDD 中的测试用例一样，都是在编写实际的代码之前编写的，这些测试用例的目标在于开发出一个程序，让它能够执行用户故事中描述的行为。坦白地说，上面展示的用户故事带有很明显的虚构成分。在更现实的环境中，BDD 用户故事最开始通常都是使用更高层次的语言来撰写，然后根据细节进行数次层级划分之后，再分解为更为具体的用户故事，最终，使用高层次语言撰写的用户故事将会被映射到一系列按层级划分的测试套件。

Ginkgo 是一个拥有丰富功能的 BDD 风格的框架，它提供了将用户故事映射为测试用例的工具，并且这些工具也很好地集成到了 Go 的 `testing` 包当中。虽然 Ginkgo 的主要用于在 Go 中实现 BDD，但是本节只会把 Ginkgo 当作一个 Go 的测试框架来使用。

为了安装 Ginkgo，我们需要在终端中执行以下两条命令：

```
go get github.com/onsi/ginkgo/ginkgo
go get github.com/onsi/gomega
```

第一条命令下载 Ginkgo 并将命令行接口程序 `ginkgo` 安装到 `$GOPATH/bin` 目录中，而第二条命令则会下载 Ginkgo 默认的匹配器库 Gomega（匹配器可以对比两个不同的组件，这些组件可以是结构、映射、字符串等）。

在开始学习如何使用 Ginkgo 编写测试用例之前，让我们先来看看如何使用 Ginkgo 去执行已有的测试用例——Ginkgo 能够自动地对前面展示过的 testing 包测试用例进行语法重写，把它们转换为 Ginkgo 测试用例。

为了验证这一点，我们将会使用上一节展示过的带有依赖注入特性的测试套件为起点。如果你想要保留原有的测试套件，让它们免受 Ginkgo 的修改，那么请在执行后续操作之前先对其进行备份。在一切准备就绪之后，在终端里面执行以下命令：

```
ginkgo convert .
```

这条命令会在目录中添加一个名为 *xxx*_suite_test.go 的文件，其中 *xxx* 为目录的名字。这个文件的具体内容如代码清单 8-22 所示。

代码清单 8-22　Ginkgo 测试套件文件

```
package main_test

import (
  . "github.com/onsi/ginkgo"
  . "github.com/onsi/gomega"

  "testing"
)

func TestGinkgo(t *testing.T) {
  RegisterFailHandler(Fail)
  RunSpecs(t, "Ginkgo Suite")
}
```

除此之外，上述命令还会对 server_test.go 文件进行修改，代码清单 8-23 中以粗体的形式展示了文件中被修改的代码行。

代码清单 8-23　修改后的测试文件

```
package main

import (
  "encoding/json"
  "net/http"
  "net/http/httptest"
  "strings"
  . "github.com/onsi/ginkgo"
)


var _ = Describe("Testing with Ginkgo", func() {
  It("get post", func() {

    mux := http.NewServeMux()
    mux.HandleFunc("/post/", handleRequest(&FakePost{}))
    writer := httptest.NewRecorder()
```

```
    request, _ := http.NewRequest("GET", "/post/1", nil)
    mux.ServeHTTP(writer, request)

    if writer.Code != 200 {
      GinkgoT().Errorf("Response code is %v", writer.Code)
    }
    var post Post
    json.Unmarshal(writer.Body.Bytes(), &post)
    if post.Id != 1 {
      GinkgoT().Errorf("Cannot retrieve JSON post")
    }
  })
  It("put post", func() {

    mux := http.NewServeMux()
    post := &FakePost{}
    mux.HandleFunc("/post/", handleRequest(post))

    writer := httptest.NewRecorder()
    json := strings.NewReader(`{"content":"Updated post","author":"Sau
Sheong"}`)
    request, _ := http.NewRequest("PUT", "/post/1", json)
    mux.ServeHTTP(writer, request)

    if writer.Code != 200 {
      GinkgoT().Error("Response code is %v", writer.Code)
    }

    if post.Content != "Updated post" {
      GinkgoT().Error("Content is not correct", post.Content)
    }
  })
})
```

注意，修改后的测试程序并没有使用 Gomega，只是把检查执行结果的语句改成了 Ginkgo
提供的 Errorf 函数和 Error 函数，不过这两个函数跟 testing 包以及 check 包中的同名函
数具有相似的作用。当我们使用以下命令运行这个测试程序时：

```
ginkgo -v
```

Ginkgo 将打印出一段格式非常漂亮的输出：

```
Running Suite: Ginkgo Suite
===========================
Random Seed: 1431743149
Will run 2 of 2 specs
Testing with Ginkgo
  get post
  server_test.go:29
•
----------------------------
Testing with Ginkgo
  put post
  server_test.go:48
```

```
    .
Ran 2 of 2 Specs in 0.000 seconds
SUCCESS! -- 2 Passed | 0 Failed | 0 Pending | 0 Skipped PASS

Ginkgo ran 1 suite in 577.104764ms
Test Suite Passed
```

自动转换已有的测试，然后漂亮地打印出它们的执行结果，这给人的感觉真的非常不错！但如果我们根本没有现成的测试用例，是否需要先创建出 testing 包的测试用例，然后再把它们转换为 Ginkgo 测试呢？答案是否定的！没有必要多此一举，让我们来看看如何从零开始创建 Ginkgo 测试用例吧。

Ginkgo 提供了一些实用工具，它们能够帮助用户快速、方便地创建测试。首先，清空与上一次测试有关的全部测试文件，包括之前 Ginkgo 创建的测试套件文件，然后在程序的目录中执行以下两条命令：

```
ginkgo bootstrap
ginkgo generate
```

第一条命令会创建新的 Ginkgo 测试套件文件，而第二条命令则会为测试用例文件生成代码清单 8-24 所示的骨架。

代码清单 8-24   Ginkgo 测试文件

```
package main_test

import (
  . "<path/to/your/go_files>/ginkgo"
  . "github.com/onsi/ginkgo"
  . "github.com/onsi/gomega"
)

var _ = Describe("Ginkgo", func() {

})
```

注意，因为 Ginkgo 会把测试用例从 main 包中隔离开，所以新创建的测试文件将不再属于 main 包。此外，测试程序还通过点导入（dot import）语法，将几个库中包含的标识符全部导入到顶层命名空间。这种导入方式并不是必需的，Ginkgo 在它的文档里面提供了一些关于如何避免这种导入的说明，但是在不使用点导入语法的情况下，用户必须导出 main 包中需要使用 Ginkgo 测试的所有函数。例如，因为我们接下来就要对简单 Web 服务的 HandleRequest 函数进行测试，所以这个函数一定要被导出，也就是说，这个函数的名字的首字母必须大写。

另外需要注意的是，Ginkgo 在调用 Describe 函数时使用了 var _ =这一技巧。这种常用的技巧能够在调用 Describe 函数的同时，避免引入 init 函数。

代码清单 8-25 展示了使用 Ginkgo 实现的测试用例代码，这些代码是由早前撰写的用户故事映射而来的。

代码清单 8-25 使用 Gomega 匹配器实现的 Ginkgo 测试用例

```
package main_test

import (
  "encoding/json"
  "net/http"
  "net/http/httptest"
  . "github.com/onsi/ginkgo"
  . "github.com/onsi/gomega"
  . "gwp/Chapter_8_Testing_Web_Applications/test_ginkgo"
)

var _ = Describe("Get a post", func() {
  var mux *http.ServeMux                              ◀──── 用户故事
  var post *FakePost
  var writer *httptest.ResponseRecorder

  BeforeEach(func() {
    post = &FakePost{}
    mux = http.NewServeMux()
    mux.HandleFunc("/post/", HandleRequest(post))
    writer = httptest.NewRecorder()
  })
                                     使用 Gomega
  Context("Get a post using an id", func() { ◀─  匹配器          ◀──── 情景 1
    It("should get a post", func() {
      request, _ := http.NewRequest("GET", "/post/1", nil)
      mux.ServeHTTP(writer, request)

      Expect(writer.Code).To(Equal(200))   ◀───  使用 Gomega 对正确性进
                                                行断言
      var post Post
      json.Unmarshal(writer.Body.Bytes(), &post)

      Expect(post.Id).To(Equal(1))
    })
  })

  Context("Get an error if post id is not an integer", func() {  ◀──── 情景 2
    It("should get a HTTP 500 response", func() {
      request, _ := http.NewRequest("GET", "/post/hello", nil)
      mux.ServeHTTP(writer, request)

      Expect(writer.Code).To(Equal(500))
    })
  })
})
```

注意，这个测试程序使用了来自 Gomega 包的匹配器：Gomega 是由 Ginkgo 开发者开发的一个断言包，包中的匹配器都是测试断言。跟使用 check 包时一样，测试程序在调用 Context

函数模拟指定的情景之前，会先设置好相应的测试夹具：

```
var mux *http.ServeMux
var post *FakePost
var writer *httptest.ResponseRecorder

BeforeEach(func() {
   post = &FakePost{}
 mux = http.NewServeMux()
 mux.HandleFunc("/post/", HandleRequest(post))       对 main 包中导出的函数
 writer = httptest.NewRecorder()                     进行测试
})
```

注意，为了从 main 包中导出被测试的处理器，我们将处理器的名字从原来的 handle Request 修改成了首字母大写的 HandleRequest。除使用的是 Gomega 的断言之外，程序中展现的测试场景跟我们之前使用其他包进行测试时的场景非常类似。下面是一个使用 Gomega 创建的断言：

```
Expect(post.Id).To(Equal(1))
```

在这个断言中，post.Id 是要测试的对象，Equal 函数是匹配器，而 1 是预期的结果。针对我们写的测试情景，执行 ginkgo 命令将返回以下结果：

```
Running Suite: Post CRUD Suite
==============================
Random Seed: 1431753578
Will run 2 of 2 specs

Get a post using an id
  should get a post
  test_ginkgo_test.go:35
.
------------------------------
Get a post using a non-integer id
  should get aHTTP500 response
  test_ginkgo_test.go:44
.
Ran 2 of 2 Specs in 0.000 seconds
SUCCESS! -- 2 Passed | 0 Failed | 0 Pending | 0 Skipped PASS

Ginkgo ran 1 suite in 648.619232ms
Test Suite Passed
```

好的，关于使用 Go 对程序进行测试的介绍到这里就结束了，在接下来的一章中，我们将会讨论如何在 Web 应用中使用 Go 的一个关键长处——并发。

8.6 小结

- Go 通过 go test 命令为用户提供了内置的测试工具，并提供了 testing 包以便实现

单元测试。

- ■ `testing` 包提供了基本的功能测试以及基准测试能力。
- ■ 对于 Go 语言来说，Web 应用的单元测试可以通过 `testing/httptest` 包来完成。
- ■ 使用测试替身可以让测试用例变得更加独立。
- ■ 实现测试替身的一种方法是使用依赖注入设计模式。
- ■ Go 语言拥有许多第三方测试库，其中包括对 Go 的测试功能进行扩展的 Gocheck 包，以及实现了行为驱动测试的 Ginkgo 包。

第 9 章　发挥 Go 的并发优势

本章主要内容
- 从原理上理解并发和并行
- 学习如何使用 goroutine 以及通道
- 在 Web 应用中使用并发特性

Go 语言一个广为人知的特点就是，可以更容易地写出错误更少的并发程序。本章将介绍并发这一技术，并讨论 Go 语言的并发模型以及设计。除此之外，我们还会深入地了解 Go 语言为实现并发而提供的两个特性，它们分别是 goroutine 以及通道。在本章的最后，我们还会看到一个使用 Go 并发提高 Web 应用性能的例子。

9.1　并发与并行的区别

并发（concurrency）指的是两个或多个任务在同一时间段内启动、运行并结束，并且这些任务可能会互动。以并发形式执行的多个任务会同时存在，这跟顺序执行每次只会存在一个任务的情况正好相反。并发是一个非常庞大且复杂的主题，本章将会简单介绍这一主题。

并行与并发是两个看上去相似但实际上却截然不同的概念，因为并发和并行都可以同时运行多个任务，所以很多人都把这两个概念混淆了。对于并发来说，多个任务并不需要同时开始或者同时结束——这些任务的执行过程在时间上是相互重叠的。并发执行的多个任务会被调度，并且它们会通过通信分享数据并协调执行时间（不过这种通信并不是必需的）。

在并行（parallelism）中，多个任务将同时启动并执行。并行通常会把一个大任务分割成多个更小的任务，然后通过同时执行这些小任务来提高性能。并行通常需要独立的资源（如CPU），而并发则会使用和分享相同的资源。因为并行考虑的是同时启动和执行多个任务，所以它在直觉上会更易懂一些。并行，正如它的名字所昭示的那样，是一系列相互平行、不会重叠的处理过程。

并发指的是同时处理多项任务，而并行指的是同时执行多项任务。

——Rob Pike，Go 语言的作者之一

理解并发的另一种方法是把它看作超市里的两条结账通道，但这两条通道上的顾客需要在一个收银台排队等候，并轮流使用这个收银台结账，如图 9-1 所示。

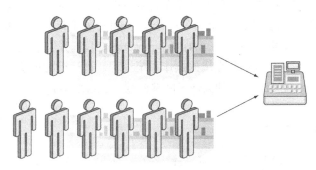

图 9-1　并发——两条结账通道，但是只有一个收银台

另一方面，并行同样拥有两条结账通道，只是每条通道都有一个对应的收银台为顾客服务，如图 9-2 所示。

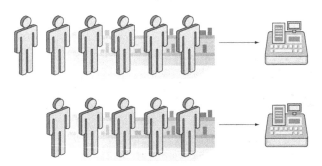

图 9-2　并行——两条结账通道，每条都对应一个收银台

尽管并发和并行在概念上并不相同，但它们并不相互排斥，比如 Go 语言就可以创建出同时具有并发和并行这两种特征的程序。为了让并行程序可以同时运行多个任务，Go 语言的用户需要将环境变量 GOMAXPROCS 的值设置成大于 1。在 Go 1.5 版本之前，GOMAXPROCS 默认会被设置为 1，但是从 Go 1.5 版本开始，GOMAXPROCS 默认将被设置为系统可用的 CPU 数量。但是，并发程序可以在单个 CPU 上运行，至于程序包含的多个任务则会通过调度独立地运行，本章稍后就会出现一个这样的例子。需要注意的是，尽管 Go 语言可以用于创建并行程序，但这门语言在设计时考虑的更多是并发而不是并行。

Go 语言通过 goroutine 和通道这两个主要组件来为并发提供支持，在接下来几节中，我们将会看到使用 goroutine、通道以及一些标准库来构建并发程序的具体方法。

9.2　goroutine

goroutine 指的是那些独立于其他 goroutine 运行的函数。这一概念初看上去和线程有些相似，但实际上 goroutine 并不是线程，它只是对线程的多路复用。因为 goroutine 都是轻量级的，所以 goroutine 的数量可以比线程的数量多很多。一个 goroutine 在启动时只需要一个非常小的栈，并且这个栈可以按需扩展和缩小（在 Go 1.4 中，goroutine 启动时的栈大小仅为 2 KB[①]）。当一个 goroutine 被阻塞时，它也会阻塞所复用的操作系统线程，而运行时环境（runtime）则会把位于被阻塞线程上的其他 goroutine 移动到其他未阻塞的线程上继续运行。

9.2.1　使用 goroutine

goroutine 的用法非常简单：只要把 go 关键字添加到任意一个具名函数或者匿名函数的前面，该函数就会成为一个 goroutine。作为例子，代码清单 9-1 展示了如何在名为 goroutine.go 的文件中创建 goroutine。

代码清单 9-1　goroutine 使用示例

```
package main

func printNumbers1() {
  for i := 0; i < 10; i++ {
    fmt.Printf("%d ", i)
  }
}

func printLetters1() {
  for i := 'A'; i < 'A'+10; i++ {
    fmt.Printf("%c ", i)
  }
}

func print1() {
  printNumbers1()
  printLetters1()
}

func goPrint1() {
  go printNumbers1()
  go printLetters1()
}
```

① 原书说 Go 1.4 goroutine 的启动栈大小为 8 KB，但根据资料，这个栈的大小应该是 2 KB 才对，所以在译文里面进行了修正。——译者注

```
func main() {
}
```

goroutine.go 文件中定义了 printNumbers1 和 printLetters1 两个函数,分别用于循环并打印数字和英文字母,其中 printNumbers1 会打印从 0 到 9 的所有数字,而 printLetters1 则会打印从 A 到 J 的所有英文字母。除此之外,goroutine.go 文件中还定义了 print1 和 goPrint1 两个函数,前者会依次调用 printNumbers1 和 printLetters1,而后者则会以 goroutine 的形式调用 printNumbers1 和 printLetters1。

为了检测这个程序的运行时间,我们将通过测试而不是 main 函数来运行程序中的 print1 函数和 goPrint1 函数。这样一来,我们就不必为了测量这两个函数的运行时间而编写测量代码,这也避免了因为编写计时代码而导致测量不准确的问题。

代码清单 9-2 展示了测试用例的具体代码,这些代码单独记录在了 goroutine_test.go 文件当中。

代码清单 9-2　运行 goroutine 示例的测试文件

```
package main

import "testing"

func TestPrint1(t *testing.T) {        ◀──── 测试顺序执行的函数
  print1()
}

 func TestGoPrint1(t *testing.T) {      ◀──── 测试对以 goroutine 形式执
  goPrint1()                                  行的函数
}
```

通过使用以下命令执行这一测试:

```
go test -v
```

我们将得到以下结果:

```
=== RUN TestPrint1
0 1 2 3 4 5 6 7 8 9 A B C D E F G H I J --- PASS: TestPrint1 (0.00s)
=== RUN TestGoPrint1
--- PASS: TestGoPrint1 (0.00s)
PASS
```

注意,第二个测试用例并没有产生任何输出,这是因为该用例在它的两个 goroutine 能够产生输出之前就已经结束了。为了让第二个测试用例能够正常地产生输出,我们需要使用 time 包中的 Sleep 函数,在第二个测试用例的末尾加上一些延迟:

```
func TestGoPrint1(t *testing.T) {
    goPrint1()
    time.Sleep(1 * time.Millisecond)
}
```

这样一来，第二个测试用例就会在该测试用例结束之前正常地产生输出了：

```
=== RUN TestPrint1
0 1 2 3 4 5 6 7 8 9 A B C D E F G H I J --- PASS: TestPrint1 (0.00s)
=== RUN TestGoPrint1
0 1 2 3 4 5 6 7 8 9 A B C D E F G H I J --- PASS: TestGoPrint1 (0.00s)
PASS
```

这两个测试用例都产生了相同的结果。初看上去，是否使用 goroutine 似乎并没有什么不同，但事实上，这两个测试用例之所以会产生相同的结果，是因为 `printNumbers1` 函数和 `printLetters1` 函数都运行得如此之快，所以是否以 goroutine 形式运行它们并不会产生任何区别。为了更准确地模拟正常的计算任务，我们将通过 `time` 包中的 `Sleep` 函数人为地给这两个函数加上一点延迟，并把带有延迟的函数重新命名为 `printNumbers2` 和 `printLetters2`。代码清单 9-3 展示了这两个新函数，跟原来的函数一样，它们也会被放在 `goroutine.go` 文件中。

代码清单 9-3　模拟执行计算任务的 goroutine

```go
func printNumbers2() {
  for i := 0; i < 10; i++ {
    time.Sleep(1 * time.Microsecond)
    fmt.Printf("%d ", i)
  }
}

func printLetters2() {
  for i := 'A'; i < 'A'+10; i++ {
    time.Sleep(1 * time.Microsecond)
    fmt.Printf("%c ", i)
  }
}

func goPrint2() {
  go printNumbers2()
  go printLetters2()
}
```

添加 1 μs 的延迟，用于模拟计算任务

新定义的两个函数通过在每次迭代中添加 1μs 的延迟来模拟计算任务。为了测试新添加的 goPrint2 函数，我们将在 `goroutine_test.go` 文件中添加相应的测试用例，并且和之前一样，为了让被测试的函数能够正常地产生输出，测试用例将在调用 goPrint2 函数之后等待 1ms：

```go
func TestGoPrint2(t *testing.T) {
    goPrint2()
    time.Sleep(1 * time.Millisecond)
}
```

现在，运行测试用例将得到以下输出：

```
=== RUN TestPrint1
0 1 2 3 4 5 6 7 8 9 A B C D E F G H I J --- PASS: TestPrint1 (0.00s)
=== RUN TestGoPrint1
0 1 2 3 4 5 6 7 8 9 A B C D E F G H I J --- PASS: TestGoPrint1 (0.00s)
=== RUN TestGoPrint2
A 0 B 1 C D 2 E 3 F 4 G H 5 I 6 J 7 8 9 --- PASS: TestGoPrint2 (0.00s)
PASS
```

注意看 `TestGoPrint2` 函数的输出结果，从结果可以看出，程序这次并不是先执行 `printNumbers2` 函数，然后再执行 `printLetters2` 函数，而是交替地执行它们！

如果我们再执行一次这个测试，那么 `TestGoPrint2` 函数的输出结果的最后一行可能会有所不同：这是因为 `printNumbers2` 和 `printLetters2` 都是独立运行的，并且它们都在争先恐后地想要将自己的结果输出到屏幕上，所以随着这两个函数的执行顺序不同，测试产生的结果也会有所不同。唯一的例外是，如果你使用的是 Go 1.5 之前的版本，那么你每次执行这个测试都会得到相同的结果。

之所以会出现这种情况，是因为 Go 1.5 之前的版本在用户没有另行设置的情况下，即使计算机拥有多于一个 CPU，它默认也只会使用一个 CPU。但是从 Go 1.5 开始，这一情况发生了改变——Go 运行时环境会使用计算机拥有的全部 CPU。在 Go 1.5 或以后的版本中，用户如果想要让 Go 运行时环境只使用一个 CPU，就需要执行以下命令：

```
go test -run x -bench . -cpu 1
```

在执行了这个命令之后，每次执行 `TestGoPrint2` 都将得到完全相同的结果。

9.2.2 goroutine 与性能

在了解了 goroutine 的运作方式之后，接下来我们要考虑的就是如何通过 goroutine 来提高性能。本节在进行性能测试时将沿用上一节定义的 `print1`、`goPrint1` 等函数，但为了避免这些函数在并发执行时输出一些乱糟糟的结果，这次我们将把代码中的 `fmt.Println` 语句注释掉。代码清单 9-4 展示了为 `print1` 函数和 `goPrint1` 函数设置的基准测试用例，这些用例定义在 `goroutine_test.go` 文件中。

代码清单 9-4　为无 goroutine 和有 goroutine 的函数分别创建基准测试用例

```
func BenchmarkPrint1(b *testing.B) {          ◀── 对顺序执行的函数进行基
  for i := 0; i < b.N; i++ {                        准测试
    print1()
  }
}

 func BenchmarkGoPrint1(b *testing.B) {        ◀── 对以 goroutine 形式执行的
  for i := 0; i < b.N; i++ {                        函数进行基准测试
    goPrint1()
  }
}
```

在使用以下命令进行性能基准测试并跳过功能测试之后：

```
go test -run x -bench . -cpu 1
```

我们将看到以下结果：

```
BenchmarkPrint1      100000000           13.9 ns/op
BenchmarkGoPrint1    1000000             1090 ns/op
```

（运行这个测试只使用了单个 CPU，具体原因本章稍后将会说到。）正如结果所示，函数 print1 运行得非常快，只使用了 13.9 ns。令人感到惊讶的是，在使用 goroutine 运行相同函数时，程序的速度居然慢了如此之多，足足耗费了 1090 ns！出现这种情况的原因在于"天下没有免费的午餐"：无论 goroutine 有多么的轻量级，启动 goroutine 还是有一定的代价的。因为 printNumbers1 函数和 printLetters1 函数是如此简单，它们执行的速度是如此快，所以以 goroutine 方式执行它们反而会比顺序执行的代价更大。

如果我们对每次迭代都带有一定延迟的 printNumbers2 函数和 printLetters2 函数执行类似的测试，结果又会如何呢？代码清单 9-5 展示了 goroutine_test.go 文件中为以上两个函数设置的基准测试用例。

代码清单 9-5　为无 goroutine 和有 goroutine 的带延迟函数分别创建基准测试用例

```
func BenchmarkPrint2(b *testing.B) {
  for i := 0; i < b.N; i++ {
    print2()
  }
}
```
◀── 对顺序执行的函数进行基准测试

```
func BenchmarkGoPrint2(b *testing.B) {
  for i := 0; i < b.N; i++ {
    goPrint2()
  }
}
```
◀── 对以 goroutine 形式执行的函数进行基准测试

在运行这一基准测试之后，我们将得到以下结果：

```
BenchmarkPrint2      10000           121384 ns/op
BenchmarkGoPrint2    1000000         17206 ns/op
```

这次的测试结果跟上一次的测试结果有些不同。可以看到，以 goroutine 方式执行 printNumbers2 和 printLetters2 的速度是以顺序方式执行这两个函数的速度的差不多 7 倍。现在，让我们把函数的迭代次数从 10 次改为 100 次，然后再运行相同的基准测试：

```
func printNumbers2() {
  for i := 0; i < 100; i++ {
    time.Sleep(1 * time.Microsecond)
    // fmt.Printf("%d ", i)
  }
}
```
◀── 迭代 100 次而不是 10 次

```
func printLetters2() {
  for i := 'A'; i < 'A'+100; i++ {
    time.Sleep(1 * time.Microsecond)     ◀── 迭代 100 次而
    // fmt.Printf("%c ", i)                    不是 10 次
  }
}
```

下面是这次基准测试的结果：

```
BenchmarkPrint1       20000000       86.7 ns/op
BenchmarkGoPrint1      1000000       1177 ns/op
BenchmarkPrint2           2000       1184572 ns/op
BenchmarkGoPrint2      1000000       17564 ns/op
```

在这次基准测试中，print1 函数的基准测试时间是之前的 13 倍，而 goPrint1 函数的速度跟上一次相比没有出现太大变化。另一方面，通过延迟模拟负载的函数的测试结果变化非常之大——以顺序方式执行的函数和以 goroutine 方式执行的函数之间，两者的执行时间相差了 67 倍之多。因为这次基准测试的迭代次数比之前增加了 10 倍，所以 print2 函数在进行基准测试时的速度差不多是上次的 1/10，但对于 goPrint2 来说，迭代 10 次所需的时间跟迭代 100 次所需的时间却几乎是相同的。

注意，到目前为止，我们都是在用一个 CPU 执行测试，但如果我们执行以下命令，改用两个 CPU 执行带有 100 次迭代的基准测试：

```
go test -run x -bench . -cpu 2
```

那么我们将得到以下结果：

```
BenchmarkPrint1-2       20000000       87.3 ns/op
BenchmarkGoPrint1-2      5000000       391 ns/op
BenchmarkPrint2-2           1000       1217151 ns/op
BenchmarkGoPrint2-2       200000       8607 ns/op
```

因为 print1 函数以顺序方式执行，无论运行时环境提供多少个 CPU，它都只能使用一个 CPU，所以它这次的测试结果跟上一次的测试结果基本相同。与此相反，goPrint1 函数这次因为使用了两个 CPU 来分担计算负载，所以它的性能提高了将近 3 倍。此外，因为 print2 也只能使用一个 CPU，所以它这次的测试结果也跟预料中的一样，并没有发生什么变化。最后，因为 goPrint2 使用了两个 CPU 来分担计算负载，所以它这次的测试比之前快了两倍。

现在，如果我们更进一步，使用 4 个 CPU 来运行相同的基准测试，结果将会如何？

```
BenchmarkPrint1-4       20000000       90.6 ns/op
BenchmarkGoPrint1-4      3000000       479 ns/op
BenchmarkPrint2-4           1000       1272672 ns/op
BenchmarkGoPrint2-4       300000       6193 ns/op
```

正如我们预期的那样，print1 函数和 print2 函数的测试结果还是一如既往地没有发生什么变化。但令人惊奇的是，尽管 goPrint1 在使用 4 个 CPU 时的测试结果还是比只使用一个 CPU 时的测试结果要好，但使用 4 个 CPU 的执行速度居然比使用两个 CPU 的执行速度要慢。与此同时，虽然只有 40% 的提升，但 goPrint2 在使用 4 个 CPU 时的成绩还是比使用 2 个 CPU 时的

成绩要好。使用更多 CPU 并没有带来性能提升反而导致性能下降的原因跟之前提到的一样：在多个 CPU 上调度和运行任务需要耗费一定的资源，如果使用多个 CPU 带来的性能优势不足以抵消随之而来的额外消耗，那么程序的性能就会不升反降。

从上述测试我们可以看出，增加 CPU 的数量并不一定会带来性能提升，更重要的是要理解代码，并对其进行基准测试，以了解它的性能特质。

9.2.3 等待 goroutine

在上一节中，我们了解到程序启动的 goroutine 在程序结束时将会被粗暴地结束，虽然通过 Sleep 函数来增加时间延迟可以避免这一问题，但这说到底只是一种权宜之计，并没有真正地解决问题。虽然在实际的代码中，程序本身比 goroutine 更早结束的情况并不多见，但为了避免意外，我们还是需要有一种机制，使程序可以在确保所有 goroutine 都已经执行完毕的情况下，再执行下一项工作。

为此，Go 语言在 sync 包中提供了一种名为等待组（WaitGroup）的机制，它的运作方式非常简单直接：

- 声明一个等待组；
- 使用 Add 方法为等待组的计数器设置值；
- 当一个 goroutine 完成它的工作时，使用 Done 方法对等待组的计数器执行减一操作；
- 调用 Wait 方法，该方法将一直阻塞，直到等待组计数器的值变为 0。

代码清单 9-6 展示了一个使用等待组的例子，在这个例子中，我们复用了之前展示过的 printNumbers2 函数以及 printLetters2 函数，并为它们分别加上了 1μs 的延迟。

代码清单 9-6 使用等待组

```
package main

import "fmt"
import "time"
import "sync"

func printNumbers2(wg *sync.WaitGroup) {
  for i := 0; i < 10; i++ {
    time.Sleep(1 * time.Microsecond)
    fmt.Printf("%d ", i)
  }
  wg.Done()                              ◄── 对计数器执行
}                                             减一操作

func printLetters2(wg *sync.WaitGroup) {
  for i := 'A'; i < 'A'+10; i++ {
    time.Sleep(1 * time.Microsecond)
    fmt.Printf("%c ", i)
  }
```

```
    wg.Done()                        ◀────  对计数器执行
  }                                          减一操作

func main() {
  var wg sync.WaitGroup                              ◀────  声明一个等待组
  wg.Add(2)                          ◀────  为计数器设置值
  go printNumbers2(&wg)
  go printLetters2(&wg)
  wg.Wait()                          ◀────  阻塞到计数器的值为 0
}
```

如果我们运行这个程序，那么它将巧妙地打印出 0 A 1 B 2 C 3 D 4 E 5 F 6 G 7 H 8
I 9 J。这个程序的作原理是这样的：它首先定义一个名为 wg 的 WaitGroup 变量，然后通过
调用 wg 的 Add 方法将计数器的值设置成 2；在此之后，程序会分别调用 printNumbers2 和
printLetters2 这两个 goroutine，而这两个 goroutine 都会在末尾对计数器的值执行减一操作。
之后程序会调用等待组的 Wait 方法，并因此而被阻塞，这一状态将持续到两个 goroutine 都执行
完毕并调用 Done 方法为止。当程序解除阻塞状态之后，它就会跟平常一样，自然地结束。

如果我们在某个 goroutine 里面忘记了对计数器执行减一操作，那么等待组将一直阻塞，直
到运行时环境发现所有 goroutine 都已经休眠为止，这时程序将引发一个 panic：

```
0 A 1 B 2 C 3 D 4 E 5 F 6 G 7 H 8 I 9 J fatal error: all goroutines are asleep - deadlock!
```

等待组这一特性不仅简单，而且好用，它对并发编程来说是一种不可或缺的工具。

9.3 通道

在前一节，我们学习了如何通过 go 关键字，把普通函数转换为 goroutine 以便让其独立运行，
并在 9.2.2 节学习了如何通过等待组来同步独立运行的多个 goroutine。在这一节，我们将要学习
的是，如何使用通道在多个不同的 goroutine 之间通信。

通道就像是一个箱子，不同的 goroutine 可以通过这个箱子与其他 goroutine 通信：如果一个
goroutine 想要把一项信息传递给另一个 goroutine，那么它就必须把该信息放置到箱子里，然后另
一个 goroutine 则负责从箱子里取出被放置的信息，就像图 9-3 所示的那样。

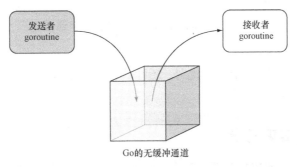

图 9-3 把 Go 的无缓冲通道看作是一个箱子

通道（channel）是一种带有类型的值（typed value），它可以让不同的 goroutine 互相通信。通道用 make 函数创建，该函数在被调用之后将返回一个指向底层数据结构的引用作为结果值。比如，以下代码就展示了如何创建一个由整数组成的通道：

```
ch := make(chan int)
```

make 函数默认创建的都是无缓冲通道（unbuffered channel），如果用户在创建通道时，向 make 函数提供了可选的第三个整数参数，那么 make 函数将创建出一个带有给定大小的有缓冲通道（buffered channel）。比如说，以下代码就会创建出一个大小为 10 的整数有缓冲通道：

```
ch := make(chan int, 10)
```

无缓冲通道是同步的，它就像是一个每次只能容纳一件物体的箱子：当一个 goroutine 把一项信息放入无缓冲通道之后，除非有某个 goroutine 把这项信息取走，否则其他 goroutine 将无法再向这个通道放入任何信息。这也意味着，如果一个 goroutine 想要向一个已经包含了某项信息的无缓冲通道再放入一项信息，那么这个 goroutine 将被阻塞并进入休眠状态，直到该通道变空为止。

同样地，如果一个 goroutine 尝试从一个并没有包含任何信息的无缓冲通道中取出一项信息，那么这个 goroutine 将会被阻塞并进入休眠状态，直到通道不再为空为止。

将信息放入通道的语法是非常直观的，比如，通过执行以下语句，我们可以把数字 1 放入通道 ch 里面：

```
ch <- 1
```

从通道里面取出信息的语法同样非常直观，比如，通过执行以下语句，我们可以从通道 ch 里面移除一个值，并将该值赋值给变量 i：

```
i := <- ch
```

通道可以是定向的（directional）。在默认情况下，通道将以双向的（bidirectional）形式运作，用户既可以把值放入通道，也可以从通道取出值；但是，通道也可以被限制为只能执行发送操作（send-only）或者只能执行接收操作（receive-only）。比如，以下语句就展示了如何创建一个只能执行发送操作的字符串通道：

```
ch := make(chan <- string)
```

而以下语句则展示了如何创建一个只能执行接收操作的字符串通道：

```
ch := make(<-chan string)
```

用户除了可以直接创建定向的通道之外，还可以把一个双向通道转变为定向通道，我们将会在本章的末尾看到一个这样的例子。

9.3.1　通过通道实现同步

也许你已经猜到了，通道非常适用于对两个 goroutine 进行同步，当一个 goroutine 需要依赖另一个 goroutine 时，更是如此。事不宜迟，让我们马上来看看代码清单 9-7 所示的程序：这个程序沿用了上一节展示过的例子，唯一的不同在于，这次的程序使用了通道而不是等待组来对 goroutine 进行同步。

代码清单 9-7　使用通道同步 goroutine

```
package main

import "fmt"
import "time"

func printNumbers2(w chan bool) {
  for i := 0; i < 10; i++ {
    time.Sleep(1 * time.Microsecond)
    fmt.Printf("%d ", i)
  }
  w <- true
}

func printLetters2(w chan bool) {
  for i := 'A'; i < 'A'+10; i++ {
    time.Sleep(1 * time.Microsecond)
    fmt.Printf("%c ", i)
  }
  w <- true
}

func main() {
  w1, w2 := make(chan bool), make(chan bool)
  go printNumbers2(w1)
  go printLetters2(w2)
  <-w1
  <-w2
}
```

把一个布尔值放入通道，以便解除主程序的阻塞状态

主程序将一直阻塞，直到通道里面出现可弹出的值为止

先来看看这个程序中的 main 函数。它首先创建了 w1 和 w2 这两个 bool 类型的通道，接着以 goroutine 方式运行了 printNumbers2 函数和 printLetters2 函数，并将两个通道分别传给了这两个函数。在启动两个 goroutine 之后，main 函数将会尝试从通道 w1 中移除一个值，但由于通道 w1 当时并没有包含任何值，所以 main 函数将会在此处阻塞。当 printNumbers2 即将执行完毕，并将一个 true 值放入通道 w1 之后，main 函数的阻塞状态才会被解除，并继续尝试从第二个通道 w2 中弹出一个值。跟之前一样，在 printLetters2 执行完毕并将 true 值放入通道 w2 之前，main 函数将一直阻塞，直到它成功取得了 w2 通道中的 true 值之后，阻塞才会解除，然后 main 函数才会顺利退出。

需要注意的是，因为我们只是想要在 goroutine 执行完毕之后解除对 main 函数的阻塞，而不是真正地想要使用通道中存储的值，所以程序在从通道 w1 和 w2 里面取出值之后并没有使用这些值。

代码清单 9-7 展示的是一个非常简单的例子，这个例子中的程序使用通道只是为了对多个 goroutine 进行同步，但这些 goroutine 之间并没有通信。不过在接下来的一节，我们就会看到一个在多个 goroutine 之间传递消息的例子。

9.3.2　通过通道实现消息传递

代码清单 9-8 展示了两个以 goroutine 形式独立运行的函数，其中一个函数是投掷器（thrower），它接受一个通道作为参数，然后一个接一个地把一组数字发送到通道里；而另一个函数则是捕捉器（catcher），它会从相同的通道里一个接一个地取出一组数字，并把这些数字打印出来。

代码清单 9-8　使用通道实现消息传递

```go
package main

import (
  "fmt"
  "time"
)

func thrower(c chan int) {
  for i := 0; i < 5; i++ {
    c <- i                             ◀── 把数字值推入
      fmt.Println("Threw >>", i)            通道中
  }
}

func catcher(c chan int) {
  for i := 0; i < 5; i++ {
    num := <-c                         ◀── 从通道中取出
      fmt.Println("Caught <<", num)         数字值
  }
}

func main() {
  c := make(chan int)
  go thrower(c)
  go catcher(c)
  time.Sleep(100 * time.Millisecond)
}
```

运行这个程序将得到以下结果：

```
Caught << 0
Threw  >> 0
Threw  >> 1
Caught << 1
Caught << 2
Threw  >> 2
Threw  >> 3
```

```
Caught << 3
Caught << 4
Threw  >> 4
```

在这段输出结果中，某些 Caught 语句出现在了 Threw 语句的前面，但这并不意味着程序的运行出现了错误——之所以会出现这样的乱象，仅仅是因为运行时环境在向通道推入值或者从通道中取出值之后，调度到了打印语句所致。最重要的是，打印语句中出现的数字都是有序的，这意味着投掷器在向通道"投掷"一个数字之后，捕捉器必须先"捕捉"这个数字，然后才能处理下一个数字。

9.3.3　有缓冲通道

无缓冲通道或者说同步通道（synchronous channel）使用起来非常简单，而与之相对的有缓冲通道则更复杂一些，后者是一种异步的、先进先出消息队列。如图 9-4 所示，有缓冲通道就像是一个能够容纳多个同类信息的大箱子：一个 goroutine 可以持续地向箱子里面推入信息，并且在箱子被填满之前，推入信息的 goroutine 都不会被阻塞；同样地，一个 goroutine 可以按照信息被推入的顺序，持续地从箱子里取出信息，并且在箱子被掏空之前，取出信息的 goroutine 都不会被阻塞。

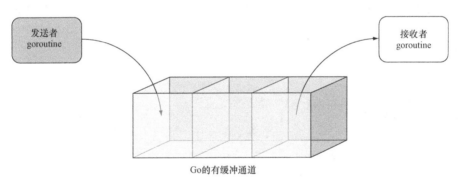

图 9-4　将 Go 的有缓冲通道看作是一个箱子

接下来，就让我们看看有缓冲通道在投掷器和捕捉器的例子中是如何运作的。为此，我们需要对代码清单 9-8 中，以下这个创建无缓冲通道的语句进行修改：

```
c := make(chan int)
```

让它转而创建一个大小为 3 的有缓冲通道：

```
c := make(chan int, 3)
```

运行修改后的程序，我们将得到以下结果：

```
Threw  >> 0
Threw  >> 1
Threw  >> 2
```

```
Caught << 0
Caught << 1
Caught << 2
Threw  >> 3
Threw  >> 4
Caught << 3
Caught << 4
```

从输出结果可以看到，投掷器将一直向通道推入数字，直到通道被填满并将其阻塞为止，而捕捉器则会按顺序从通道里取出被推入的数字。如果你在解决某个问题的时候，只有有限数量的工作进程可用，并且你打算限制传入请求的数量，那么有缓冲通道将是一种非常合适的工具。

9.3.4 从多个通道中选择

Go 拥有一个特殊的关键字 select，它允许用户从多个通道中选择一个通道来执行接收或者发送操作。select 关键字就像是专门为通道而设的 switch 语句，代码清单 9-9 展示了一个使用 select 关键字的例子。

代码清单 9-9　从多个通道中选择

```go
package main

import (
  "fmt"
)

func callerA(c chan string) {
  c <- "Hello World!"
}

func callerB(c chan string) {
  c <- "Hola Mundo!"
}

func main() {
  a, b := make(chan string), make(chan string)
  go callerA(a)
  go callerB(b)
  for i := 0; i < 5; i++ {
    select {
    case msg := <-a:
      fmt.Printf("%s from A\n", msg)
    case msg := <-b:
      fmt.Printf("%s from B\n", msg)
    }
  }
}
```

这个程序中的 callerA 和 callerB 两个函数都会接受一个字符串通道作为参数，并向该通道发送信息。在以 goroutine 方式调用 callerA 和 callerB 之后,程序会进行 5 次迭代(次数的多少无关紧要,5 是一个随意选取的数字),并且在每次迭代中,Go 的运行时环境都会根据通道 a 或者通道 b 是否有值来决定应该对哪个通道执行取值操作。如果两个通道都有值,那么 Go 运行环境将随机选择其中一个通道。

我们的计划听上去似乎完美无瑕,但是在实际运行程序的时候,Go 却向我们报告了一个死锁错误:

```
Hello World! from A
Hola Mundo! from B
fatal error: all goroutines are asleep - deadlock!
```

出现这个错误的原因我们前面已经提到过了,当一个 goroutine 取出无缓冲通道中唯一的值之后,无缓冲通道将变为空,之后任何尝试从空通道获取值的 goroutine 都会被阻塞并进入休眠状态。在这个例子中,main 函数首先在第一次迭代中从通道 a 里取出了值,并导致通道 a 为空;接着又在第二次迭代中从通道 b 里取出了值,并导致通道 b 为空;然后在进行第三次迭代时,main 函数发现通道 a 和通道 b 都为空,于是它就会被阻塞并进入休眠,但由于这时 callerA 和 callerB 这两个 goroutine 都已执行完毕,所以通道 a 和通道 b 将永远也不会再有值,而 main 函数也只能永远等待下去——在检测到这一情况之后,Go 运行时环境抛出了死锁错误。

解决这个问题并不困难,我们只需要为 select 语句添加一个默认分支,让 select 语句在所有可选通道都已被阻塞的情况下执行默认分支即可,以下代码中加粗的部分就是新添加的默认分支:

```
select {
case msg := <-a:
fmt.Printf("%s from A\n", msg)
case msg := <-b:
  fmt.Printf("%s from B\n", msg)
default:
  fmt.Println("Default")
}
```

当 select 语句没有发现任何可用的通道时,它就会执行默认分支中的代码。对于上面的例子来说,当存储在通道 a 和通道 b 里面的值都被取出之后,程序就会在下一次迭代中执行默认分支中的代码。但是,如果现在就执行这段代码,就只会看到默认分支打印的输出:这是因为程序太早就调用 select 语句了,以至于通道 a 和通道 b 还没来得及接受 callerA 和 callerB 发送给它们的值,select 语句就跳过两个还没有值的通道直接执行默认分支了。为了让这个程序能够正确工作,我们需要在每次迭代之前添加 1μs 的延迟,从而使通道能够正常接收 goroutine 发送给它们的值,以下代码中加粗显示的就是新添加的语句:

```
for i := 0; i < 5; i++ {
  time.Sleep(1 * time.Microsecond)
  select {
  case msg := <-a:
    fmt.Printf("%s from A\n", msg)
```

```
    case msg := <-b:
      fmt.Printf("%s from B\n", msg)
    default:
      fmt.Println("Default")
    }
}
```

运行这个修改后的程序，死锁将不会再出现：

```
Hello World! from A
Hola Mundo! from B
Default
Default
Default
```

从程序输出的结果可以看到，在通道 a 和通道 b 包含的值都被取出之后，select 语句的前两个分支就会被阻塞，而默认分支则会被执行。

在循环里添加延迟时间的做法初看上去会让人感觉有些奇怪，但这其实只是为了展示 select 语句的用法而想出来的权宜之计。在实际中，大部分情况下用户使用的都是无限循环，而不是有限次数的迭代，这时程序的处理方式就会有所不同。比如，如果我们是在一个无限循环中使用 select 语句，那么在所有通道都为空之后，程序将无限次执行默认分支，这时我们就可以对默认分支的执行次数进行计数，并在计数到达指定限制时退出循环。

其实在实际中，我们并不需要像上面所说的那样，通过计数器来退出带有 select 语句的无限循环，这是因为使用内置的 close 函数来关闭通道能够更好地达到这一目的：使用 close 函数关闭通道，相当于向通道的接收者表明该通道将不会再收到任何值。只能执行接收操作的通道无法被关闭，尝试向一个已关闭的通道发送信息将会引发一个 panic，尝试关闭一个已经被关闭的通道也是如此。尝试从一个已关闭的通道取值总是会得到一个与通道类型相对应的零值，因此从已关闭的通道取值并不会导致 goroutine 被阻塞。

代码清单 9-10 展示了一个例子，在这个例子中，我们将会看到关闭通道的方法以及被关闭通道是如何帮助程序跳出无限循环的。

代码清单 9-10　关闭通道

```
package main

import (
  "fmt"
)

func callerA(c chan string) {
  c <- "Hello World!"
  close(c)
}

func callerB(c chan string) {
  c <- "Hola Mundo!"
  close(c)
```

在函数被调用之后
关闭通道

```
}

func main() {
  a, b := make(chan string), make(chan string)
  go callerA(a)
  go callerB(b)
  var msg string
  ok1, ok2 := true, true
  for ok1 || ok2 {
    select {
      case msg, ok1 = <-a:
        if ok1 {
          fmt.Printf("%s from A\n", msg)
        }
      case msg, ok2 = <-b:
        if ok2 {
          fmt.Printf("%s from B\n", msg)
        }
    }
  }
}
```

在通道被关闭之后，变量 ok1 和 ok2 的值将被设置为 false

这个新程序不再只迭代 5 次，并且它也不需要在迭代之前添加时间延迟。在将一个字符串发送至通道之后，程序调用内置的 close 函数关闭了该通道。需要注意的是，跟关闭文件或者关闭套接字不一样，关闭通道并不会导致通道的机能完全停止——它的作用就是通知其他正在尝试从这个通道接收值的 goroutine，这个通道已经不会再接收到任何值了。

另外需要注意的是，程序在从通道里面取值时，使用的是多值格式（multivalue form）：

```
case value, ok1 = <-a
```

在执行这条语句时，从通道 a 里面取出的值将被赋值给变量 value，而变量 ok1 则会被设置为用于表示通道是否仍然处于打开状态的布尔值。如果通道已被关闭，那么 ok1 的值将被设置为 false。

对于关闭通道我们需要知道的最后一点就是，关闭通道并不是必需的。正如之前所说，关闭通道只不过是在告知接收者该通道不会再接收到任何值而已。在代码清单 9-10 剩余的代码中，程序将通过检测语句来判断通道是否已被关闭，并在通道已被关闭的情况下，跳出循环，不再打印任何信息。下面是执行该程序得出的结果：

```
Hello World! from A
Hola Mundo! from B
```

9.4 在 Web 应用中使用并发

直到目前为止，本章都是在独立的程序中展示如何使用 Go 的并发特性，但是显然地，这些并发特性不仅可以在独立的程序中使用，还可以在 Web 应用中使用。在这一节中，我们将把注意力放到 Go Web 应用上，并学习如何使用并发特性去提高 Go Web 应用的性能。我们不仅会使用前面已经介绍过的一些基础技术，而且还会了解一些出现在实际 Web 应用中的并发模式。

在本节中，我们将要创建一个对图片进行马赛克处理，以此来生成马赛克图片的 Web 应用。对图片进行马赛克（mosaic）处理，指的是将图片分割成多个（通常是大小相同的）矩形截面，然后使用一些被称为瓷砖图片（tile picture）的新图片去代替截面原有的图片。马赛克图片的奇妙之处在于，如果人们从足够远的地方观察，或者以斜视的角度观察，就会看到图片在进行马赛克处理之前的样子；相反，如果人们凑近去观察马赛克图片，就会发现它们其实是由成百上千张尺寸更小的瓷砖图片组成。

这个生成马赛克图片的 Web 应用的基本想法非常简单：它接收用户上传的目标图片（target picture），然后据此生成相应的马赛克图片。为了让事情保持简单，我们假设瓷砖图片已经事先准备好了，并且它们都已经被裁剪到了合适的大小。

9.4.1 创建马赛克图片

创建马赛克图片的第一步是定义一个马赛克算法，下面是一个无需使用任何第三方库的算法步骤。

（1）通过扫描图片目录，并使用图片的文件名作为键、图片的平均颜色作为值，构建出一个由瓷砖图片组成的散列，也就是一个瓷砖图片数据库。通过计算图片中每个像素红、绿、蓝 3 种颜色的总和，并将它们除以像素的总数量，我们就得到了一个三元组，而这个三元组就是图片的平均颜色。

（2）根据瓷砖图片的大小，将目标图片切割成一系列尺寸更小的子图片。

（3）对于目标图片切割出的每张子图片，将它们位于左上方的第一个像素设定为该图片的平均颜色。

（4）根据子图片的平均颜色，在瓷砖图片数据库中找出一张平均颜色与之最为接近的瓷砖图片，然后在目标图片的相应位置上使用瓷砖图片去代替原有的子图片。为了找出最接近的平均颜色，程序需要将子图片的平均颜色以及瓷砖图片的平均颜色都转换成三维空间中的一个点，并计算这两点之间的欧几里得距离。

（5）当一张瓷砖图片被选中之后，程序就会把这张图片从瓷砖图片数据库中移除，以此来保证马赛克图片中的每张瓷砖图片都是独一无二、各不相同的。

文件 mosaic.go 实现了上述的马赛克算法，我们接下来将逐一分析该文件包含的各个函数。首先，代码清单 9-11 展示了该文件中用于计算平均颜色的 averageColor 函数。

代码清单 9-11　averageColor 函数

```
func averageColor(img image.Image) [3]float64 {
  bounds := img.Bounds()
  r, g, b := 0.0, 0.0, 0.0
  for y := bounds.Min.Y; y < bounds.Max.Y; y++ {
```

```
  for x := bounds.Min.X; x < bounds.Max.X; x++ {
    r1, g1, b1, _ := img.At(x, y).RGBA()
    r, g, b = r+float64(r1), g+float64(g1), b+float64(b1)    ◄──── 计算出给定图片的
  }                                                                  平均颜色
}
totalPixels := float64(bounds.Max.X * bounds.Max.Y)
return [3]float64{r / totalPixels, g / totalPixels, b / totalPixels}
}
```

averageColor 函数会把给定图片的每个像素中的红、绿、蓝 3 种颜色相加起来，并将这些颜色的总和除以图片的像素数量，最后把除法计算的结果记录在一个新创建的三元组里面（这个三元组使用包含 3 个元素的数组表示）。

之后，程序会使用代码清单 9-12 所示的 resize 函数，把图片缩放至指定的宽度。

代码清单 9-12 resize 函数

```
func resize(in image.Image, newWidth int) image.NRGBA {    ◄──── 将给定图片缩放至指
  bounds := in.Bounds()                                            定宽度
  ratio := bounds.Dx()/ newWidth
  out := image.NewNRGBA(image.Rect(bounds.Min.X/ratio, bounds.Min.X/ratio,
  ➡bounds.Max.X/ratio, bounds.Max.Y/ratio))
  for y, j := bounds.Min.Y, bounds.Min.Y; y < bounds.Max.Y; y, j = y+ratio,
  j+1 {
    for x, i := bounds.Min.X, bounds.Min.X; x < bounds.Max.X; x, i =
    ➡x+ratio, i+1 {
      r, g, b, a := in.At(x, y).RGBA()
      out.SetNRGBA(i, j, color.NRGBA{uint8(r>>8), uint8(g>>8), uint8(b>>8),
      ➡uint8(a>>8)})
    }
  }
  return *out
}
```

代码清单 9-13 展示了 tilesDB 函数，这个函数会通过扫描瓷砖图片所在的目录来创建一个瓷砖图片数据库。

代码清单 9-13 tilesDB 函数

```
func tilesDB() map[string][3]float64 {                      ◄──── 在内存中创建一个瓷
  fmt.Println("Start populating tiles db ...")                     砖图片数据库
  db := make(map[string][3]float64)
  files, _ := ioutil.ReadDir("tiles")
  for _, f := range files {
    name := "tiles/" + f.Name()
    file, err := os.Open(name)
    if err == nil {
      img, _, err := image.Decode(file)
      if err == nil {
        db[name] = averageColor(img)
      } else {
        fmt.Println("error in populating TILEDB:", err, name)
      }
    }
```

```
    } else {
        fmt.Println("cannot open file", name, err)
    }
    file.Close()
}
fmt.Println("Finished populating tiles db.")
return db
}
```

瓷砖图片数据库是一个映射,这个映射的键为字符串,而值则为三元组(在程序中使用包含 3 个元素的数组来表示)。tilesDB 函数会打开目录中的每张图片,并根据这些图片的平均颜色在映射中创建相应的记录。为了寻找与目标图片相匹配的瓷砖图片,程序会将 tilesDB 函数创建的瓷砖图片数据库以及目标图片的平均颜色传入 nearest 函数。

```
func nearest(target [3]float64, db *map[string][3]float64) string {     ◄────
    var filename string
    smallest := 1000000.0                                           寻找与目标图片平均颜
    for k, v := range *db {                                         色最接近的瓷砖图片
        dist := distance(target, v)
        if dist < smallest {
            filename, smallest = k, dist
        }
    }
    delete(*db, filename)
    return filename
}
```

nearest 函数会把瓷砖图片数据库中的所有记录与目标图片的平均颜色一一进行对比,而两者欧几里得距离最短的那一条记录,就是与目标图片平均颜色最为接近的瓷砖图片。函数会从数据库中移除被选中的瓷砖图片,并把该图片的名字返回给调用者。代码清单 9-14 展示了用于计算两个三元组之间的欧几里得距离的 distance 函数。

代码清单 9-14　distance 函数

```
func distance(p1 [3]float64, p2 [3]float64) float64 {               ◄────
    return math.Sqrt(sq(p2[0]-p1[0]) + sq(p2[1]-p1[1]) + sq(p2[2]-p1[2]))
}

func sq(n float64) float64 {          ◄────                         计算两点之间的
    return n * n              计算给定数值的平方                      欧几里得距离
}
```

因为扫描和载入瓷砖图片数据库是一项非常花时间的操作,所以为了效率起见,比起每次生成马赛克图片的时候都重复一遍这个操作,更合理的做法是只执行一次这个操作,创建出一个瓷砖图片数据库的原本(source),然后在每次生成马赛克图片的时候都根据这个原本复制出一个独立的副本(clone)。代码清单 9-15 展示了作为瓷砖图片数据库的原本而存在的 TILEDB 全局变量,Web 应用在启动的时候就会创建并填充这个变量。

代码清单 9-15   **cloneTilesDB 函数**

```
var TILESDB map[string][3]float64

func cloneTilesDB() map[string][3]float64 {
  db := make(map[string][3]float64)
  for k, v := range TILESDB {
    db[k] = v
  }
  return db
}
```

◄── 每次需要生成马赛克图
片的时候，就复制出一个
瓷砖图片数据库副本

9.4.2   马赛克图片 Web 应用

在实现了马赛克生成函数之后，我们接下来就可以实现与之相对应的 Web 应用了。代码清单 9-16 展示了这个应用的具体代码，这些代码放在了 main.go 文件中。

代码清单 9-16   **马赛克图片 Web 应用**

```
package main

import (
  "bytes"
  "encoding/base64"
  "fmt"
  "html/template"
  "image"
  "image/draw"
  "image/jpeg"
  "net/http"
  "os"
  "strconv"
  "sync"
  "time"
)

func main() {
  mux := http.NewServeMux()
  files := http.FileServer(http.Dir("public"))
  mux.Handle("/static/", http.StripPrefix("/static/", files))
  mux.HandleFunc("/", upload)
  mux.HandleFunc("/mosaic", mosaic)
  server := &http.Server{
    Addr:    "127.0.0.1:8080",
    Handler: mux,
  }

  TILESDB = tilesDB()
  fmt.Println("Mosaic server started.")
  server.ListenAndServe()
}
```

```
func upload(w http.ResponseWriter, r *http.Request) {
  t, _ := template.ParseFiles("upload.html")
  t.Execute(w, nil)
}

func mosaic(w http.ResponseWriter, r *http.Request) {
  t0 := time.Now()

  r.ParseMultipartForm(10485760)
  file, _, _ := r.FormFile("image")
  defer file.Close()
  tileSize, _ := strconv.Atoi(r.FormValue("tile_size"))

  original, _, _ := image.Decode(file)
  bounds := original.Bounds()

  newimage := image.NewNRGBA(image.Rect(bounds.Min.X, bounds.Min.X,
  bounds.Max.X, bounds.Max.Y))

  db := cloneTilesDB()

  sp := image.Point{0, 0}
  for y := bounds.Min.Y; y < bounds.Max.Y; y = y + tileSize {
    for x := bounds.Min.X; x < bounds.Max.X; x = x + tileSize {

      r, g, b, _ := original.At(x, y).RGBA()
      color := [3]float64{float64(r), float64(g), float64(b)}

      nearest := nearest(color, &db)
      file, err := os.Open(nearest)
      if err == nil {
        img, _, err := image.Decode(file)
        if err == nil {

          t := resize(img, tileSize)
          tile := t.SubImage(t.Bounds())
          tileBounds := image.Rect(x, y, x+tileSize, y+tileSize)
          draw.Draw(newimage, tileBounds, tile, sp, draw.Src)
        } else {
          fmt.Println("error:", err, nearest)
        }
      } else {
        fmt.Println("error:", nearest)
      }
      file.Close()
    }
  }

  buf1 := new(bytes.Buffer)
  jpeg.Encode(buf1, original, nil)
  originalStr := base64.StdEncoding.EncodeToString(buf1.Bytes())

  buf2 := new(bytes.Buffer)
  jpeg.Encode(buf2, newimage, nil)
```

获取用户上传的目标图片，以及瓷砖图片的尺寸

对用户上传的目标图片进行解码

复制瓷砖图数据库

为每张瓷砖图片设置起始点

对目标图片分割出的每张子图进行迭代

将图片编码为 JPEG 格式，然后通过 base64 字符串将其传输至浏览器

```
    mosaic := base64.StdEncoding.EncodeToString(buf2.Bytes())
    t1 := time.Now()
    images := map[string]string{
      "original": originalStr,
      "mosaic": mosaic,
      "duration": fmt.Sprintf("%v ", t1.Sub(t0)),
    }
    t, _ := template.ParseFiles("results.html")
    t.Execute(w, images)
}
```

mosaic 函数是一个处理器函数，在这个函数里包含了用于生成马赛克图片的主要逻辑：首先，程序会获取用户上传的目标图片，并从表单中获取瓷砖图片的尺寸；接着，程序会对目标图片进行解码，并创建出一张全新的、空白的马赛克图片；之后，程序会复制一份瓷砖图片数据库，并为每张瓷砖图片设置起始点（source point），而这一起始点将在稍后的代码中被 image/draw 包所使用。在完成了上述的准备工作之后，程序就可以开始对目标图片分割出的各张瓷砖图片尺寸的子图片进行迭代了。

对于每张被分割的子图片，程序都会把它左上角的第一个像素设置为该图片的平均颜色，然后在瓷砖图片数据库中查找与该颜色最为接近的瓷砖图片。在找到匹配的瓷砖图片之后，被调用的函数就会向程序返回该图片的文件名，然后程序就可以打开这张瓷砖图片并将其缩放至指定的瓷砖图片尺寸了。在缩放操作执行完毕之后，程序就会把最终得到的瓷砖图片绘制到之前创建的马赛克图片上。

在使用上述方法生成出整张马赛克图片之后，程序首先会将其编码为 JPEG 格式的图片，然后再将图片编码为 base64 格式的字符串。

之后，程序会将用户上传的目标图片以及新鲜出炉的马赛克图片都发送到代码清单 9-17 中展示的 results.html 模板中。正如代码清单中加粗部分的代码所示，这个模板会通过数据 URL 以及嵌入 Web 页面中的 base64 字符串来显示被传入的两张图片。注意，这里使用的数据 URL 跟一般 URL 的作用并不相同，前者用于包含给定的数据，而后者则用于指向其他资源。

代码清单 9-17　用于展示马赛克图片生成结果的模板

```
<!DOCTYPE html>
<html>
  <head>
    <meta http-equiv="Content-Type" content="text/html; charset=utf-8">
    <title>Mosaic</title>
    ...
  </head>
  <body>
    <div class='container'>
        <div class="col-md-6">
          <img src="data:image/jpg;base64,{{ .original }}" width="100%">
          <div class="lead">Original</div>
        </div>
        <div class="col-md-6">
```

```
      <img src="data:image/jpg;base64,{{ .mosaic }}" width="100%">
      <div class="lead">Mosaic - {{ .duration }} </div>
    </div>
    <div class="col-md-12 center">
      <a class="btn btn-lg btn-info" href="/">Go Back</a>
    </div>
  </div>
  <br>
  </body>
</html>
```

假设上述程序位于 mosaic 目录当中，那么我们可以在构建该程序之后，通过执行以下命令，以只使用一个 CPU 的方式去运行它，并得到图 9-5 所示的结果：

```
GOMAXPROCS=1 ./mosaic
```

图 9-5　基本的马赛克图片生成 Web 应用

在完成了基本的马赛克图片生成 Web 应用之后，我们接下来要考虑的就是如何把这个应用改造成相应的并发版本了。

9.4.3　并发版马赛克图片生成 Web 应用

并发的一个常见用途是提高性能。上一节展示的 Web 应用在为 151 KB 大小的 JPEG 图片创建马赛克图片时需要耗费 2.25 s，它的性能并不值得称道，但我们可以通过并发来提高它的性能。具体来说，我们将使用以下算法来构建一个并发版本的马赛克图片生成 Web 应用：

（1）将用户上传的目标图片分割为 4 等份；

（2）同时对被分割的 4 张子图片进行马赛克处理；

（3）将处理完的 4 张子图片重新合并为 1 张马赛克图片。

图 9-6 以图示的方式描述了上述步骤。

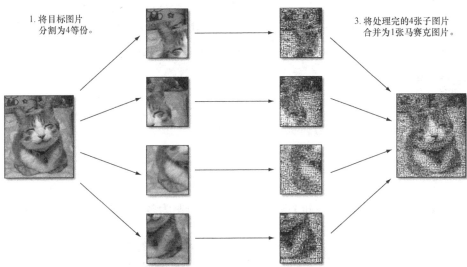

图 9-6 能够更快地生成马赛克图片的并发算法

需要注意的是，这个算法并不是提高性能的唯一方法，也不是实现并发版本的唯一方法，但它是一个相对来说比较简单直接的方法。

为了实现这个并发算法，我们需要对 mosaic 处理器函数做一些修改。之前展示的程序只有 mosaic 这一个创建马赛克图片的处理器函数，但是对并发版的 Web 应用来说，我们需要从 mosaic 函数中分离出 cut 和 combine 这两个独立的函数，然后再在 mosaic 函数中调用它们。代码清单 9-18 展示了修改后的 mosaic 函数。

代码清单 9-18 并发版的 `mosaic` 处理器函数

```go
func mosaic(w http.ResponseWriter, r *http.Request) {
    t0 := time.Now()
    r.ParseMultipartForm(10485760) // max body in memory is 10MB
    file, _, _ := r.FormFile("image")
    defer file.Close()
    tileSize, _ := strconv.Atoi(r.FormValue("tile_size"))
    original, _, _ := image.Decode(file)
    bounds := original.Bounds()
    db := cloneTilesDB()

    c1 := cut(original, &db, tileSize, bounds.Min.X, bounds.Min.Y,
```

```
bounds.Max.X/2, bounds.Max.Y/2)
c2 := cut(original, &db, tileSize, bounds.Max.X/2, bounds.Min.Y,
bounds.Max.X, bounds.Max.Y/2)
c3 := cut(original, &db, tileSize, bounds.Min.X, bounds.Max.Y/2,
bounds.Max.X/2, bounds.Max.Y)
c4 := cut(original, &db, tileSize, bounds.Max.X/2, bounds.Max.Y/2,
bounds.Max.X, bounds.Max.Y)
c := combine(bounds, c1, c2, c3, c4)

buf1 := new(bytes.Buffer)
jpeg.Encode(buf1, original, nil)
originalStr := base64.StdEncoding.EncodeToString(buf1.Bytes())

t1 := time.Now()
images := map[string]string{
  "original": originalStr,
  "mosaic":   <-c,
  "duration": fmt.Sprintf("%v ", t1.Sub(t0)),
}
t, _ := template.ParseFiles("results.html")
t.Execute(w, images)
}
```

以扇形散开方式分割图片以便单独进行处理

以扇形聚拢方式将多个子图片合并成一个完整的图片

cut 函数会以扇形散开（fan-out）模式将目标图片分割为多个子图片，如图 9-7 所示。

图 9-7　将目标图片分割为 4 等份

　　用户上传的目标图片将被分割为 4 等份以便独立处理。注意，在 mosaic 函数里，程序调用的都是普通函数而不是 goroutine，这是因为程序的并发部分存在于被调用函数的内部：cut 函数会在内部以 goroutine 方式执行一个匿名函数，而这个匿名函数则会返回一个通道作为结果。

需要注意的是，因为我们正在尝试将一个程序转换为相应的并发版本，而并发程序通常都需要同时运行多个 goroutine，所以如果程序需要在这些 goroutine 之间共享一些资源，那么针对这些资源的修改将有可能会导致竞争条件出现。

竞争条件

如果一个程序在执行时依赖于特定的顺序或时序，但是又无法保证这种顺序或时序，此时就会存在竞争条件（race condition）。竞争条件的存在将导致程序的行为变得飘忽不定而且难以预测。

竞争条件通常出现在那些需要修改共享资源的并发程序当中。当有两个或多个进程或线程同时去修改一项共享资源时，最先访问资源的那个进程/线程将得到预期的结果，而其他进程/线程则不然。最终，因为程序无法判断哪个进程/线程最先访问了资源，所以它将无法产生一致的行为。

虽然竞争条件一般都不太好发现，但修复一个已判明的竞争条件通常来说并不是一件难事。

本节介绍的马赛克图片生成 Web 应用同样也拥有共享资源：用户在将目标图片上传至 Web 应用之后，nearest 函数就会从瓷砖图片数据库中寻找与之最为匹配的瓷砖图片，并从数据库中移除被选中的图片以防相同的图片重复出现。这就意味着，如果多个 cut 函数中的 goroutine 同时找到了同一瓷砖图片作为最佳匹配结果，就会产生一个竞争条件。

为了消除这一竞争条件，我们可以使用一种名为互斥（mutual exclusion，简称"mutex"）的技术，该技术可以将同一时间内访问临界区（critical section）的进程数量限制为一个。对马赛克图片生成 Web 应用来说，我们需要在 nearest 函数中实现互斥，以此来保证同一时间内只能有一个 goroutine 对瓷砖图片数据库进行修改。

为了满足这一点，程序需要用到 Go 标准库 sync 包中的 Mutex 结构。首先要做的是定义一个 DB 结构，并在该结构中封装实际的瓷砖图片数据库以及 mutex 标志，具体如代码清单 9-19 所示。

代码清单 9-19　DB 结构

```
type DB struct {
  mutex *sync.Mutex
  store map[string][3]float64
}
```

接着，如代码清单 9-20 所示，将 nearest 函数修改为 DB 结构的一个方法。

代码清单 9-20　nearest 方法

```
func (db *DB) nearest(target [3]float64) string {
  var filename string
  db.mutex.Lock()                    ←── 通过加锁设置 mutex 标志
  smallest := 1000000.0
  for k, v := range db.store {
    dist := distance(target, v)
    if dist < smallest {
      filename, smallest = k, dist
```

```
        }
    }
    delete(db.store, filename)
    db.mutex.Unlock()                          ◀── 通过解锁移除
    return filename                                  mutex 标志
}
```

需要注意的是，因为在从数据库里移除被选中的图片之前，多个 goroutine 还是有可能会把相同的瓷砖图片设置为最佳的匹配结果，所以只锁住 delete 函数是无法移除竞争条件的，因此修改后的 nearest 函数将把寻找最佳匹配瓷砖图片的整个区域（section）都锁住。

代码清单 9-21 展示了 cut 函数的具体代码。

代码清单 9-21　cut 函数

```
func cut(original image.Image, db *DB, tileSize, x1, y1, x2, y2 int) <-chan
    image.Image {                                         把指向 DB 结构的引用传递给 DB
    c := make(chan image.Image) ◀──                       结构，而不是仅仅传入一个映射
    sp := image.Point{0, 0}                  这个通道将作为函数的
    go func() {                               执行结果返回给调用者
        newimage := image.NewNRGBA(image.Rect(x1, y1, x2, y2))    创建匿名的
        for y := y1; y < y2; y = y + tileSize {                  goroutine
            for x := x1; x < x2; x = x + tileSize {
                r, g, b, _ := original.At(x, y).RGBA()
                color := [3]float64{float64(r), float64(g), float64(b)}
                nearest := db.nearest(color)          调用 DB 结构的 nearest 方法来
                file, err := os.Open(nearest)         获取最匹配的瓷砖图片
                if err == nil {
                    img, _, err := image.Decode(file)
                    if err == nil {
                        t := resize(img, tileSize)
                        tile := t.SubImage(t.Bounds())
                        tileBounds := image.Rect(x, y, x+tileSize, y+tileSize)
                        draw.Draw(newimage, tileBounds, tile, sp, draw.Src)
                    } else {
                        fmt.Println("error:", err)
                    }
                } else {
                    fmt.Println("error:", nearest)
                }
                file.Close()
            }
        }
        c <- newimage.SubImage(newimage.Rect)
    }()
    return c
}
```

并发版的马赛克图片生成 Web 应用跟原来的非并发版本拥有相同的逻辑：它首先在 cut 函数里创建一个通道，并启动一个匿名 goroutine 来计算将要被发送至该通道的马赛克处理结果，接着再把这个通道返回给 cut 函数的调用者。这样一来，cut 函数创建的通道就会立即返回给 mosaic 处理器函数，而通道对应的马赛克子图片则会在处理完毕之后被发送至通道。另外需要

注意的是，虽然 cut 函数创建的是一个双向通道，但是如果需要，我们也可以在返回这个通道之前，通过类型转换（typecast）将它转换成一个只能接收信息的单向通道。

在把用户上传的目标图片分割为 4 等份并将它们分别转换为马赛克图片的一部分之后，程序接下来就会调用代码清单 9-22 所示的 combine 函数，通过扇形聚拢（fan-in）模式，将 4 张子图片重新合并成 1 张完整的马赛克图片。

代码清单 9-22 combine 函数

```
func combine(r image.Rectangle, c1, c2, c3, c4 <-chan image.Image)
<-chan string {
  c := make(chan string)                                  ← 这个函数将返回一个通道
                                                              作为执行结果

  go func() {                    ← 创建一个匿名
    var wg sync.WaitGroup          goroutine              ← 使用等待组去同步各个子图片的
    img:= image.NewNRGBA(r)                                  复制操作
    copy := func(dst draw.Image, r image.Rectangle,
src image.Image, sp image.Point) {
      draw.Draw(dst, r, src, sp, draw.Src)
      wg.Done()   ← 每复制完一张子图片，就对
    }                计数器执行一次减一操作
    wg.Add(4)                                             ← 把等待组计数器的
    var s1, s2, s3, s4 image.Image                          值设置为 4
    var ok1, ok2, ok3, ok4 bool
    for {                        ← 在一个无限循环里面等待
      select {                     所有复制操作完成          ← 等待各个通道的返回值
      case s1, ok1 = <-c1:
        go copy(img, s1.Bounds(), s1,
          image.Point{r.Min.X, r.Min.Y})
      case s2, ok2 = <-c2:
        go copy(img, s2.Bounds(), s2,
image.Point{r.Max.X / 2, r.Min.Y})
      case s3, ok3 = <-c3:
        go copy(img, s3.Bounds(), s3,
image.Point{r.Min.X, r.Max.Y/2})
      case s4, ok4 = <-c4:
        go copy(img, s4.Bounds(), s4,
image.Point{r.Max.X / 2, r.Max.Y / 2})
      }
      if (ok1 && ok2 && ok3 && ok4) {   ← 当所有通道都被关闭之后，
        break                              跳出循环
      }
    }

    wg.Wait()                  ← 阻塞直到所有子图片的复制
    buf2 := new(bytes.Buffer)     操作都执行完毕为止
    jpeg.Encode(buf2, img, nil)
    c <- base64.StdEncoding.EncodeToString(buf2.Bytes())
  }()
  return c
}
```

跟 cut 函数一样，合并多张子图片的主要逻辑也放到了匿名 goroutine 中，并且这些 goroutine

同样会创建并返回一个只能执行接收操作的通道作为结果。这样一来，程序就可以在编码目标图片的同时，对马赛克图片的 4 个部分进行合并。

在 combine 函数创建的匿名 goroutine 里，程序会构建另一个匿名函数，并将其赋值给变量 copy。copy 函数之后同样会以 goroutine 方式运行，并将给定的马赛克子图片复制到最终的马赛克图片中。与此同时，因为程序无法得知以 goroutine 方式运行的 copy 函数将于何时结束，所以它使用了等待组来同步这些复制操作。程序首先创建一个 WaitGroup 变量 wg，并使用 Add 方法将计数器的值设置为 4。之后，每当一个复制操作执行完毕的时候，copy 函数都会调用 Done 方法，把等待组计数器的值减 1。最后，程序把一个 Wait 方法调用放在了最终生成的马赛克图片的编码操作之前，以此来保证程序只会在所有复制 goroutine 都已执行完毕，并且程序已经拥有了完整的最终马赛克图片之后，才会开始对图片进行编码。

一个需要注意的地方是，combine 函数接受的输入包含了 4 个来自 cut 函数的通道，这些通道包含了马赛克图片的各个组成部分，并且程序不知道这些部分何时才会通过通道传输过来。虽然程序可以按顺序一个接一个从这些通道里接收信息，但这种做法并不符合并发程序的风格。为此，程序使用了 select 方法，以先到先服务的方式来接收这些通道发送的信息。

这样做的结果是，程序会在一个无限循环里面进行迭代，并且每次迭代都会使用 select 去获取其中一个已就绪通道传送的子图片（如果同时有多个子图片可用，那么 Go 将随机选择其中一个），然后以 goroutine 方式执行 copy 函数，将接收到的子图片复制到最终生成的马赛克图片当中。因为程序使用了多值格式（multivalue format）来接收通道的返回值，而通道的第二个返回值（即 ok1、ok2、ok3 和 ok4）可以说明程序是否已经成功地接收了各个通道传送的子图片，所以在无限循环的末尾，程序会通过检测这些返回值来决定是否跳出循环。

因为程序在接收到所有子图片之后，还需要在 4 个 goroutine 里分别复制这些子图片，而这些复制操作的完成时间是不确定的。为了解决这个问题，程序会调用之前定义的等待组变量 wg 的 Wait 方法，对最终生成的马赛克图片的编码操作进行阻塞，直到上述复制操作全部执行完毕为止。

现在，我们终于拥有了一个并发版的马赛克图片生成 Web 应用，接下来是时候运行一下它了。首先，假设程序位于 mosaic_concurrent 目录当中，那么在使用 go build 构建该程序之后，我们可以通过执行以下命令，使用单个 CPU 去运行它：

```
GOMAXPROCS=1 ./mosaic_concurrent
```

如果一切正常，将会看到图 9-8 所示的结果，生成这个结果时使用的目标图片以及瓷砖图片跟之前运行非并发版本时是完全一样的。

由于并发版程序在将 4 张子图片合并成 1 张完整的马赛克图片的时候，没有对子图片的毛边进行平滑处理，所以如果你仔细对比就会发现，这次生成的马赛克图片跟之前非并发版本生成的马赛克图片是有一点细微区别的（从彩色显示的电子书上会更为明显地看出这一点）。尽管生成的马赛克图片有些细微的不同，但并发版程序的性能提升是非常明显的——非并发版的马赛克图片生成 Web 应用处理相同的目标图片耗费了 2.25 s，而并发版本只耗费了 646 μs，后者的性能比前者提高了几乎有 4 倍之多。

图 9-8 并发版的马赛克照片生成 Web 应用

　　初看上去，我们所做的似乎只是将一个函数分割成 4 个独立运行的 goroutine，以此来实现一个并发版本的 Web 程序，但如果我们再进一步，以并行的方式去运行这个程序，结果又会如何呢？

　　别忘了，在前面的程序中，我们不仅将一个运行非常耗时的处理器函数分割成了几个独立运行的 cut 函数 goroutine，而且我们还在 combine 函数里使用多个 goroutine 来独立地组合马赛克图片的各个部分。每当一个 cut 函数完成了它的工作之后，它就会将处理的结果发送给与之对应的 combine 函数，而后者则会将这一结果复制到最终生成的马赛克图片当中。

　　除此之外，别忘了，在前面运行非并发版本和并发版本的马赛克图片生成 Web 应用时，我们都只使用了一个 CPU。正如之前所说，并发不是并行——本节前面的内容已经展示了如何将一个简单的算法分解为相应的并发版本，其中不涉及任何并行计算：尽管这些 goroutine 能够以并发方式运行，但是因为只有一个 CPU 可用，所以这些 goroutine 实际上并没有以并行的方式运行。

　　为了让故事有一个圆满的结局，现在我们可以通过执行以下命令，以并行的方式，在多个 CPU 以及进程上运行并发版的马赛克图片生成 Web 应用：

```
./mosaic_concurrent
```

图 9-9 展示了上述命令的执行结果。

　　正如结果中打印的时间所示，并行运行的并发程序比单纯的并发程序又获得了大约 3 倍的性能提升，具体时间从原来的 646 μs 减少到了现在的 216 μs！如果我们把这一结果跟最初的非并发版本所需的 2.25 s 相比，那么新程序的性能提升足有 10 倍之多。

　　对马赛克图片生成 Web 应用来说，非并发版本跟并发版本使用的图片处理算法是完全相同的。实际上，两个版本的 mosaic.go 源码文件差别并不大，它们之间的主要区别在于是否使用了并发特性，这是提高程序性能的关键。

图 9-9　使用 8 个 CPU 运行并发版的马赛克图片生成 Web 应用

完成了马赛克图片生成 Web 应用之后，在接下来的一章，我们要考虑的就是如何部署 Web 应用和 Web 服务了。

9.5　小结

- Go Web 服务器本身是并发的，服务器会把接收到的每条请求都放到独立的 goroutine 里运行。
- 并发和并行是两个相辅相成的概念，但它们并不相同。并发指的是两个或多个任务在同一时间段内启动、运行和结束，并且这些任务可能会彼此互动，而并行则是单纯地同时运行多个任务。
- Go 通过 goroutine 和通道这两个重要的特性直接支持并发，但 Go 并不直接支持并行。
- goroutine 用于编写并发程序，而通道则用于为不同的 goroutine 之间提供通信功能。
- 无缓冲通道都是同步的，尝试向一个已经包含数据的无缓冲通道推入新的数据将被阻塞；但是，有缓冲通道在被填满之前都是异步的。
- select 语句可以以先到先服务的方式，从多个通道里选出一个已经准备好执行接收操作的通道。
- WaitGroup 同样可以用于对多个通道进行同步。
- 并发程序的性能一般都会比相应的非并发程序要高，而具体提升多少则取决于所使用的算法（即使在只使用一个 CPU 的情况下，也是如此）。
- 在条件允许的情况下，并发的 Web 应用将自动地获得并行带来的优势。

第10章 Go 的部署

在学习了如何使用 Go 开发 Web 应用之后，接下来要考虑的自然就是如何部署这些应用了。Web 应用跟其他类型的应用在部署方式上存在着非常大的不同。比如，桌面应用和移动应用就是部署在智能手机、平板电脑、笔记本电脑等终端用户的设备上，而 Web 应用则是部署在服务器上，然后通过终端用户设备上的浏览器等客户端对其进行访问。

因为 Go 的可执行程序都会被编译为单独的二进制文件，所以部署 Go Web 应用程序在某种程度上可以说是非常简单的。除此之外，Go 还可以编译出不需要引用任何外部库的静态链接二进制文件，这种文件可以作为独立的可执行文件存在。不过一个完整的 Web 应用通常不会只包含一个可执行文件，它一般还会包含一些模板文件，以及诸如 JavaScript、图片、样式表（style sheet）这样的静态文件。本章将会介绍几种把 Go Web 应用部署到互联网的方法，其中大部分方法都是通过云供应商（cloud provider）实现的。本章将要介绍的部署方法包括：

- 在一个完全由用户本人控制的物理或虚拟的服务器上实施部署，本章正文将使用 IaaS 供应商 Digital Ocean 的服务器作为例子；
- 在云 PaaS 供应商 Heroku 上实施部署；
- 在另一家云 PaaS 供应商 Google App Engine（GAE）上实施部署；
- 将应用 Docker 化（dockerized）为容器，然后将其部署到本地 Docker 服务器以及 Digital Ocean 的虚拟机上。

云计算

　　云计算，简称"云"，是一种获取网络和计算机使用权限的模型，这种模型可以提供一个由服务器、存储空间、网络以及其他可共享资源组成的共享资源池，从而使这些资源的用户可以避免不必要的前期投入，也可以让这些资源的供应商更加高效地利用这些资源为更多的用户提供服务。云计算在最近这些年吸引了非常多的关注，时至今日，包括 Amazon、Google 和 Facebook 在内的绝大部分基础设施以及服务供应商都使用这种模型作为他们的标准收费模型。

需要注意的是，部署一个 Web 应用通常会有很多种不同的方法可选，比如，本章介绍的几种部署方法之间就存在着非常多的不同之处。还有一点要说明的是，本章介绍的部署方法关注的是如何部署个人的 Web 应用，真正生产环境下的部署通常会包含运行测试套件、实施持续集成以及调整服务器等一系列额外的任务，具体过程会比这里介绍的要复杂得多。

本章虽然介绍了很多概念和工具，但由于这些概念和工具每个都值得用整整一本书的篇幅去介绍，所以本章并没有试图全面讲解这些技术和服务。相反，本章只会关注这些技术的一部分知识，读者可以把这些知识看作是学习相关技术的起点。

本章展示的部署例子将会用到 7.6 节介绍过的简单 Web 服务，并在条件允许的情况下使用 PostgreSQL（因为 GAE 不支持 PostgreSQL，所以在介绍 GAE 的部署方法时，本章将使用基于 MySQL 的 Google Cloud SQL）。与此同时，本章还会假设独立的数据库服务器上已经预先设置好了数据库的相关设置，所以本章将不会介绍具体的数据库设置方法，有需要的读者可以通过复习 2.6 节来获得一个简短的设置介绍。

10.1　将应用部署到独立的服务器

让我们从最简单的部署方法开始——创建一个可执行的二进制文件，并将它放到互联网的某个服务器上运行，这个服务器可以是物理存在的，也可以是由 Amazon Web Services（AWS）或者 Digital Ocean 等供应商创建的虚拟机（VM）。在本节中，我们将要学习如何在运行着 Ubuntu Server 14.04 系统的服务器上部署 Go Web 应用。

IaaS、PaaS 和 SaaS

云计算供应商都会通过不同的模型来为用户提供服务。美国国家标准技术研究所（National Institute of Standards and Technology, US Department of Commerce，NIST）定义了当今广为使用的 3 种服务模型，分别是基础设施即服务（Infrastructure-as-a-Service，IaaS），平台即服务（Platform-as-a-Service，PaaS）和软件即服务（Software-as-a-Service，SaaS）。

IaaS 是这 3 种模型中最为基本的一种，使用这种模型的供应商将向他们的用户提供包括计算、存储以及网络在内的基本计算能力。提供 IaaS 服务的例子有 AWS 的弹性云计算服务（Elastic Cloud Computing Service，EC2）、Google 公司的 Compute Engine（计算引擎）以及 Digital Ocean 的 Droplets。

使用 PaaS 模型的供应商会让用户通过他们提供的工具，将应用部署到云端的基础设施之上。提供 PaaS 服务的例子有 Heroku、AWS 的 Elastic Beanstalk 以及 Google 公司的 App Engine。

使用 SaaS 模型的供应商会向用户提供应用服务。尽管消费者当今使用的绝大多数服务都可以看作是 SaaS 服务，但是在本书的语境中，我们只会把 Heroku 的 Postgres 数据库服务（Postgres database service，它提供的是基于云的 Postgres 服务）、AWS 的 Relational Database Service（关系数据库服务，RDS）以及 Google 公司的 Cloud SQL（云 SQL）这样的服务看作是 SaaS 服务。

在本章中，我们将学习如何利用 IaaS 和 PaaS 供应商来部署 GoWeb 应用。

本书第 7 章介绍过的简单 Web 服务由代码清单 10-1 中的 data.go 和代码清单 10-2 中的 server.go 这两个文件组成，前者包含了所有指向数据库的连接和所有对数据库进行读写的函数，而后者则包含了 main 函数和 Web 服务的所有处理逻辑。

代码清单 10-1　使用 data.go 访问数据库

```go
package main

import (
  "database/sql"
  _ "github.com/lib/pq"
)

var Db *sql.DB

func init() {
  var err error
  Db, err = sql.Open("postgres", "user=gwp dbname=gwp password=gwp
  sslmode=disable")
  if err != nil {
    panic(err)
  }
}

func retrieve(id int) (post Post, err error) {
  post = Post{}
  err = Db.QueryRow("select id, content, author from posts where id =
  $1", id).Scan(&post.Id, &post.Content, &post.Author)
  return
}

func (post *Post) create() (err error) {
  statement := "insert into posts (content, author) values ($1, $2)
  returning id"
  stmt, err := Db.Prepare(statement)
  if err != nil {
    return
  }
  defer stmt.Close()
  err = stmt.QueryRow(post.Content, post.Author).Scan(&post.Id)
  return
}

func (post *Post) update() (err error) {
  _, err = Db.Exec("update posts set content = $2, author = $3 where id =
  $1", post.Id, post.Content, post.Author)
  return
}
```

```go
func (post *Post) delete() (err error) {
  _, err = Db.Exec("delete from posts where id = $1", post.Id)
  return
}
```

代码清单 10-2　定义了 Go Web 服务的 `server.go`

```go
package main

import (
  "encoding/json"
  "net/http"
  "path"
  "strconv"
)

type Post struct {
  Id      int    `json:"id"`
  Content string `json:"content"`
  Author  string `json:"author"`
}

func main() {
  server := http.Server{
    Addr: "127.0.0.1:8080",
  }
  http.HandleFunc("/post/", handleRequest)
  server.ListenAndServe()
}

func handleRequest(w http.ResponseWriter, r *http.Request) {
  var err error
  switch r.Method {
  case "GET":
    err = handleGet(w, r)
  case "POST":
    err = handlePost(w, r)
  case "PUT":
    err = handlePut(w, r)
  case "DELETE":
    err = handleDelete(w, r)
  }
  if err != nil {
    http.Error(w, err.Error(), http.StatusInternalServerError)
    return
  }
}

func handleGet(w http.ResponseWriter, r *http.Request) (err error) {
  id, err := strconv.Atoi(path.Base(r.URL.Path))
  if err != nil {
    return
  }
  post, err := retrieve(id)
```

```go
  if err != nil {
    return
  }
  output, err := json.MarshalIndent(&post, "", "\t\t")
  if err != nil {
    return
  }
  w.Header().Set("Content-Type", "application/json")
  w.Write(output)
  return
}

func handlePost(w http.ResponseWriter, r *http.Request) (err error) {
  len := r.ContentLength
  body := make([]byte, len)
  r.Body.Read(body)
  var post Post
  json.Unmarshal(body, &post)
  err = post.create()
  if err != nil {
    return
  }
  w.WriteHeader(200)
  return
}

func handlePut(w http.ResponseWriter, r *http.Request) (err error) {
  id, err := strconv.Atoi(path.Base(r.URL.Path))
  if err != nil {
    return
  }
  post, err := retrieve(id)
  if err != nil {
    return
  }
  len := r.ContentLength
  body := make([]byte, len)
  r.Body.Read(body)
  json.Unmarshal(body, &post)
  err = post.update()
  if err != nil {
    return
  }
  w.WriteHeader(200)
  return
}

func handleDelete(w http.ResponseWriter, r *http.Request) (err error) {
  id, err := strconv.Atoi(path.Base(r.URL.Path))
  if err != nil {
    return
  }
  post, err := retrieve(id)
  if err != nil {
```

```
    return
  }
  err = post.delete()
  if err != nil {
    return
  }
  w.WriteHeader(200)
  return
}
```

首先，我们需要使用以下命令编译这段代码：

```
go build
```

如果我们把简单 Web 服务的代码放到一个名为 ws-s 的目录里，那么这个编译命令将产生一个同名的可执行二进制文件。为了部署 Web 服务 ws-s，我们需要把 ws-s 文件复制到服务器里，并将其放置到一个可以通过外部访问的地方。

接着我们只需要登录服务器，并在终端里执行以下命令，就可以运行 ws-s 这个 Web 服务了：

```
./ws-s
```

需要注意的是，因为 Web 服务现在是在前台运行，所以在服务运行期间，我们将无法执行其他操作。与此同时，我们也无法简单地通过&命令或者 bg 命令在后台运行这个服务，因为这样做的话，一旦用户登出，Web 服务就会被杀死。

避免上述问题的一种方法就是使用 nohup 命令，让操作系统在用户注销时，把发送至 Web 服务的 HUP（hangup，挂起）信号忽略掉：

```
nohup ./ws-s &
```

执行上述命令将导致 Web 服务被放到后台运行，并且不用担心因为 HUP 信号而被杀死。以这种方式启动的 Web 服务仍会如常地与客户端进行连接，但现在的 Web 服务将忽略所有挂起或者退出信号。因为这种状态下运行的 Web 服务在崩溃时将不会有任何提醒，所以在服务崩溃或者服务器重启之后，用户必须重新登入系统并重启服务。

除 nohup 之外，持续运行 Web 服务的另一种方法是使用 Upstart 或者 systemd 这样的 init 守护进程：init 进程是类 Unix 系统在启动时运行的第一个进程，该进程由内核负责启动，它会一直运行直到系统关闭为止，并且它还是其他所有进程直接或间接的祖先。

Upstart 是由 Ubuntu 创建的一个基于事件的 init 替代品，尽管现在 systemd 也越来越受到大家的青睐，但考虑到这两个工具都能够完成本节介绍的工作，并且 Upstart 的使用方法相对来说要更为简单一些，所以我们接下来将要学习如何使用 Upstart 来持续地运行 Web 服务。

为了使用 Upstart，用户首先需要创建一个对应的 Upstart 任务配置文件，并将该文件放到 etc/init 目录里面。对简单 Web 服务来说，我们将创建代码清单 10-3 所示的 ws.conf 文件，并将它放到 etc/init 目录里面。

```
respawn
respawn limit 10 5

setuid sausheong
setgid sausheong

exec /go/src/github.com/sausheong/ws-s/ws-s
```

这个 Upstart 任务配置文件非常简单和直接。文件中的每个 Upstart 任务都由一个或任意多个称为节（stanzas）的命令块组成。第一节 respawn 指示当任务失效（fail）时，Upstart 将对其实施重新派生（respawn）或者重新启动。第二节 respawn limit 10 5 为 respawn 设置了参数，它指示 Upstart 最多只会尝试重新派生该任务 10 次，并且每次尝试之间会有 5 s 的间隔；在用完了 10 次重新派生的机会之后，Upstart 将不再尝试重新派生该任务，并将该任务视为已失效。第三节和第四节负责设置运行进程的用户以及用户组，而最后一节则是 Upstart 在启动任务时需要运行的可执行文件。

为了启动上述 Upstart 任务，我们需要在终端里面执行以下命令：

```
sudo start ws
ws start/running, process 2011
```

这个命令将触发 Upstart 读取/etc/init/ws.conf 任务配置文件并启动任务。本节以管中窥豹的方式，快速地了解了如何使用简单的 Upstart 任务运行一个 Go Web 应用，但是除这里介绍的内容之外，Upstart 的任务配置文件还有其他不同的节可供使用，并且 Upstart 的任务也拥有多种不同的配置方式可以使用，不过这些内容不在本书的介绍范围之内，有兴趣的读者可以自行通过互联网进行了解。

为了验证 Upstart 是否能够正确地运行和管理 ws-s 服务，我们可以尝试在 Upstart 任务启动之后，杀死正在运行的 ws-s 服务：

```
ps -ef | grep ws
sausheo+ 2011 1 0 17:23 ? 00:00:00 /go/src/github.com/sausheong/ws-s/ws-s

sudo kill -0 2011

ps -ef | grep ws
sausheo+ 2030 1 0 17:23 ? 00:00:00 /go/src/github.com/sausheong/ws-s/ws-s
```

注意看，在 kill 命令执行之前，ws-s 进程的 ID 为 2011，但是在 kill 命令执行之后，ws-s 进程的 ID 变成了 2030——这是因为 Upstart 在 kill 命令执行之后，察觉到了 ws-s 进程已被关闭，于是它重启了 ws-s 进程，从而导致 ws-s 进程的 ID 发生了变化。

最后，因为大部分 Web 应用都部署在标准 HTTP 端口（即 80 端口）之上，所以读者在实际部署时，应该将简单 Web 服务代码中的端口号从现在的 8080 改为 80，或者通过某种机制将 8080 端口的流量代理或者重定向到 80 端口。

10.2   将应用部署到 Heroku

在上一节中,我们学习了如何将一个简单的 Go Web 服务部署到独立的服务器上面,以及如何通过 init 守护进程管理 Web 服务。在本节中,我们将要学习如何将同样的 Web 服务部署到 PaaS 供应商 Heroku 上面,这种部署方式跟上一节介绍的部署方式一样简单。

Heroku 允许用户部署、运行和管理使用包括 Go 在内的几种编程语言开发的应用。根据 Heroku 的定义,一个应用就是由 Heroku 支持的某一种编程语言编写的一系列源代码,以及与这些源代码相关联的依赖关系。

Heroku 的预设条件非常简单,它只要求用户提供以下几样东西:

- 定义依赖关系的配置文件或者相关机制,如 Ruby 的 Gemfile 文件、Node.js 的 package.json 文件或者 Java 的 pom.xml 文件;
- 定义可执行文件的 Procfile 文件,其中可执行文件可以有不止一个。

Heroku 大量地使用命令行,并因此提供了一个名为 toolbelt 的命令行工具,用于部署、运行和管理应用。此外,Heroku 还需要通过 Git 将被部署的源码推送至服务器。当 Heroku 平台接收到 Git 推送的代码时,它会构建代码并获取指定的依赖关系,然后将构建的结果以及相应的依赖关系组装到一个 slug 里面,最后在 Heroku 的 dynos 上运行这个 slug(dynos 是 Heroku 对隔离式、轻量级、虚拟化的 Unix 容器的称呼)。

尽管某些管理和配置工作可以在之后通过 Web 界面来完成,但 Heroku 最主要的操作界面还是它的命令行工具 toolbelt,因此我们在注册完 Heroku 之后的第一件事就是下载 toolbelt。

Heroku 是一个非典型的 PaaS 供应商,人们想要使用 PaaS 来部署 Web 应用的原因有很多,对 Web 应用的开发者来说,最主要的原因莫过于 PaaS 可以让基础设施和系统层变得抽象,并且不再需要人工的管理和干预。尽管 PaaS 在企业级 IT 基础设施这样的大规模生产环境中并不少见,但它们对小型公司和创业公司来说却能够提供极大的方便,并且能够有效地减少这些公司在基础设施方面的前期投入。

在下载完 toolbelt 之后,用户需要使用注册账号时获得的凭据登入 Heroku:

```
heroku login
Enter your Heroku credentials.
Email: <your email>
Password (typing will be hidden):
Authentication successful.
```

图 10-1 展示了将简单 Web 服务部署到 Heroku 的具体步骤。

为了将简单 Web 应用部署到 Heroku,我们需要对这个应用的代码做一些细微的修改:在当前的代码中,应用使用的是 8080 端口,但是在把应用部署到 Heroku 的时候,用户是无法控制应用使用哪个端口的,程序必须通过读取环境变量 PORT 来获知自己能够使用的端口号。为此,我

们需要将 `server.go` 文件中 `main` 函数的代码从现在的：

```
func main() {
  server := http.Server{
    Addr: ":8080",
  }
  http.HandleFunc("/post/", handlePost)
  server.ListenAndServe()
}
```

修改为：

```
func main() {
  server := http.Server{
    Addr: ":" + os.Getenv("PORT"),//
  }
  http.HandleFunc("/post/", handlePost)
  server.ListenAndServe()
}
```
←　从环境变量中获取端口号

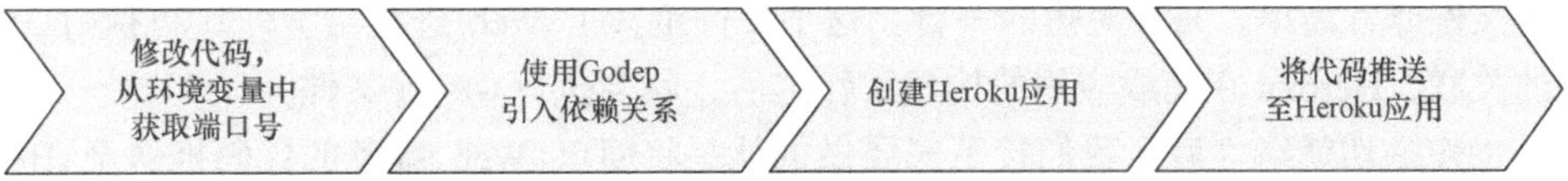

图 10-1　将 Web 应用部署到 Heroku 的具体步骤

以上就是将简单 Web 应用部署到 Heroku 所需要做的全部代码修改，其他代码只要保留原样即可。在修改完代码之后，我们接下来要做的就是将简单 Web 应用所需的依赖关系告知 Heroku。Heroku 使用 godep（https://github.com/tools/godep）来管理 Go 的依赖关系，godep 可以通过执行以下命令来安装：

```
go get github.com/tools/godep
```

在 godep 安装完毕之后，我们需要使用它来引入简单 Web 服务的依赖关系。为此，我们需要在简单 Web 服务的根目录中执行以下命令：

```
godep save
```

这条命令不仅会创建一个名为 Godeps 的目录，它还会获取代码中的全部依赖关系，并将这些依赖关系的源代码复制到 Godeps/_workspace 目录中。除此之外，这个命令还会创建一个名为 Godeps.json 的文件，并在该文件中列出代码中的全部依赖关系。作为例子，代码清单 10-4 展示了 godep 为简单 Web 服务创建的 Godeps.json 文件。

代码清单 10-4　Godeps.json 文件

```
{
  "ImportPath": "github.com/sausheong/ws-h",
  "GoVersion": "go1.4.2",
  "Deps": [
```

```
  {
    "ImportPath": "github.com/lib/pq",
    "Comment": "go1.0-cutoff-31-ga33d605",
    "Rev": "a33d6053e025943d5dc89dfa1f35fe5500618df7"
  }
 ]
}
```

因为我们的简单 Web 服务只需要依赖 Postgres 数据库驱动，所以文件中只出现了关于该驱动的依赖信息。

在 Heroku 上实施部署需要做的最后一件事，就是定义一个 `Procfile` 文件，并使用该文件去描述需要被执行的可执行文件或者主函数。代码清单 10-5 展示了简单 Web 服务的 `Procfile` 文件。

代码清单 10-5　`Procfile` 文件

```
web: ws-h
```

整个文件非常简单，只有短短的一行。这个文件定义了 Web 进程与 `ws-h` 可执行二进制文件之间的关联，Heroku 在完成应用的构建工作之后，就会执行 `ws-h` 文件。

准备工作一切就绪之后，我们接下来要做的就是将简单 Web 服务的代码推送至 Heroku。Heroku 允许用户通过 GitHub 集成、Dropbox 同步、Heroku 官方提供的 API 以及标准的 Git 操作等多种不同的手段来推送代码。作为例子，本节接下来将展示如何使用标准的 Git 操作将简单 Web 服务推送至 Heroku。

在推送代码之前，用户首先需要创建一个 Heroku 应用：

```
heroku create ws-h
```

这条命令将创建一个名为 `ws-h` 的 Heroku 应用，该应用最终将在地址 https://ws-h.herokuapp.com 上展示。需要注意的是，因为本书在这里已经使用了 `ws-h` 作为应用的名字，所以读者将无法创建相同名字的应用。为此，读者在创建应用的时候可以使用其他名字，或者在创建应用时去掉名字参数，让 Heroku 为应用自动生成一个随机的名字：

```
heroku create
```

`heroku create` 命令将为我们的简单 Web 服务创建一个本地的 Git 代码库（repository），并在代码库中添加远程 Heroku 代码库的地址。因此，用户在创建完 Heroku 应用之后，就可以通过以下命令使用 Git 将应用代码推送至 Heroku：

```
git push heroku master
```

因为 Heroku 在接收到用户推送的代码之后就会自动触发相应的构建以及部署操作，所以将应用部署到 Heroku 的工作到此就可以告一段落了。除上面提到的工具之外，Heroku 还提供了一系列非常棒的应用管理工具，这些工具可以对应用进行性能扩展以及版本管理，并且在需要时，用户也可以使用 Heroku 提供的配置工具添加新的服务，有兴趣的读者可以自行查阅 Heroku 提供的相关文档。

10.3　将应用部署到 Google App Engine

Google App Engine（GAE）是另一个流行的 Go Web 应用 PaaS 部署平台。Google 公司在它的云平台产品套件中包含了 App Engine（应用引擎）和 Compute Engine（计算引擎）等多种服务，其中 App Engine 为 PaaS 服务，而 Compute Engine 则跟 AWS 的 EC2 和 Digital Ocean 的 Droplets 一样，是一个 IaaS 服务。使用 EC2 和 Droplets 这样的服务跟使用自有的虚拟机或者服务器并没有太大区别，并且我们已经在上一节学习过如何在类似的平台上进行部署，因此在这一节，我们要学习如何使用 GAE 这款由 Google 公司提供的强大的 PaaS 服务。

人们选择使用 GAE 而不是包括 Heroku 在内的其他 PaaS 服务的原因通常会有好几种，但其中最主要的原因还是跟性能和可扩展性有关。GAE 能够让用户构建出可以根据负载自动进行性能扩展和负载平衡的应用，并且 Google 公司除为 GAE 提供了大量的工具之外，还在 GAE 内部构建了大量的功能。比如，GAE 允许用户的应用通过身份验证功能登录 Google 账号，并且 GAE 还提供了发送邮件、创建日志、发布和管理图片等多种服务。除此之外，GAE 用户还可以非常简单直接地在自己的应用中集成其他 Google API。

虽然 GAE 拥有如此多的优点，但天下并没有免费的午餐——GAE 在拥有众多优点的同时，也拥有不少限制和缺点，其中包括：用户只拥有对文件系统的读权限，请求时长不能超过 60 s（否则 GAE 将强制杀死该请求），无法进行直接的网络访问，无法创建其他类型的系统调用，等等。这些限制意味着用户将不能（至少是无法轻易地）访问 Google 应用环境沙箱（sandbox）之外的其他大量服务。

图 10-2 展示了在 GAE 上部署 Web 应用的大致步骤。

图 10-2　在 GAE 上部署应用的大致步骤

跟其他所有 Google 服务一样，使用 GAE 也需要一个 Google 账号。跟 Heroku 大量使用命令行界面的做法不同，在 GAE 上，对 Web 应用的大部分管理和维护操作都是通过名为 Google Developer Console（开发者控制台）的 Web 界面完成的。虽然 GAE 也拥有与开发者控制台具有同等功能的命令行接口，但 Google 公司的命令行工具并没有像 Heroku 那样集成这些接口。图 10-3 展示了 Google 开发者控制台的使用界面。

除了注册账号之外，使用 GAE 需要做的另一件事就是下载相应的 SDK（Software Development Kit，软件开发工具包）。在这个例子中，我们将下载 GAE 为 Go 语言提供的 SDK。

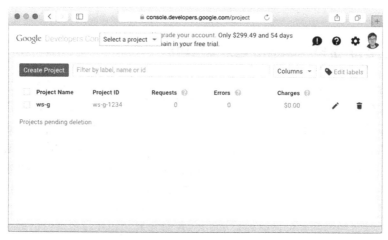

图 10-3   使用 Google 开发者控制台创建 GAE Web 应用

GAE 与其他 Google 服务

GAE 和 Google Cloud SQL 这样的 Google 服务并不是免费的。Google 公司会为新注册的用户提供 60 天的试用期以及价值 300 美元的试用额度，因此读者应该可以免费实践本节介绍的内容，但是当试用期到期或者试用额度耗尽时，读者就需要付费才能继续使用这些服务了。

在安装完 SDK 之后，我们接下来要做的是对 GAE 的数据存储（datastore）进行配置。正如前所说，Google 公司对直接的网络访问有严格的限制，用户是无法直接连接外部的 PostgreSQL 服务器的。为此，在这一节中，我们将使用 Google 公司提供的 Google Cloud SQL 服务来代替 PostgreSQL。Google Cloud SQL 是一个基于 MySQL 的云端数据库服务，用户可以通过 `cloudsql` 包直接在 GAE 中使用该服务。

为了使用 Google Cloud SQL，我们需要先通过开发者控制台创建一个数据库实例，具体步骤如图 10-4 所示。用户首先需要在控制台上点击自己创建的项目（在这个例子中，我创建的项目名为 `ws-g-1234`），接着在左侧的导航面板中点击"Storage"（存储），然后再选择其中的"Cloud SQL"，从而进入 Cloud SQL 的设置页面。在点击"New Instance"（新实例）按钮之后，用户将会看到一些与创建数据库实例有关的选项。这些选项中的大部分已经预先设置好了，需要改动的地方不多，我们唯一要做的就是将"Preferred location"（首选位置）选项设置为"Follow App Engine App"（与 App Engine 的应用保持一致），并让项目的应用 ID 保持默认值不变。在进行了上述设置之后，我们的 GAE 应用就能够正常访问数据库实例了。

需要注意的是，因为 Google 公司默认会为用户的数据库实例提供一个免费的 IPv6 地址，但是却不会提供 IPv4 地址，所以如果你的台式计算机、笔记本电脑、服务器或者你正在使用的网络供应商并没有使用 IPv6 连接，那么你还需要花一点额外的钱去获取一个 IPv4 地址，并将这个地址添加到设置页面。

图 10-4 通过开发者控制台创建一个 Google Cloud SQL 数据库实例

除以上提到的少数几个选项之外，其他选项只需要保留默认即可。在最后，用户只需要为自己的实例设置一个名字，一切就大功告成了。

也许你已经预料到了，因为 GAE 平台是如此地别具一格，所以为了将 Web 应用部署到这个平台上，对代码的修改自然也变得无法避免了。下面从高层次的角度列出了将简单 Web 服务部署到 GAE 所需要做的一些事情：

- 修改包名，不再使用 main 作为包名；
- 移除 main 函数；
- 把处理器的注册语句移到 init 函数里面；
- 使用 MySQL 数据库驱动代替 PostgreSQL 数据库驱动；
- 把 SQL 查询修改为 MySQL 格式。

因为 GAE 将接管被部署的整个应用，所以用户将无法控制应用何时被启动或者运行在哪个端口之上。实际上，用户编写的将不再是一个独立的应用，而是一个部署在 GAE 上的包。这样导致的结果是，用户将不能再使用 main 这个为独立的 Go 程序预留的包名，而是要将包名修改为 main 以外的其他名字。

接下来，用户还需要移除程序中的 main 函数，并将该函数中的代码移到 init 函数。对简单 Web 服务来说，我们需要将原来的 main 函数：

```
func main() {
  server := http.Server{
    Addr: ":8080",
  }
  http.HandleFunc("/post/", handlePost)
  server.ListenAndServe()
}
```

修改为以下 init 函数：

```
func init() {
  http.HandleFunc("/post/", handlePost)
}
```

注意，在新的 init 函数里，原本用于指定服务器地址以及端口号的代码已经消失，同样消失的还有用于启动 Web 服务器的相关代码。

考虑到我们还需要将简单 Web 服务使用的数据库驱动从 PostgreSQL 切换至 MySQL，因此我们需要在 data.go 中导入 MySQL 数据库驱动，并设置正确的数据连接字符串：

```
import (
  "database/sql"
  _ "github.com/ziutek/mymysql/godrv"
)
func init() {
  var err error
  Db, err = sql.Open("mymysql", "cloudsql:<app ID>:<instance name>*<database
➡name>/<user name>/<password>")
  if err != nil {
    panic(err)
  }
}
```

除了上述修改之外，我们还需要将相应的 SQL 查询修改为 MySQL 格式。尽管这两种数据库使用的语法非常相似，但并不完全相同，所以程序是无法在不做修改的情况下直接运行的。比如，对于以下代码中加粗显示的 SQL 查询语句：

```
func retrieve(id int) (post Post, err error) {
  post = Post{}
  err = Db.QueryRow("select id, content, author from posts where id =
➡$1", id).Scan(&post.Id, &post.Content, &post.Author)
  return
}
```

我们将不再使用诸如 $1、$2 这样的标识，而是使用?来表示被替换的变量，就像这样：

```
func retrieve(id int) (post Post, err error) {
  post = Post{}
  err = Db.QueryRow("select id, content, author from posts where id = ?",
    id).Scan(&post.Id, &post.Content, &post.Author)
  return
}
```

◀── 根据 MySQL 的查询格式，将
原来的$n 标识修改为?标识

在对代码做完必要的修改之后，我们接下来还要创建一个对应用进行描述的 app.yaml 文件，如代码清单 10-6 所示。

代码清单 10-6　用于 GAE 部署的 app.yaml 文件

```
application: ws-g-1234
version: 1
runtime: go
api_version: go1

handlers:
- url: /.*
  script: _go_app
```

这个文件非常简单，一目了然，读者在进行测试时，唯一需要做的就是在这个文件中修改应用的名字，然后一切就大功告成了！以上就是将简单 Web 服务部署到 GAE 上所需要做的全部工作，接下来，是时候对这个将要运行在 GAE 之上的简单 Web 服务做一些测试了！

因为我们在前面对应用做了大量的修改，所以可能会有读者觉得自己已经无法在本地的机器上运行这个应用了，不过这种担心是不必要的——开发者只需要使用 Google 公司提供的 GAE SDK，就可以在本地运行自己的 GAE 应用了。

在按照下载页面提供的指示安装了 GAE SDK 之后，我们只需要在应用的根目录下使用终端执行以下命令，就可以运行自己的 GAE Web 应用了：

```
goapp serve
```

GAE SDK 提供了在本地运行 GAE 应用所需的环境，从而使用户可以在本地测试自己的应用。除此之外，GAE SDK 还提供了一个本地运行的管理网站（admin site），用户只需访问 http://localhost:8000/，就可以通过该网站检视自己编写的代码。遗憾的是，在撰写本书的时候，开发环境还不支持 Cloud SQL，所以我们还无法直接在本地测试简单 Web 服务。解决这个问题的一种方法是在本地使用 MySQL 服务器进行测试，然后在生产环境中继续使用 Cloud SQL 数据库。

在确保应用一切正常之后，用户就可以通过执行以下命令，将应用部署到 Google 公司的服务器上了：

```
goapp deploy
```

在执行以上命令之后，SDK 将把应用的代码推送到 Google 公司的服务器，然后由服务器对其进行编译和部署。如果一切正常，被推送的应用将如期地出现在互联网上。比如，我们可以通过 http://ws-g-1234.appspot.com/访问名为 ws-g-1234 的应用。

为了测试这个刚刚部署完毕的简单 Web 服务，我们可以使用以下命令，让 curl 向服务器发送一个创建数据库记录的 POST 请求：

```
curl -i -X POST -H "Content-Type: application/json" -d '{"content":"My first
    post","author":"Sau Sheong"}' http://ws-g-1234.appspot.com/post/
HTTP/1.1 200 OK
Content-Type: text/html; charset=utf-8
Date: Sat, 01 Aug 2015 06:46:59 GMT
Server: Google Frontend
Content-Length: 0
Alternate-Protocol: 80:quic,p=0
```

现在再次使用 curl 去获取刚刚创建的数据库记录：

```
curl -i -X GET http://ws-g-1234.appspot.com/post/1
HTTP/1.1 200 OK
Content-Type: application/json
Date: Sat, 01 Aug 2015 06:44:29 GMT
Server: Google Frontend
Content-Length: 69
Alternate-Protocol: 80:quic,p=0
{
    "id": 1,
    "content": "My first post",
    "author": "Sau Sheong"
}
```

GAE 非常强大，它拥有许许多多多的功能，这些功能可以帮助开发者在互联网上创建和部署可扩展的 Web 应用，但因为 GAE 是 Google 公司开发的平台，所以如果用户想要使用这个平台，就必须遵守这个平台的规则。

10.4　将应用部署到 Docker

前一节简单地介绍过 Docker，讨论了如何将 Go Web 应用封装为 Docker 容器并将其推送至可用的 Docker 托管服务上，而在本节中，我们将会更加完整地学习 Docker 的部署方法，并研究如何将简单 Go Web 服务部署到本地 Docker 宿主机以及云端的 Docker 宿主机之上。

10.4.1　什么是 Docker

Docker 是一个非常了不起的项目，PaaS 公司 dotCloud 最初在 2013 年发布了这个开源项目，之后无论是大型公司还是小型公司，都被这一项目震撼了。Google、AWS 以及微软这样的技术公司都在拥抱 Docker，AWS 拥有 EC2 Container Service（容器服务），Google 提供了 Google Container Engine（容器引擎），Digital Ocean、Rackspace 甚至 IBM 等众多云供应商也纷纷加入了支持 Docker 的行列当中。除此之外，像 BBC、ING 这样的银行以及高盛这样的传统公司也开始在内部尝试使用 Docker。

一言以蔽之，Docker 就是在容器中构建、发布和运行应用的一个开放平台。容器并不是一项新技术——它在 Unix 初期就已经出现，Docker 最初基于 Linux 的容器就是在 2008 年引入的。Heroku 的 dynos 同样也是一种容器。

如图 10-5 所示，容器与虚拟机的不同之处在于，虚拟机模拟的是包括操作系统在内的整个计算机系统，而容器只提供操作系统级别的虚拟化，并将计算机资源划分给多个独立的用户空间实例使用。这两种虚拟方式的差异导致容器对资源的需求比虚拟机要少得多，并且容器的启动速度和部署速度也比虚拟机快得多。

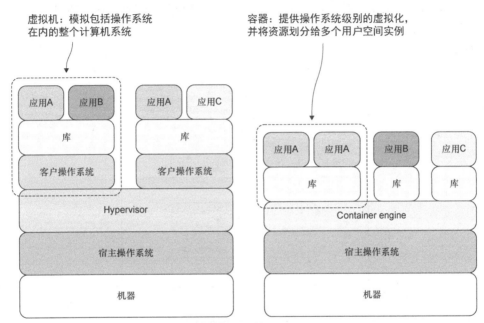

图 10-5　容器与虚拟机的不同之处在于，容器提供的是操作系统级别的虚拟化，
并且容器可以将资源划分给多个独立的用户空间实例

Docker 实质上就是一种管理容器的软件，它的存在使开发者可以更为简单地使用容器。除 Docker 之外，市面上还存在着 chroot、Linux containers（LXC）、Solaris Zones、CoreOS 和 lmctfy 等一系列同类软件，但 Docker 是其中名声最显赫的一款。

10.4.2　安装 Docker

Docker 目前只能在基于 Linux 的系统上工作，但它也提供了一些变通的方法，使 OS X 用户和 Windows 用户也能够在自己的系统上使用 Docker 的开发工具。为了安装 Docker，用户需要访问其官方网站，然后根据自己的系统以及想要使用的 Docker 版本，按照说明安装。对于 Ubuntu Server 14.04，我们可以通过执行以下这个简单的命令来安装 Docker：

```
wget -qO- https://get.docker.com/ | sh
```

在安装 Docker 之后，我们可以通过执行以下这条命令来确认 Docker 是否已经安装成功：

```
sudo docker run hello-world
```

这条命令会从远程代码库中拉取 hello-world 镜像，并作为本地容器运行这个镜像。

10.4.3　Docker 的概念与组件

如图 10-6 所示，Docker 引擎（简称 Docker）包含多个组件。刚才在测试 Docker 安装是否成功时，我们就用到了第一个组件 Docker 客户端，它就是用户在与 Docker 守护进程交互时所使用的命令行接口。

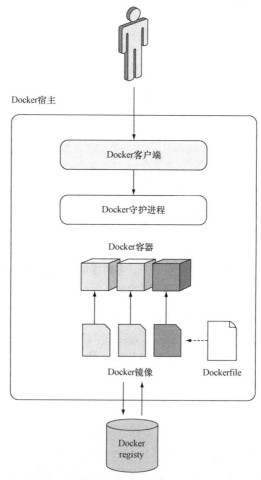

图 10-6　Docker 引擎由 Docker 客户端、Docker 守护进程以及不同的 Docker
容器组成，这些容器为 Docker 镜像的实例。Docker 镜像可以通过 Dockerfile
创建，并且镜像还能够存储在 Docker 注册中心（registy）中

Docker 守护进程运行在宿主操作系统（host OS）之上，该进程会对客户端发送的服务请求进行应答，并对容器进行管理。

Docker 容器（简称容器）是对运行特定应用所需的全部程序（包括操作系统在内）的一种轻量级虚拟化。轻量级容器会让应用以及与之相关联的其他程序认为自己独占了整个操作系统以及所有硬件，但是实际上并非如此，多个应用共享同一宿主操作系统。

Docker 容器都基于 Docker 镜像构建，后者是辅助容器进行启动的只读模板，所有容器都需要通过镜像启动。有好几种不同的方法可以创建 Docker 镜像，其中一种就是在一个名为 Dockerfile 的文件里包含一系列指令。

Docker 镜像既可以以本地形式存储在运行着 Docker 守护进程的机器上（也就是 Docker 的宿主机之上），也可以被托管至名为 Docker 注册中心的 Docker 镜像资源库里面。用户既可以使用自己的私有 Docker 注册中心，也可以使用 Docker Hub 作为自己的 registy。Docker Hub 同时提供公开和私有的 Docker 镜像，但私有的 Docker 镜像需要付费才能使用。

如果用户是在类似 Ubuntu 这样的 Linux 系统上安装 Docker，那么 Docker 守护进程和 Docker 客户端将被安装到同一机器里面。但如果用户是在 OS X 和 Windows 这样的系统上安装 Docker，那么 Docker 只会把客户端安装在操作系统里面，而守护进程则会被安装到其他地方，通常会是一个运行在该系统之上的虚拟机里面。这种情况的一个例子是，在 OS X 上安装 Docker 时，Docker 客户端将被安装到 OS X 里面，而 Docker 守护进程则会被安装到 VirtualBox（一款基于 x86 架构的虚拟机监视器）的一个虚拟机里面。

在此之后，用户只需要通过 Docker 镜像来运行 Docker 容器，并将其运行在 Docker 宿主之上就可以了。

在对 Docker 有了一个大体的了解之后，我们是时候来学习如何将 Web 应用部署到 Docker 里面了。接下来的一节将继续使用前面展示过的简单 Web 服务作为例子，演示如何将 Web 应用部署到 Docker 容器。

10.4.4　Docker 化一个 Go Web 应用

尽管 Docker 使用了那么多的技术，但 Docker 化一个 Go Web 应用却一点也不困难。因为 Web 服务拥有对整个容器的完整访问权限，所以我们不需要对服务的代码做任何修改，只要使用 Docker 并进行相应的配置就可以了。作为例子，图 10-7 从高层次的角度展示了将一个 Web 应用 Docker 化并部署到本地以及云端的具体步骤。

在本节中，我们将使用 ws-d 作为 Web 服务的名字。部署的第一步是在应用程序的根目录中创建一个代码清单 10-7 所示的 Dockerfile 文件。

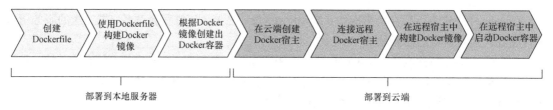

图 10-7   将 Go Web 应用 Docker 化并部署到本地以及云端的具体步骤

代码清单 10-7   简单 Web 服务的 Dockerfile 文件

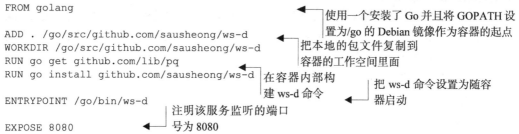

这个 Dockerfile 文件的第一行告诉 Docker 使用 golang 镜像启动,这是一个安装了最新版
Go 并将工作空间设置为/go 的 Debian 镜像。之后的两行会将当前目录中的本地代码复制到容器
中,并设置相应的工作目录。在此之后,文件使用 RUN 命令指示 Docker 获取 PostgreSQL 驱动并
构建 Web 服务的代码,然后将可执行的二进制文件放置到/go/bin 目录中。在此之后,文件使
用 ENTRYPOINT 命令指示 Docker 将/go/bin/ws-d 设置为随容器启动。最后,文件使用 EXPOSE
命令指示容器将 8080 端口暴露给其他容器。需要注意的是,这个 EXPOSE 命令只会对同一宿主
内的其他容器打开 8080 端口,但它并不会对外开放 8080 端口。

在编写好 Dockerfile 文件之后,我们就可以使用以下命令来构建镜像了:

```
docker build -t ws-d .
```

这条命令将执行 Dockerfile 文件,并根据文件中的指示构建一个本地镜像。如果一切顺利,
那么在这条命令执行完毕之后,用户应该可以通过 docker images 命令看到新鲜出炉的镜像
文件:

```
REPOSITORY        TAG           IMAGE ID          CREATED           VIRTUAL SIZE
ws-d              latest        65e8437fce6b      10 minutes ago    534.7 MB
```

在成功创建镜像之后,我们就可以通过运行镜像来创建和启动容器了:

```
docker run --publish 80:8080 --name simple_web_service --rm  ws-d
```

这条命令会通过 ws-d 镜像创建出一个名为 simple_web_service 的容器。--publish 80:
8080 标志打开 HTTP 端口 80 并将其映射至前面通过 EXPOSE 命令暴露的 8080 端口,而-rm 标
志则指示 Docker 在容器已经存在的情况下,先移除已有的容器,然后再创建并启动新容器。如

果不设置--rm 标志，那么 Docker 在容器已经存在的情况下将保留已有的容器，并直接启动该容器，而不是创建并启动新容器。为了确认容器是否已经启动，我们可以执行以下命令：

```
docker ps
```

如果一切正常，你的容器应该会作为其中一员，出现在已激活容器列表当中：

```
CONTAINER ID  IMAGE ...  PORTS                 NAMES
eeb674e289a4  ws-d  ...  0.0.0.0:80->8080/tcp  simple_web_service
```

因为页面宽度的限制，这里忽略了 docker ps 命令输出的某些列，但这里展示的信息已经足以表明我们的容器现在已经正常地运行在本地的 Docker 宿主之上了。跟之前一样，我们可以通过 curl 命令向服务器发送一个 POST 请求，创建一条记录：

```
curl -i -X POST -H "Content-Type: application/json" -d '{"content":"My first
post","author":"Sau Sheong"}' http://127.0.0.1/post/
HTTP/1.1 200 OK
Content-Type: text/html; charset=utf-8
Date: Sat, 01 Aug 2015 06:46:59 GMT
Server: Google Frontend
Content-Length: 0
Alternate-Protocol: 80:quic,p=0
```

现在，通过 curl 命令获取之前创建的记录：

```
curl -i -X GET http://127.0.0.1/post/1
HTTP/1.1 200 OK
Content-Type: application/json
Date: Sat, 01 Aug 2015 06:44:29 GMT
Server: Google Frontend
Content-Length: 69
Alternate-Protocol: 80:quic,p=0
{
    "id": 1,
    "content": "My first post",
    "author": "Sau Sheong"
}
```

10.4.5　将 Docker 容器推送至互联网

把简单 Web 服务 Docker 化为容器听起来是一件非常棒的事情，但这个容器现在还只是运行在本地宿主上，而我们真正想要做的是把容器放到互联网上运行。有几种不同的方法可以把 Docker 容器部署到远程宿主上运行，目前来说，最简单的一种方法就是使用 Docker 机器了。

Docker 机器（machine）是一个命令行接口，它允许用户在本地以及云端创建公开或者私有的 Docker 宿主。在编写本书时，Docker 机器支持包括 AWS、Digital Ocean、Google Compute Engine、IBM Softlayer、Microsoft Azure、Rackspace、Exoscale 和 VMWare vCloud Air 在内的公有云供应商；与此同时，Docker 机器也支持在私有云供应商以及运行着 OpenStack、VMWare 或者 Microsoft Hyper-V 的云供应商上创建宿主。

　　Docker 机器并不会与 Docker 本身一同被安装，而需要单独安装。用户可以通过克隆代码库 https://github.com/docker/machine 或者从 https://docs.docker.com/machine/install-machine/下载相应平台的二进制包来安装 Docker 机器。比如，使用 Linux 的用户就可以通过以下命令来获得 Docker 机器的二进制包：

```
curl -L https://github.com/docker/machine/releases/download/v0.3.0/docker-
machine_linux-amd64 /usr/local/bin/docker-machine
```

　　在下载完二进制包之后，用户还需要执行以下命令将二进制包变成可执行文件：

```
chmod +x /usr/local/bin/docker-machine
```

　　在下载完 Docker 机器并将它变成可执行文件之后，用户就可以在 Docker 机器支持的云端上创建 Docker 宿主了。要做到这一点，其中最为轻松的一种办法就是使用 Digital Ocean。Digital Ocean 是一个虚拟专用服务器（virtual private server，VPS）供应商，它的服务以易于使用以及价格实惠而著称（VPS 是供应商以服务形式销售的虚拟机）。Digital Ocean 在 2015 年 5 月成为了仅次于 AWS 的世界第二大 Web 服务器托管公司。

　　为了在 Digital Ocean 上创建 Docker 宿主，我们需要先申请一个 Digital Ocean 账号，并在拥有账号之后，访问 Digital Ocean 的"Applications & API"（应用与 API）页面 https://cloud.digitalocean.com/settings/applications。

　　图 10-8 展示了"Applications & API"页面的样子，该页面中包含了一个"Generate new token"

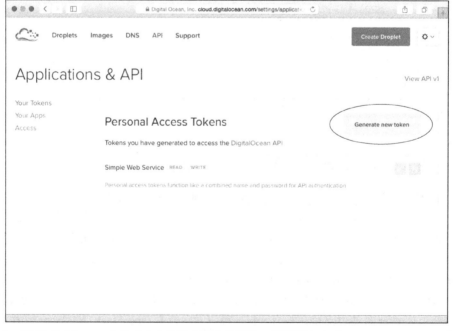

图 10-8　在 Digital Ocean 上生成个人访问令牌非常简单，只需要点击"Generate new token"即可

（生成新令牌）按钮，我们可以通过点击这个按钮来生成一个新的令牌。生成令牌时首先要做的就是输入一个名字，并勾选其中的"Write"（写入）复选框，然后点击"Generate new token"（生成令牌）按钮。这样一来，你就会拥有一个由用户名和密码混合而成的个人访问令牌，这个令牌可以用于进行 API 身份验证。需要注意的是，令牌只会在生成时出现一次，之后便不再出现，因此用户需要把这个令牌存储到安全的地方。

为了使用 Docker 机器在 Digital Ocean 上创建 Docker 宿主，我们需要在控制台执行以下命令：

```
docker-machine create --driver digitalocean --digitalocean-access-token <tokenwsd
Creating CA: /home/sausheong/.docker/machine/certs/ca.pem
Creating client certificate: /home/sausheong/.docker/machine/certs/cert.pem
Creating SSH key...
Creating Digital Ocean droplet...
To see how to connect Docker to this machine, run: docker-machine env wsd
```

在成功创建远程 Docker 宿主之后，接下来要做的就是与之进行连接。注意，因为我们的 Docker 客户端目前还连接着本地 Docker 宿主，所以我们需要对它进行调整，让它改为连接 Digital Ocean 上的 Docker 宿主。Docker 机器返回的结果提示我们应该如何做到这一点。简单来说，我们需要执行以下命令：

```
docker-machine env wsd
export DOCKER_TLS_VERIFY="1"
export DOCKER_HOST="tcp://104.236.0.57:2376"
export DOCKER_CERT_PATH="/home/sausheong/.docker/machine/machines/wsd"
export DOCKER_MACHINE_NAME="wsd"
# Run this command to configure your shell:
# eval "$(docker-machine env wsd)"
```

这条命令展示了云上的 Docker 宿主的环境设置，而我们要做的就是修改现有的环境设置，让客户端指向这个 Docker 宿主而不是本地 Docker 宿主，这一点可以通过执行以下命令来完成：

```
eval "$(docker-machine env wsd)"
```

这条简单的命令会让 Docker 客户端连接到 Digital Ocean 的 Docker 宿主之上。为了确认这一点，我们可以执行以下命令：

```
docker images
```

如果一切正常，应该不会看见任何镜像。回想一下，之前我们在连接本地 Docker 宿主的时候，曾经在本地创建过一个镜像，如果客户端还在连接本地宿主，那么至少会看到之前创建的镜像，而没有看见任何镜像则表示客户端已经没有再连接到本地 Docker 宿主了。

因为新的 Docker 宿主还没有任何镜像可用，所以我们接下来要做的就是在新宿主上重新创建镜像，为此，我们需要再次执行之前提到过的 `docker build` 命令：

```
docker build -t ws-d .
```

在这条命令执行完毕之后，用户使用 `docker images` 至少会看到两个镜像，其中一个是

golang 基础镜像，而另一个则是新创建的 ws-d 镜像。现在，一切都已就绪，我们最后要做的就是跟之前一样，通过镜像运行容器：

```
docker run --publish 80:8080 --name simple_web_service --rm  ws-d
```

这条命令将在远程 Docker 宿主上面创建并启动一个容器。为了验证这一点，我们可以跟之前一样，通过 curl 创建并获取一条数据库记录。跟之前不一样的是，这次 curl 将不再是向本地服务器发送 POST 请求，而是向远程服务器发送 POST 请求，而这个远程服务器的 IP 地址就是 docker-machine env wsd 命令返回的 IP 地址：

```
curl -i -X GET http://104.236.0.57/post/1
HTTP/1.1 200 OK
Content-Type: application/json
Date: Mon, 03 Aug 2015 11:35:46 GMT
Content-Length: 69
{
    "id": 2,
    "content": "My first post",
    "author": "Sau Sheong"
}
```

大功告成！以上就是通过 Docker 容器将一个简单的 Go Web 服务部署到互联网所需的全部步骤。Docker 并不是部署 Go Web 应用最简单的方式，但这种部署方式正在变得越来越流行。与此同时，通过使用 Docker，用户只需要在本地成功部署过一次，就可以毫不费力地在多个私有或者公有的云供应商上重复进行部署，而这一点正是 Docker 真正的威力所在。幸运的是，现在你已经知道该如何通过 Docker 来获得这一优势了。

为了保证本章以及本节的内容足够简短并且目标足够明确，这里介绍的内容省略了大量的细节。如果你对 Docker 感兴趣（这是一件好事，因为它是一个非常有趣的新工具），那么可以花些时间阅读 Docker 的在线文档以及其他关于 Docker 的文章。

10.5　部署方法之间的对比

在结束本章之前，让我们通过表 10-1 来回顾一下本章介绍的几种部署方法，不过别忘了，这些方法只是许许多多 Web 应用部署方法中的几种而已。

表 10-1　几种 Go Web 应用部署方法的对比

	独立服务器	Heroku	GAE	Docker
类型	公有或私有	公有	公有	公有或私有
是否需要修改代码	不需要	少量	中等	不需要
是否需要配置系统	大量	不需要	不需要	中等
是否需要维护	大量	不需要	不需要	中等
部署的难度	低	高	中等	低

续表

	独立服务器	Heroku	GAE	Docker
平台对应用的支持程度	无	低	高	低
应用与平台的紧密程度	无	低	高	低
可扩展性	无	中等	高	高
评注	对于这种自主更新式的部署方式，使用者需要自己完成几乎所有事情	Heroku是一个公有PaaS平台，除了少数几项限制之外，使用者几乎可以做所有事情	GAE是一个严格受限的PaaS平台，使用者需要与平台密切绑定	Docker是一项非常有前景的技术，无论是公有的部署还是私有的部署，都有很多供应商可供选择

10.6 小结

- 部署 Go Web 服务最简单的方法就是直接将二进制可执行文件放置到服务器里面（这个服务器可以是虚拟机，也可以是实际存在的服务器），然后通过配置 Upstart 来保证服务可以随系统启动并持续地运行下去。

- Heroku 是最简单易用的 PaaS 平台之一，将 Go Web 服务部署到 Heroku 平台的方法非常简单直接，只需要对代码做一些微小的修改，然后使用 Godep 生成本地依赖关系并创建 Procfile 文件即可。最后，用户只需要将 Web 应用的全部代码推送到 Heroku 的 Git 代码库就可以完成部署工作。

- GAE 是 Google 公司提供的一个非常强大的沙箱 PaaS 平台，这个平台的缺点是部署方法比较复杂，但它的优点在于被部署的 Web 服务将获得非常好的可扩展性。

- Docker 是一种最近开始崭露头角并且威力强大的 Web 服务和 Web 应用部署方式。跟其他部署方式相比，Docker 部署方式要复杂得多。用户首先需要将被部署的 Go Web 服务 Docker 化为容器，然后才能在本地 Docker 宿主或者云端的远程 Docker 宿主上部署这个容器。

附录　安装和设置 Go

安装 Go

在编写 Go 代码之前，我们需要先设置好相关的环境。首先要做的就是安装 Go 语言，这一工作可以通过下载并安装官方提供的二进制发行版来完成，在需要的情况下，我们也可以通过源代码来安装 Go。在撰写本书的时候，Go 的最新版本为 1.6。

Go 官方为 release 8 或以上版本的 FreeBSD、2.6.23 或以上版本的 Linux、SnowLeopard 或以上版本的 Mac OS X、XP 或以上版本的 Windows 都提供了支持 32 位（386）和 64 位（amd64）x86 处理器架构的二进制发行版。除此之外，Go 还为 FreeBSD 和 Linux 提供了支持 ARM 处理器架构的二进制发行版。

以上提到的所有发行版的安装包都可以在 Go 语言官方网站下载。读者可根据所使用的平台选择并下载相应的安装包，然后按照本文接下来介绍的方法进行安装。需要注意的是，尽管 Go 语言本身并不依赖任何源代码版本控制系统，但是诸如 go get 等工具却需要用到源代码版本控制系统，因此为了能够更方便地使用 Go 语言进行开发，我们建议在安装 Go 的同时也安装相应的源代码版本控制系统。

源代码版本控制系统的下载和安装方法可以在其官方网站上找到：

- Mercurial；
- Subversion；
- Git；
- Bazaar。

Linux 和 FreeBSD

要在 Linux 或 FreeBSD 上安装 Go，首先需要下载 go<版本>.<操作系统>- <架构>.tar.gz

文件。比如，当前 64 位架构的 Linux 安装包的名字就为 `go1.6.3.linux-amd64.tar.gz`。

压缩包下载好了之后，将它解压到/usr/local 目录中，并将目录/usr/local/go/bin 添加到 PATH 环境变量当中。添加环境变量的工作可以通过将以下代码行添加到/etc/profile 文件或$HOME/.profile 文件中来完成：

```
export PATH=$PATH:/usr/local/go/bin
```

Windows

使用 Windows 操作系统的读者可以通过下载 MSI 安装包或者 zip 压缩包来安装 Go。使用 MSI 安装包进行安装相对来说更容易一些，只需要运行 MSI 安装包然后按照指示进行安装就可以了。在默认情况下，安装包会将 Go 安装到 c:\Go 文件夹里面，并将 c:\Go\bin 文件夹添加到 PATH 环境变量中。

使用 zip 压缩包进行安装也是非常容易的，只需要将压缩包解压到一个文件夹里面（如 c:\Go），然后将这个文件夹中的 bin 子文件夹添加到 PATH 环境变量中就可以了。

Mac OS X

使用 Mac OS X 操作系统的读者可以通过下载相应的 PKG 安装包来安装 Go。安装包会将相应的 Go 发行版安装到/usr/loca/go 目录里面，并将目录/usr/local/go/bin 添加到 PATH 环境变量中。在安装完成之后，需要重启终端，或者在终端里面执行以下命令：

```
$ source ~/.profile
```

除使用 PKG 安装包进行安装之外，我们还可以通过执行以下命令来使用 Homebrew 安装 Go：

```
$ brew install go
```

设置 Go

在安装 Go 之后，我们还需要对它做一些设置。Go 语言的开发工具能够基于公开托管的代码项目进行协作，它们既适用于开源项目，也适用于其他项目。

Go 代码一般都是在工作空间（workspace）中进行开发的，工作空间指的是包含以下 3 个子目录的目录：

- src 目录，用于包含 Go 源代码文件，这些源代码文件会被组织成一个个包（package），src 目录中的每个子目录都表示一个包；
- pkg 目录，用于包含包对象（package object）；
- bin 目录，用于包含可执行的二进制文件。

图 A-1 展示了一个工作空间的例子。

　　工作空间的工作方式非常简单。当编译 Go 代码的时候，编译器会创建相应的包（库）以及二进制可执行文件，并将这些包和可执行文件放到相应的目录中。如图 A-1 所示，我们在 `src` 目录中创建了一个 `first_webapp` 目录，并在这个目录里面放置了一个 `webapp.go` 文件，以此来构建一个简单的 Web 应用。当我们编译这个 Web 应用的源代码时，编译器会将生成的二进制可执行文件放置到这个工作空间的 `bin` 目录里面。

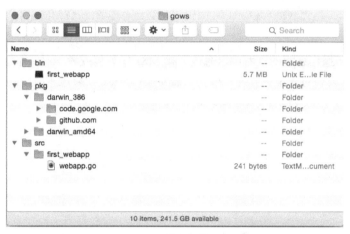

图 A-1　Go 工作空间的目录结构

　　设置工作空间的任务可以通过设置 GOPATH 环境变量来完成。你可以使用除 Go 安装位置之外的其他任何目录来作为自己的工作空间。举个例子，假如你想要将 Linux、FreeBSD 或者 Mac OS X 中的$HOME/go 目录设置为工作空间，那么你只需要在终端中执行以下命令即可：

```
$ mkdir $HOME/go
$ export GOPATH=$HOME/go
```

　　你也可以通过将以下代码行添加到自己的~/.profile文件或者~/.bashrc文件里面来让设置一直有效：

```
export GOPATH=$HOME/go
```

　　为了方便，我们可以在设置工作空间的同时，通过执行以下命令来将工作空间中的 `bin` 目录添加到 PATH 环境变量当中：

```
$ export PATH=$PATH:$GOPATH/bin
```

　　这样一来，我们就可以直接执行编译后的 Go 程序了。